Martina Flocken

Fitness für Seniorhunde

Mobil und gesund altern

Bei 15 Übungsanleitungen findest du einen QR Code. Dahinter verbergen sich Videoanleitungen zu den entsprechenden Übungen oder hier unter
www.hundebuchshop.com/Videos-zu-Fitness-fuer-Seniorhunde.htm

Konrad-Zuse-Straße 3, D-54552 Nerdlen/Daun
Telefon: 06592 957389-0
Kontakt: info@kynos-verlag.de
www.kynos-verlag.de

Grafik & Layout: Kynos Verlag

Gedruckt in Lettland

1. Auflage 2025
ISBN 978-3-95464-336-3

Bildnachweis: Alle Bilder von Tierfotografie Anna Auerbach außer Stock.adobe.com: S. 89 Oleh Marchak; S. 24, 27 victor.biosphera; S. 276 Da-ga
Envato: LightFieldStudios S. 33

Inhaltsverzeichnis

Hands on & Move

Trainingsmodule

Tessa begleitet mich bereits seit mehr als 13 Jahren.

Für Tessa

Vorwort

Einen Hund durch die Lebensphase des Alterns zu begleiten, ist eine sehr besondere und intensive Erfahrung. Häufig hat man schon viele Jahre gemeinsam verbracht und kennt sich gut. Während ich diese ersten Zeilen schreibe, liegt Tessa schlafend neben mir. Gut dreizehn Jahre ist sie nun an meiner Seite und wir haben bereits viel zusammen erlebt. Sie ist meine Inspiration für dieses Buch und mein Ansporn, dich damit bestmöglich in diesem wertvollen Lebensabschnitt deines Hundes zu begleiten.

Es gibt verschiedene Wege, mit dem Älterwerden des Hundes umzugehen. Oft wird es ausgeblendet oder negiert – aus Unsicherheit, wie man damit umgehen soll und aus Angst, den geliebten Begleiter zu verlieren. Manchmal wird es auch einfach als gegeben hingenommen – der Hund ist halt alt.
Man kann diese Lebensphase aber auch annehmen und sie mit dem Seniorhund aktiv gestalten und ihn begleiten. Dazu gehört auch, positiv auf seine Gesundheit, sein Befinden und seine Bedürfnisse einzugehen. Mit diesem Buch hast du dich entschieden, dass du genau diesen Weg mit deinem älteren Hund gehen möchtest. Das freut mich sehr. Lass uns diesen Weg gemeinsam gehen.

Dieses Buch ist bewusst kein Buch, das sich mit dem Thema Abschied beschäftigt, sondern es geht intensiv und bewusst um die Begleitung deines Hundes durch diesen Lebensabschnitt. Denn Altern ist viel mehr als Abschied. Es ist ein Teil des Hundelebens, den man aktiv gestalten und begleiten kann, anstatt sich nur auf einen Abschied vorzubereiten.

Damit wir uns etwas besser kennenlernen, möchte ich mich gerne kurz vorstellen. Ich bin Martina Flocken, zertifizierte Hundephysiotherapeutin seit 2010 und Gründerin der Hundegesundheitsplattform Doggy Fitness. In den letzten 14 Jahren habe ich viele verschiedene Aus- und Weiterbildungen rund um die Hundegesundheit gemacht.

Zu mir gehört meine Podencohündin Tessa. Sie wurde geschätzt 2010 geboren und gehört mittlerweile auch zu den Seniorhunden. Ihr Start ins Leben war alles andere als einfach und sie kam mit etwa neun Monaten aus einer Tötungsstation zu mir. Die so wichtige Welpen- und Junghundephase hat sie unter widrigen Bedingungen verbracht. Das sind eigentlich nicht die besten Voraussetzungen, um für den Alterungsprozess gut gewappnet und auch im fortgeschrittenen Alter bei guter Gesundheit zu sein. Doch erfreulicherweise war sie all die Jahre ein gesunder Hund und ist auch jetzt im Alter noch ausgesprochen fit. Dies mag sicher zum Teil an „guten Genen" liegen, aber auch daran, dass ich sie schon ihr ganzes Leben unter anderem auch physiotherapeutisch begleite. Das hat sich mit fortschreitendem Alter nochmals intensiviert.

Ich bin ehrlich zu dir, viele Gedanken und Gefühle, die einen im Zusammenleben mit einem älteren Hund beschleichen, kenne ich. Das können Angst und Sorge sein, den geliebten Gefährten zu verlieren, aber auch Hilflosigkeit und Unsicherheit, ob man alles richtig macht. All diese Gefühle sind legitim und dürfen sein. Was hilft, ist Sicherheit im Umgang mit diesem Thema, um nicht in einen Teufelskreis aus diesen Gefühlen zu gelangen. Mit dem Älterwerden von Tessa ist das Thema Seniorhund für mich zu meinem großen Herzensthema und Schwerpunkt meiner Arbeit geworden. Ich durfte mir umfassendes Wissen aneignen und mich weiterbilden.

Mit diesem Buch möchte ich dir mein Wissen weitergeben und damit genau diese Sicherheit vermitteln. Ich möchte dich ins Handeln bringen und dir Sicherheit im Umgang mit dem Alterungsprozess deines Hundes geben. Deshalb biete ich dir ein Portfolio an Maßnahmen an, die du individuell den gesundheitlichen Bedürfnissen deines älteren Hundes entsprechend anwenden kannst.
Ich werde dir ein gutes Verständnis für den Alterungsprozess deines Hundes geben und du wirst verstehen, was im Körper deines Hundes passiert. Das macht es dir leichter, mit den körperlichen Veränderungen umzugehen. Du lernst viel darüber, wie man den Seniorhund richtig bewegt und wie man mit dem Thema Schmerzen umgeht. Besonders am Herzen liegt es mir, dass du viele verschiedene Möglichkeiten kennenlernst, die eine gute und leicht umsetzbare Unterstützung für deinen Hund bieten. Es heißt also „Hands on". Ein großer Schwerpunkt liegt auf dem Hundefitnesstraining – seniorengerecht umgesetzt, denn dies wirkt sich nachweislich vielfältig positiv auf die Gesundheit deines Hundes aus. Gelenke werden mobilisiert, die Muskulatur und die Nervenfunktion gestärkt, die Koordination und das Körpergefühl trainiert – und auch der Hundekopf wird fit gehalten. Wir sorgen also für körperliche und geistige Fitness deines Seniorhundes. Die Wirkung von Hundefitness bei älteren Hunden auf ihre körperlichen, aber auch kognitiven Fähigkeiten ist erfreulicherweise mittlerweile auch in Studien belegt. Begleitet wird das Thema Seniorenfitness von Behandlungsmöglichkeiten wie sanften Massagen, Wickeln, Wärmetherapie und vielem mehr, was dir ermöglicht, deinen Hund auch hiermit nachhaltig und wirkungsvoll zu unterstützen. Natürlich gebe ich dir auch wichtige Impulse, wie du deinem Seniorhund den Alltag erleichtern kannst.

Getreu dem Motto: Wissen schafft Sicherheit!

Dich erwartet also geballtes Wissen rund um das Thema Seniorhund – statt mühsamem „Trial & Error", damit auch dein Hund im Alterungsprozess mobil, schmerzfrei und mit viel Lebensqualität und Lebensfreude diese Lebensphase genießen kann.

Nun wünsche ich dir viel Freude mit meinem Buch!
Alles Liebe
Martina & Tessa

Die allgemeinen Empfehlungen sind aus Gründen der leichteren Lesbarkeit nicht geschlechterspezifisch formuliert und gelten in gleicher Weise für alle Geschlechter.

Die Rückbildungsphase

Den Alterungsprozess des Hundes verstehen

Das Alter ist keine Krankheit und kann mit viel Lebensfreude und -qualität einhergehen.

Es ist erstaunlich, dass es nicht mehr Bücher rund um die Begleitung älterer Hunde gibt, wenn man bedenkt, dass je nach Hund diese Lebensphase mindestens zwei bis fünf Jahre andauert – manchmal auch länger. In dieser Phase, die man als Rückbildungsphase bezeichnet, kommt es Schritt für Schritt zu Veränderungen, die es zu begleiten gilt. Häufig sind Menschen überfordert und haben Angst, wenn sie altersbedingte Veränderungen ihres Hundes bemerken. Ein bisschen „grau um die Schnauze herum" stecken wir meist noch recht schnell weg. Wenn wir dann aber bemerken, dass die Augen und Ohren schlechter werden, der Hund beim Spaziergang nicht mehr so schnell unterwegs ist und ihm schneller die Puste ausgeht oder er beginnt Bewegungen zu vermeiden, die sonst so leichtgefallen sind, dann geraten wir oft in eine emotionale Achterbahnfahrt. Auch organische Erkrankungen, die es zu begleiten gilt, sind bei älteren Hunden keine Seltenheit.

Der Alterungsprozess des Hundes stellt uns in jedem Fall vor die eine oder andere Herausforderung. Wir müssen es auch nicht schönreden: Es gibt Momente, die uns möglicherweise an unsere Grenzen bringen und viel Kraft kosten. Wenn wir dann allerdings ein fundiertes Wissen rund um diese Lebensphase haben und ein umfassendes Portfolio an Maßnahmen, um unseren Hund zu unterstützen, kommen wir aus der Hilflosigkeit heraus hinein ins Handeln. Denn einer Sache sollten wir uns bewusst sein: Das Alter selbst ist ein Lebensabschnitt und keine Krankheit. Ein älterer Hund

Diese Lebensphase zu begleiten, ist ausgesprochen intensiv und birgt die Chance für eine innige Verbindung.

muss nicht zwangsläufig gebrechlich und immobil sein. Auch bei älteren Hunden kann es gut gelingen, ihnen wieder zu stärkerer Muskulatur, mehr Gelenkbeweglichkeit, mehr Mobilität und auch Wohlbefinden zu verhelfen.

Wann ist ein Hund alt?

Altersbeeinflussende Faktoren

Die Frage „Ist mein Hund denn schon alt?“ oder „Ab wann ist mein Hund alt?“, wird mir häufig gestellt. Leider kann man sie nicht pauschal beantworten. Was wir allerdings wissen, ist, dass sich die Lebenserwartung unserer Hunde in den vergangenen 40 Jahren deutlich erhöht hat. Grund dafür sind verbesserte Haltungsbedingungen, denn der Hund ist für viele Menschen mittlerweile ein Familienmitglied geworden. Auch die großen Fortschritte in der Tiermedizin und die vielfältigen Behandlungsmöglichkeiten tragen dazu bei.

Es gibt verschiedene Faktoren, die die sogenannte Rückbildungsphase beeinflussen.

Dazu gehören:

- Rasse, Größe & Gewicht
- genetische Disposition
- Ernährung (Übergewicht, Wertigkeit der Ernährung)
- Lebensumstände (hier spielen zum Beispiel Faktoren wie Stress, körperliche Beanspruchung, ausreichend Ruhe, Wohlbefinden mit rein)
- Krankheiten

Man sieht auf den ersten Blick, dass es Faktoren gibt, die nicht in unserer Hand liegen, wie beispielsweise die genetischen Voraussetzungen des Hundes, seine Rasse und die Größe. Die Punkte Rasse und Größe des Hundes spielen dabei eine entscheidende Rolle, anhand derer wir den Alterungsprozess zumindest in Zahlen, die uns einen Richtwert geben, erfassen können.

Genauso liegen aber eine Vielzahl an Faktoren, wie Belastung und Bewegung, Ernährung und Gewicht, Ruhephasen und Stress in unserer Hand und wir können hier gezielt Einfluss auf den Alterungsprozess unseres Hundes nehmen. Das bedeutet eben auch, dass wir hiermit nicht erst beginnen sollten, wenn unsere Hunde sich bereits im Alterungsprozess befinden. Wir haben ein Hundeleben lang die Chance, präventiv auf den Verlauf des Älterwerdens und die Lebensqualität unserer Hunde Einfluss zu nehmen.

Kleine Hunde starten später in den Alterungsprozess.

Allerdings ist auch Cash trotz seiner Größe noch sehr fit.

Auch bei Smilla darf man sich vom grauen Gesichtchen nicht täuschen lassen. Körperlich ist sie ausgesprochen fit.

Das beantwortet dir nun immer noch nicht konkret die Frage, ob dein Hund denn schon alt ist. Auch wenn wir dies nicht exakt „beziffern" können, so gibt es doch einige Punkte, an denen du dich orientieren kannst. Es ist so, dass bei kleinen Hunden der Alterungsprozess wesentlich später beginnt als bei großen Hunden. Wenn wir hier einmal einen Dackel als Beispiel aus der Gruppe der kleinen Hunde betrachten, so beginnt sein Alterungsprozess etwa mit dem neunten bis elftes Lebensjahr. Der Irische Wolfshund entgegen wird schon mit fünf bis sechs Jahren älter. Dies ist im Größenvergleich ein extremes Beispiel, da es sich bei Irischen Wolfshunden um sehr große Hunde handelt. Es soll aber aufzeigen, wie unterschiedlich früh beziehungsweise spät der Alterungsprozess je nach Größe beginnt. Grob kann man sagen, dass bei mittelgroßen Hunden die Rückbildungsphase ab dem sieben bis achten Lebensjahr beginnt. Bei großen Hunden etwa ab dem sechsten bis siebtes Lebensjahr. Dies ist, so möchte ich nochmals betonen, nur ein Richtwert und soll dir eine ungefähre Orientierung bieten.

Die Tabelle nach Prof. J.-L. Pouchelon gibt dir noch eine weitere Orientierung, um einen annähernden Vergleich zwischen Menschenalter und Hundealter zu bekommen.

Gewicht Hund/	< 15 kg	15-45 kg	> 45 kg
Alter Hund			
1	20	18	14
2	28	27	22
3	32	33	31
5	40	45	49
7	45	57	67
10	60	75	94
12	68	85	100
14	76	94	
16	84	100	
18	92		
20	100		

Vergleich Hunde- und Menschenalter nach Pouchelon (1998)

ist eingeschränkt. Dies bedeutet, dass die Gesundung nach einer Erkrankung häufig länger dauert. Wir sehen uns im Alterungsprozess also mit physiologischen Veränderungen und einer potenziellen Häufung von Alterskrankheiten konfrontiert. Krankheiten verlaufen häufiger chronisch und seltener akut. Für ein frühzeitiges Erkennen von Erkrankungen lege ich dir regelmäßige Geriatriechecks ans Herz (mehr dazu ab S. 31). Je früher eine Erkrankung erkannt wird, desto besser die Behandlungsmöglichkeiten. Erkrankungen, die besonders bei älteren Hunden häufig auftreten können, sind zum Beispiel eine Herzerkrankung, Herzinsuffizienz, Niereninsuffizienz, Schilddrüsenerkrankungen, Erkrankungen des Bewegungsapparates, Cushing Syndrom oder das Vestibularsyndrom. Da das zelluläre Reparatursystem nur noch eingeschränkt arbeitet, ist die Wahrscheinlichkeit einer Tumorbildung ebenfalls erhöht.

Was bedeutet Alter?

Da wir nun abschätzen können, ab wann in etwa die Altersphase beginnt, schauen wir doch einmal genauer hin, was Alter konkret bedeutet. Das Altern ist ein biologischer Prozess, der als Rückbildungsphase bezeichnet wird. Der Alterungsprozess kann nicht aufgehalten werden oder rückgängig gemacht werden. Wohl aber haben wir viele Möglichkeiten, ihn zu beeinflussen und zu verzögern. In dieser Lebensphase ist die Anpassungsfähigkeit des Hundekörpers auf innere und äußere Faktoren und Belastungen mehr und mehr eingeschränkt. Das führt dazu, dass physiologische Funktionen sukzessive beeinträchtigt werden. Zudem besteht im Alter ein erhöhtes Risiko für Krankheiten und die Regenerationsfähigkeit

Bei älteren Hunden sollten regelmäßige Untersuchungen zur Routine gehören.

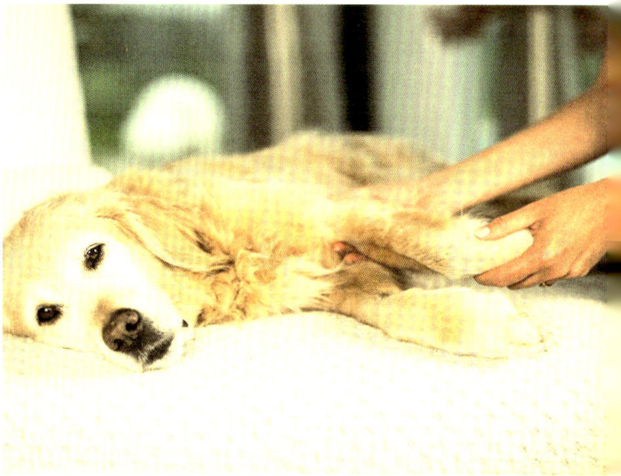

Den Alterungsprozess verstehen

Erste äußerlich wahrnehmbare Veränderungen am Hundekörper

Um besser zu verstehen, was der Alterungsprozess bedeutet und damit besser umgehen zu können, schauen wir uns an, was mit und im Hundekörper passiert, wenn ein Hund älter wird. Zunächst betrachten wir, welche äußeren Veränderungen man bei älter werdenden Hunden feststellen kann.

Fell und Krallen

Als erstes fällt uns meist auf, dass unsere Hunde um die Schnauze herum grau zu werden beginnen. Dies kann sich über das ganze Hundegesicht und auch den gesamten Körper hin ausbreiten. Grund dafür ist der Verlust der Haarpigmente. Auch Veränderungen des Fells können auftreten und es kann struppiger wirken. Dies passiert aufgrund der Abnahme der Talgproduktion. Die Haut verliert an Elastizität. Viele Hunde bekommen vermehrt Warzen. Auch die Neigung zu Liegeschwielen nimmt an besonders belasteten Körperstellen durch Verdickung und Verhornung der Haut zu. Die Hundenase und Pfotenballen können rissig und trocken werden. Das Krallenwachstum verstärkt sich. Ebenfalls äußerlich sichtbar ist, dass der Hundekörper sich verändert und eingefallener wirken kann. Weshalb dies so ist, erfährst du gleich.

Bei Smilla sind die grauen Haare aufgrund des dunklen Fells besonders gut zu sehen.

Die Sinnesorgane

Sicher hast du bei einem älteren Hund schon einmal gesehen, dass die Augen sich eintrüben. Dies ist eines der äußerlich offensichtlichen Anzeichen des Alterungsprozesses. Das Sehvermögen lässt nach und auch das Hörvermögen wird bei Seniorhunden schwächer. Diese Veränderungen bemerke ich auch bei Tessa.

Sie haben Einfluss auf die Kommunikation mit unseren Hunden und das Zusammenleben. Ihre Wahrnehmung verändert sich und auch im Verhalten können sie schreckhafter sein oder aber verzögert reagieren. Aufgrund der nachlassenden Sehfähigkeit bemerke ich bei Tessa beispielsweise, dass sie sich schwertut mit Menschen und Hunden, die uns unterwegs entgegenkommen. Sie erkennt nicht auf den ersten Blick, was sich auf sie zu bewegt und braucht mich an ihrer Seite, um sie daran vorbeizuführen. Seniorhunde brauchen auch länger, um sich auf veränderte Situationen einzustellen. Auch werden sie häufig als stur und „altersstarrsinnig“ wahrgenommen. Die Gefahr von Missverständnissen steigt zwangsläufig an und es ist an uns, geduldig und einfühlsam mit unseren Seniorhunden umzugehen. Bedenke bitte immer, dass Veränderungen im Verhalten auch bei organischen Erkrankungen auftreten können.

Das passiert im Körper, wenn ein Hund älter wird

Zur Gänze ist der Alterungsprozess nach wie vor nicht erforscht. Allerdings wissen wir schon eine Menge darüber, was auf Zellebene im Körper passiert, wenn er altert. So ist bereits bekannt, dass die Anzahl der Zellteilungen eines Organismus genetisch bedingt ist. Sie ist also unabänderlich vorgegeben. Nach einer bestimmten Anzahl an Zellteilungen stellen Zellen ihre Teilung ein. Das zieht unweigerlich auch eine Abnahme der Funktionen nach sich. Auch die Zellgröße nimmt bedingt durch den Verlust von Körperflüssigkeit ab. Weiterhin wird die Zelle dadurch, dass es zu Ansammlungen von Stoffwechselendprodukten kommt, in ihrer jeweiligen Funktion eingeschränkt. Die geringere Aktivität der Enzyme und auch die Veränderung der Zellmembran führen zu einem geringeren Stoffaustausch. Ersetzt werden diese Zellen im mittleren Alter noch durch Bindegewebe. In der Rückbildungsphase werden sie durch Fettzellen ersetzt.

Stoffwechsel und Immunsystem

Diese Vorgänge führen in der Summe zu einer Abnahme der Stoffwechselrate. Dadurch verändert sich auch der Energiebedarf unserer Hunde und die Futtermenge und Zusammensetzung sollte entsprechend angepasst werden, um Übergewicht zu vermeiden.

Auch das Immunsystem ist von den Veränderungen betroffen und funktioniert schlechter. Man spricht von einer eingeschränkten Immunantwort. Übrigens geht man davon aus, dass auch dadurch die Entstehung von Tumoren im Alter begünstigt wird. Das Risiko für Infektionserkrankungen steigt, da die Produktion spezifischer Antikörper sinkt. Hinzu kommt, dass es zu einer gesteigerten Produktion von Antikörpern kommt, die gegen körpereigene Antigene arbeiten. Dies führt zu einem erhöhten Risiko für Autoimmunerkrankungen.

Herz-Kreislauf-System

Die Herzleistung nimmt im Verlauf des Alterungsprozesses um bis zu 50% ab. Grund hierfür sind unterschiedliche Faktoren wie zum Beispiel die Verringerung der Kontraktionskraft des Herzmuskels, Fettablagerungen und eine verminderte Durchblutung. Zudem lässt die Elastizität der Gefäßwände nach und Herzminutenvolumen und die erhöhte Herzschlagfrequenz unter Belastung sinken. Das Herzminutenvolumen ist das Blutvolumen, welches das Herz pro Minute in den Kreislauf pumpt. Es ist ein Maß für die Herzleistung. Es können Herzkrankheiten und Herzinsuffizienzen auftreten. Von einer Herzinsuffizienz spricht man, wenn das Herz den Körper nicht mehr mit der ausreichenden Menge Blut versorgt. Es gibt zum einen die Linksherzinsuffizienz, bei der das Blut nicht ausreichend aus dem Herz in den Blutkreislauf befördert wird. Dadurch kommt es zu einer Stauung des Blutes vor der linken Herzkammer, verbunden mit einem Rückstau in die Lunge. Zum anderen gibt es die Rechtsherzinsuffizienz, bei der das Blut nicht ausreichend von der rechten Herzhälfte in den Lungenkreislauf gepumpt wird. Dadurch werden Stauungen im venösen System verursacht und es kann zu peripheren Ödemen kommen. Periphere Ödeme sind Ödeme in Geweben, die vom peripheren Gefäßsystem durchströmt werden, normalerweise in den unteren Extremitäten.

Extrawissen:

Achte unbedingt auf die Zahnpflege deines Hundes. Herzprobleme können auch durch schlecht gepflegte Zähne entstehen, da es zu einer Streuung der Bakterien durch den gesamten Hundekörper kommen kann.

Atmung

Mit fortschreitendem Alter kommt es in der Lunge zu einem bindegewebigen und narbigen Umbau des Zwischengewebes. Das führt zu einer Anhäufung der Bindegewebsfasern zwischen den Lungenbläschen (Alveolen), was wiederum die Ausdehnungsfähigkeit der Lunge verringert. Auch die Durchlässigkeit der Alveolarwände für Kohlendioxid und Sauerstoff nimmt ab.

Weiterhin ist der Abtransport von Bronchialsekret in Richtung Maulhöhle, von wo aus es abgeschluckt wird, eingeschränkt. Grund dafür ist, dass der Schleim durch die schlechtere Sekretion und auch die zunehmend nachlassende Funktion des Flimmerepithels immer zäher wird. Das Flimmerepithel ist Teil eines „Reinigungssystems“ der Atemwege, das sich aus Millionen von Zellen mit beweglichen Flimmerhärchen (Zilien) zusammensetzt, die ständig in Bewegung sind. Zwischen diesen Zellen sitzen vereinzelt sogenannte Becherzellen und Drüsen. Sie produzieren einen wässrigen Schleim, der die gesamte Oberfläche der Schleimhaut benetzt und im Zusammenspiel mit den Zilien dafür sorgt, das unerwünschte Stoffe nach draußen transportiert werden. Dazu müssen die Flimmerhärchen permanent in Bewegung bleiben: Sie schlagen wellenartig hin und her. Wie auf einem Förderband werden durch die rhythmische Zilienbewegung die Fremdstoffe, die im Schleim der Becherzellen und Drüsen gebunden sind, aus der Lunge in Richtung Luftröhre und Rachen befördert. Von dort gelangt der Schleim durch Herunterschlucken in den Magen und wird anschließend verdaut.

Tipp:

Regelmäßige Bewegung an der frischen Luft hält das Herz-Kreislauf-System und die Lungenfunktion in Gang und versorgt das Gehirn mit Sauerstoff.

Die im Alter entstehenden Fetteinlagerungen hemmen zusätzlich die Funktion des Zwerchfells, was das Einatmen erschwert. Die Atmung ist dadurch flacher und schneller und die Versorgung mit Sauerstoff ist in der Folge schlechter. Kommt dann noch Übergewicht hinzu, potenziert sich dies. Durch den insgesamt in seiner Funktion nachlassenden Atmungsapparat steigt das Risiko für Atemwegserkrankungen.

Verdauungssystem

Es ist nicht gänzlich geklärt, wie stark die Funktion des Magen-Darm-Traktes im Alter beeinträchtigt wird. Es kommt vor, dass Seniorhunde durch eine schlechtere Verdauung abmagern, häufig auch in Kombination mit einem schlechten Appetit. Hier sollte immer der Ursache auf den Grund gegangen werden. Ein Grund kann ein langsamer Verlust von Geschmacks- und Geruchsinn sein. Doch auch Erkrankungen des Magen-Darm-Traktes können hier ursächlich sein, genauso wie beispielsweise Demenz, Schilddrüsenerkrankungen, Schmerzen oder Übelkeit durch eine Erkrankung. Was wir sicher wissen, ist, dass Erkrankungen des Magen-Darm-Traktes im Alter vermehrt einen chronischen Verlauf haben. Weiterhin ist bekannt, dass es zu einer geringeren Kalziumresorption im Darm kommt, wodurch es zu einer verringerten Einlagerung von Kalzium in den Knochen kommt.

Übrigens: Auch die Resorptionsfähigkeit von Medikamenten kann verringert sein, was zu einer geringeren Wirkung führen kann.

Die Veränderungen des Bewegungsapparates im Alter

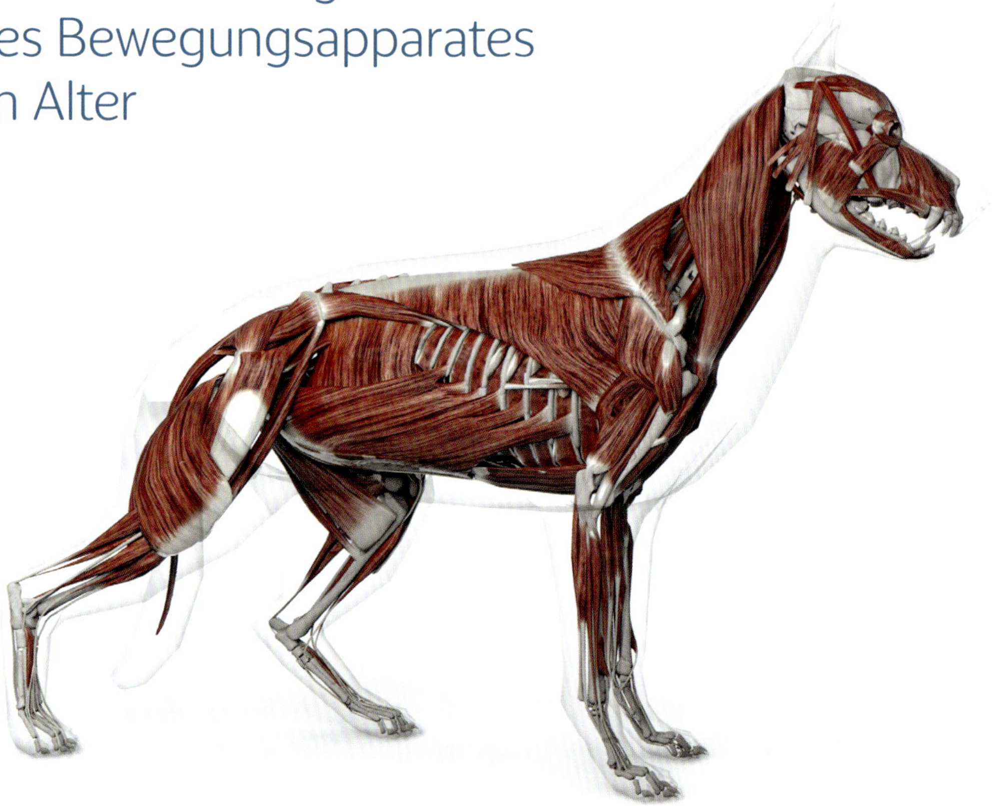

Skelett und Gelenke

Zwar können Hunde jeden Alters an einer Gelenk- oder Rückenerkrankung erkranken. Doch im Alterungsprozess treten beispielsweise Arthrose, Spondylose oder Bandscheibenproblematiken vermehrt auf oder beginnen vermehrt Beschwerden zu bereiten. So wird Arthrose im Alter zum Beispiel begünstigt durch die schlechtere Elastizität des hyalinen Gelenkknorpels. Die Gelenkflächen werden kleiner, weil sich der Gelenkknorpel von den Rändern sukzessive zurückzieht. Die Gelenke sind in ihrem Bewegungsausmaß eingeschränkt. Zugleich sinkt der Wassergehalt, der am Chondroitinsulfat gebunden ist. Knorpelfragmente in den Gelenken können absplittern.

Auch Strukturen in der Wirbelsäule wie beispielsweise die Bandscheiben werden im Alter porös und sind weniger elastisch. Hier steigt die Gefahr von Bandscheibenvorfällen. Weiterhin begünstigen zu wenig Bewegung, Übergewicht und Schonhaltungen verschiedene Erkrankungen des Bewegungsapparates. Im Alter reduziert sich auch die Knochenmasse, was zur Entstehung von Osteoporose führen kann. Das Risiko für Frakturen ist aber nur selten erhöht. Hinzu kommt, dass bereits länger bestehende Erkrankungen im Alter verstärkt Symptome zeigen, deutlicher in Erscheinung treten und Beschwerden verursachen. Bedingt ist dies durch den fortschreitenden Verschleiß und degenerative Prozesse am Bewegungsapparat. Ab Seite 42 gehen wir detailliert auf häufige Erkrankungen des Bewegungsapparates im Alter ein.

Muskulatur

Im Verlaufe des Alterungsprozesses verlieren viele Hunde sukzessive an Muskulatur. Die Ursachen hierfür sind zum einen eine geringere Bewegung, aber auch Schonhaltungen. Zudem werden im Verlauf Muskelzellen durch Fettzellen ersetzt. Ein weiterer Grund, weshalb die Muskulatur schwächer wird ist, dass die Nervenweiterleitung nachlässt.

Der Verlust der Muskulatur bedeutet eine verminderte Leistungsfähigkeit. Die Belastung für Knochen und Gelenke, aber auch bindegewebige Strukturen wie Bandscheiben steigt. Die muskuläre Stützfunktion geht mehr und mehr verloren. Weiterer Verlust von Muskulatur ist vorprogrammiert.

Wie ausgeprägt der Verlust der Muskulatur ist, hängt stark von der Aktivität des Hundes ab. Stichwort: Prävention. Hunde, die ihr Leben lang gut bemuskelt waren, haben höhere Chancen, im Alter eine gute Muskulatur zu haben. Grund hierfür ist, dass der altersbedingte Verlust der Muskelzellen und auch die Größe der Muskelzellen stark von der Aktivität des Hundes in Bezug auf sein gesamtes bisheriges Leben abhängen. Die Muskulatur bei Seniorhunden zu stärken ist möglich, dauert aber zumeist länger als bei jüngeren Hunden.

Bei Roger sieht man deutlich seine gute Muskulatur, obwohl er langsam älter wird.

Doch auch Tessa steht dem trotz ihrer mehr als 14 Jahre in nichts nach.

Nervensystem

Die Nervenleitfähigkeit lässt mit zunehmendem Alter nach und es kann zu neurologischen Problemen kommen. Die Ausprägung des Verlustes der Nervenfunktion ist allerdings sehr individuell. Es kommt zu einer eingeschränkten Funktionsfähigkeit der Nervenzellen durch eine Ablagerung von Stoffwechselendprodukten. Zudem verringern sich die kognitiven Fähigkeiten und die Lernfähigkeit älterer Hunde durch eine langsamere Reizleitung, Abbau der Myelinscheiden, Neuronenverlusten oder Rückbildung von Dendriten. Gleichzeitig verändert sich auch das Gehirn und es lassen sich Proteinablagerungen nachweisen. Diese ähneln den senilen Plaques des Menschen sehr, die bei Alzheimer Patienten auftreten. Nachlassende kognitive Fähigkeiten können sich wie bei uns Menschen in Form von Wahrnehmungs- und Orientierungsstörungen äußern. Auch das Gedächtnis lässt nach. Ältere Hunde finden sich dann weniger gut in ihrer Umgebung zurecht.

Die Nervenleitfähigkeit in die Peripherie wird zusätzlich von möglichen Kompressionen des Rückenmarks durch Wirbelsäulenerkrankungen wie zum Beispiel Bandscheibenvorfällen, Cauda-equina-Kompressions-Syndrom und Spondylosen beeinflusst, die neurologische Ausfallerscheinungen verursachen können.

Mein Tipp:

Mein Tipp für dich: Sorge dafür, dass dein Hund ausreichend an der frischen Luft ist. Was sich so profan anhört, hat eine große Wirkung. Eine gute Sauerstoffversorgung wirkt sich nicht nur positiv auf die Lungen- und Herzfunktion aus, sondern auch auf die Gehirnfunktion. Auch die Gabe von Kräutern und Vitalpilzen kann die Körperfunktionen positiv unterstützen. So wirkt sich die Gabe von zum Beispiel Vitamin-B-Komplex positiv auf die Gehirnfunktion aus.

Die Leitfähigkeit im komplexen Nervensystem des Hundes lässt mit dem Alter nach.

An der frischen Luft unterwegs zu sein, in welcher Form auch immer, wirkt Wunder.

Wichtig:

Seniorhunde zeigen häufig ein vermindertes Durstgefühl durch Veränderungen im Hypothalamus und trinken weniger. Hier lauert die Gefahr der Dehydrierung. Achte darauf, dass dein Hund genügend trinkt. Ebenso solltest du alarmiert sein, wenn dein Hund zu viel trinkt, da hier eine Erkrankung wie zum Beispiel Morbus Cushing oder eine Niereninsuffizienz vorliegen können.

Die Veränderungen des Bewegungsapparates im Zusammenhang

Nun haben wir die Entwicklung des Hundekörpers im Altersprozess betrachtet. Allerdings greifen alle diese Veränderungen der verschiedenen Strukturen ineinander. Wenn wir uns nun auf den Bewegungsapparat des Hundes konzentrieren – also Skelett, Gelenke, Muskulatur, bindegewebige Strukturen und das Nervensystem – wird ersichtlich, dass alle auftretenden Veränderungen Einfluss auf andere Strukturen des Bewegungsapparates haben. Ist beispielsweise ein Gelenk aufgrund einer Arthrose in seiner Beweglichkeit eingeschränkt, kommt es unweigerlich zu einer Muskelatrophie in diesem Bereich. Unter einer Muskelatrophie versteht man einen Gewebeschwund der Skelettmuskulatur unter Abnahme der Muskelmasse. Ist die Muskulatur geschwächt, potenziert sich die Belastung auf die Gelenke in diesem Bereich. (Weitere) Arthrose ist die Folge. In Bezug auf die Wirbelsäule begünstigt eine schwache Muskulatur in diesem Bereich oder aber geschwächte bindegewebige Strukturen wie Bandscheiben die Entstehung von Spondylose oder Bandscheibenvorfällen. Ist die Nervenfunktion eingeschränkt, werden verschiedene Muskeln nicht mehr ausreichend innerviert. Die Muskulatur wird schwächer und es kann zu neurologischen Problemen kommen. Bei jeder Schwächung in einem Körperbereich oder einem „Funktionsbereich" werden andere Bereiche zwangsläufig in Mitleidenschaft gezogen, denn der Hundekörper ist immer als funktionelle Einheit zu betrachten. Natürlich kommt es auch zu Fehl- und Überlastungen sowie Schonhaltungen. Dies sind nur einige Beispiele, aber es wird schnell ersichtlich, dass alles in einem Zusammenhang zueinandersteht. Ehe man sich versieht, ist der Seniorhund in einem Teufelskreis.

Wie kann man darauf nun einwirken, oder – noch besser – entgegenwirken?

Auch wenn regelmäßige Spaziergänge eine schöne und wichtige gemeinsame Aktivität mit unseren Seniorhunden ist, ist der degenerative Prozess in der Rückbildungsphase dadurch eher weniger positiv zu beeinflussen. Wichtig ist es hier zum Beispiel, mit aktivem Bewegungstraining beziehungsweise Hundefitness entgegenzuwirken. Dies ist ein wichtiger Baustein, um den Körper und kognitive Strukturen zu aktivieren und aktiv zu halten. Auch der Einsatz verschiedener hundephysiotherapeutischer Maßnahmen zur Verzögerung des Alterungsprozesses, aber auch bei Bedarf zur Schmerzlinderung, ist eine wichtige Komponente. Zum Einsatz kommen können beispielsweise Elektrotherapie, Lasertherapie, Ultraschalltherapie, Massage, passives Bewegen und andere manuelle Techniken oder Thermotherapie, um nur eine Auswahl zu nennen. Die Liste der Möglichkeiten ist lang und ein Physiotherapeut deines Vertrauens wird ein individuell auf den Hund angepasstes Therapiekonzept bieten. Begleitend kann man den Körper mit Kräutern und Nahrungsergänzungsmitteln unterstützen oder zum Beispiel auch Osteopathie oder Akupunktur einsetzen.

Massage gehört …

… genau wie Lasertherapie zu den etablierten Therapiemaßnahmen.

Und auch das Bewegungstraining sollte nicht fehlen. Tessa ist trotz ihres Alters immer mit Freude dabei.

Wie kann man im alltäglichen Leben auf den Alterungsprozess einwirken und ihn verzögern?

Für mich ist an dieser Stelle nicht nur das „Wie" relevant, sondern auch das „Wann". Das Stichwort lautet Prävention. Viele Menschen beginnen ihren Hund zu unterstützen, wenn sich die ersten „Baustellen" bemerkbar machen und Beschwerde verursachen. Mein Ansatz ist jedoch, dass wir unsere Hunde ihr ganzes Hundeleben lang, also im Optimalfall bereits ab dem Junghundealter, bestmöglich auf den Alterungsprozess und dessen Verlauf „vorbereiten" und positiv einwirken. Das hört sich jetzt unglaublich aufwändig an, ist es aber nicht. Es kommen verschiedene Faktoren zum Tragen, die in Sachen Prävention wichtige Säulen bilden, sich leicht umsetzen lassen und die ein Hundeleben lang berücksichtigt werden sollten.

- Eine ausgewogene, gesunde Ernährung deines Hundes wirkt sich positiv auf seine Gesundheit und den Alterungsprozess aus. Ein Körper, der sein Leben lang gesund ernährt wurde, hat auch im Alter eine gute Basis.
- Auch das Gewicht des Hundes spielt eine große Rolle. Übergewicht ist ein großes gesundheitliches Problem bei unseren Hunden. Es verkürzt die Lebenszeit um bis zu 20%. Zum Tragen kommt das Thema Übergewicht nicht erst im Alter. Ist ein Hund in jüngeren Jahren übergewichtig, so hat dies lebenslange Auswirkungen. Es gilt also grundsätzlich Übergewicht zu vermeiden.
- Dasselbe gilt für das Thema Fehl- und Überlastung. Ganz gleich, ob man es beispielsweise mit der Bewegung übertreibt, seinen Hund regelmäßig auspowert, oder

beim Sport auf ein Warm Up und Cool Down verzichtet.

- Auch High-Impact-Sportarten wie zum Beispiel Agility oder Flyball wirken intensiv auf den Hundekörper ein und können Probleme im Alter begünstigen. Hier gilt es immer verantwortungsvoll Hundesport zu betreiben.

All das hat Auswirkungen und Einfluss auf den Bewegungsapparat im Alter und den Körper insgesamt.

Ich möchte keinesfalls ein „Spielverderber" sein. Hunde dürfen spielen, mal einen Snack mehr naschen, als eigentlich gut für sie wäre, dürfen auch beim Spaziergang mal über die Stränge schlagen und auch Hundesport betreiben. Und wer hat sich bei einem Spaziergang oder einer Wanderung nicht schon einmal verlaufen und das Ganze endete dann in einer etwas ausgiebigeren Runde und der Hund war am nächsten Tag noch hundemüde? Das ist das Leben und das ist auch in Ordnung so. Dennoch möchte ich dazu animieren, sorgsam und bewusst mit dem Hundekörper umzugehen. Unsere Hunde vertrauen auf uns und verlassen sich darauf, dass wir das Beste für sie tun und entscheiden.

In jungen Hundejahren bereits auf die Gesundheit zu achten zahlt sich im Alter aus.

Der Geriatriecheck als wichtiger Baustein der Prävention und Begleitung im Alter

Oftmals sehen Hunde, solange sie gesund erscheinen, keinen Tierarzt. Man mag im ersten Moment auch keinen Sinn darin sehen. Doch wenn Hunde älter werden, kann ich jedem nur empfehlen, seinen älteren Hund in regelmäßigen Abständen beim Tierarzt zum Geriatriecheck vorzustellen. Für Tessa und mich gehört dieser Tierarztbesuch alle sechs Monate schon seit einigen Jahren fest dazu. So gelang es uns in diesem Frühjahr eine Niereninsuffizienz festzustellen, obwohl Tessa keinerlei Symptome zeigte. Wir haben nun die Chance, frühzeitig zu handeln.

Warum ist ein regelmäßiger Check-up sinnvoll?

Wir haben bereits darüber gesprochen, dass der Körper sich im Alter verändert. Ältere Hunde haben einen veränderten Stoffwechsel und ein schwächeres Immunsystem. Das macht sie anfälliger für Krankheiten. Viele Erkrankungen zeigen jedoch zu Beginn kaum auffällige Symptome und unsere Hunde können die Erkrankung gut kompensieren. In der Folge werden Erkrankungen häufig erst spät diagnostiziert. Dabei erhöht eine frühe Erkennung der Krankheit in sehr vielen Fällen die Heilungschancen und verkürzt die Rekonvaleszenz. Hinzu kommt, dass der

Gesundungsprozess für den Körper im Alter anstrengender und oft langwieriger ist. Es ist nicht nur so, dass der Hundekörper mit Erkrankungen im Alter schlechter umgehen kann. Viele Erkrankungen nehmen zusätzlich einen chronischen Verlauf. In einigen Fällen kann das durch eine frühzeitige Diagnose verhindert werden. Doch selbst wenn der chronische Krankheitsverlauf nicht verhindert werden kann, so können jedoch die Krankheitssymptome abgemildert werden und Schmerzen gelindert oder sogar verhindert werden.

Ich möchte dir sehr ans Herz legen, deinen Hund regelmäßig durchchecken zu lassen, um Erkrankungen frühzeitig zu erkennen und handeln zu können.

Gesundheitscheck für ältere Hunde – Diese Parameter werden beim Geriatriecheck überprüft

Im ersten Schritt wird eine gründliche Anamnese erstellt. Dazu gehört die Erfassung der Krankheitsgeschichte deines Hundes, falls noch nicht bekannt, sowie Erfassung möglicher aktueller Beschwerden, Symptome und Veränderungen. Zudem wird der Hund gründlich untersucht. Dazu gehören beispielsweise die Kontrolle der Augen und des Gehörs sowie der Körperöffnungen. Auch ein Blick in das Maul deines Hundes darf keinesfalls fehlen. Besonders die Zähne sind bei Seniorhunden oft eine Baustelle. Auch der Zustand von Haut und Fell wird überprüft.

Zur Untersuchung sollte auch gehören, dass dein Hund eingehend abgetastet wird. So sollen Schwellungen, Verhärtungen und schmerzhafte Stellen ertastet werden. Schwellungen können an unterschiedlichen Körperstellen auftreten und auch unterschiedliche Ursachen haben. So kann es sich beispielsweise um Gelenkschwellungen, Schwellungen durch Entzündungen oder um geschwollene Lymphknoten, aber auch Lipome oder Tumore handeln.

Die Gelenke deines Hundes werden auf Beweglichkeit und mögliche schmerzende Gelenkarthrose überprüft. Auch der Rücken wird abgetastet, um möglichen Rückenschmerzen auf die Schliche zu kommen. Weiterhin wird eine Laboruntersuchung von Blut und Urin vorgenommen. Besonders Blut- und Harnuntersuchung geben einen guten Aufschluss über den Gesundheitszustand deines Hundes. Hier können Krankheiten festgestellt werden, die äußerlich möglicherweise noch gar keine Symptome zeigen.

Es ist auch empfehlenswert, das Herz zu untersuchen und gegebenenfalls einen Herzultraschall machen zu lassen, um mögliche Herzprobleme frühzeitig zu erkennen.

Bitte beachte, dass dieser durch einen entsprechend dafür qualifizierten Tierarzt durchgeführt wird. Sollte dein Tierarzt hierfür nicht ausgebildet sein, kann er dir sicher einen Fachtierarzt oder eine Klinik empfehlen.

Sollten sich bei der allgemeinen Untersuchung Auffälligkeiten zeigen, sind teilweise weitere diagnostische Untersuchungen wie Röntgen, EKG oder Ultraschall notwendig, um eine Diagnose zu stellen.

Ein regelmäßiger Geriatriecheck ist immer gut investiertes Geld in die Gesundheit deines Hundes. Es gibt dir die Möglichkeit, dass

Erkrankungen bei deinem Hund frühzeitig erkannt und behandelt werden. Deinem Hund gibt es die Chance, mit viel Lebensqualität und ohne schwere Symptome und Schmerzen zu altern.

Gesunde Mobilität im Alter

Vielleicht hast du auch schon bemerkt, dass die körperlichen Veränderungen durch den Alterungsprozess sich auf die tägliche Bewegung auswirken. Dem älteren Hund fällt die eine oder andere Bewegung etwas schwerer oder er ermüdet schneller. Wie geht man damit am besten um? Macht es Sinn, den Hund nun komplett zu schonen? Wenn wir hier einmal den Vergleich zum Menschen ziehen, wird deutlich, dass ältere Menschen, die ihr Leben lang in Bewegung waren und auch im Alter darauf achten, sich regelmäßig zu bewegen, länger fit und beweglich bleiben. Dies lässt sich eins zu eins auf unsere Hunde übertragen. Sicher hast du auch schon mehr als einmal den Spruch gehört „Wer rastet, der rostet." Was sich so profan anhört, trägt viel Wahrheit in sich.

Ein gut trainierter und mobiler Körper bringt viele Vorteile mit sich. So verringert sich das Risiko, dass Erkrankungen des Bewegungsapparates entstehen, und bereits bestehende Erkrankungen werden in ihrem Fortschreiten verzögert. Das Risiko für Übergewicht ist deutlich geringer und das Herz-Kreislauf-System und der Atmungsapparat werden fit gehalten. Erkrankungen werden vom Körper besser verkraftet und die Rekonvaleszenz nach einer Krankheit verkürzt sich. Der Alterungsprozess setzt später ein und verläuft langsamer. Auch die Gehirnfunktion profitiert von körperlicher Mobilität.

Achtung:

Die einzige Ausnahme ist: dein Hund hat strikte Ruhe verordnet bekommen.

Wer sagt, dass ältere Hunde nicht gern auch mal wild spielen?

Kann man Mobilität wiederherstellen?

Bei vielen Seniorhunden ist es so, dass es auch darum geht, die Mobilität wieder zu verbessern. Wenn etwa nach einer Erkrankung und damit verbundener Immobilität die Gelenke „eingerostet" sind und die Muskulatur geschwächt ist, gilt es den Hund wieder zu stärken. Hier stellt sich die Frage, inwieweit das möglich ist, wenn wir bedenken, dass sich der Hund in der sogenannten Rückbildungsphase befindet.

Grundsätzlich kann man sagen, dass einer Verbesserung der Mobilität, Muskulatur, Beweglichkeit, Motorik, Nervenfunktion, Körpergefühl und Koordination möglich ist, jedoch immer in Abhängigkeit der aktuellen gesundheitlichen Konstitution. Wichtig zu wissen ist, dass dies eher nicht alleine über die täglichen Spaziergänge gelingt, sondern einer gezielten Gymnastizierung in Form von Bewegungsübungen bedarf, die sinnvoll kombiniert sind und den Hund fordern, aber nicht überfordern. Diese Komponente ist elementar für die Mobilität älterer Hunde. Aus diesem Grund widmen wir uns dem Thema „Seniorenfitness" auch so ausgiebig.

Welche Bewegungen sollte man vermeiden?

Nun wissen wir zwar, dass Bewegung für unsere Hunde gut und wichtig ist, um die Mobilität zu erhalten und wir wissen auch, wie wir dies gestalten können. Dennoch stellt sich ebenso die Frage, welche Formen von Bewegung man bei älteren Hunden vermeiden sollte.

Ich empfehle dir, nach Möglichkeit darauf zu achten, dass dein Hund nicht springt. Auch enge Wendungen oder kurze Stopps sind nicht empfehlenswert. Grundsätzlich sind diese Bewegungen sehr belastend für den Hundekörper und es besteht ein erhöhtes Verletzungsrisiko. Im Alter kann der Hundekörper diese Bewegungen noch schlechter kompensieren und sie strapazieren den Bewegungsapparat intensiv.

Wie viel Bewegung für ältere Hunde - die Gestaltung von Spaziergängen

Spaziergänge sind auch für Hundesenioren weiterhin eine schöne und wichtige Aktivität. Hierbei geht es allerdings nicht darum, möglichst viel „Strecke zu machen". Während es bei jüngeren Hunden häufig so ist, dass sie Freude an ausdauernden Spaziergängen haben, verändern sich die Interessen im Alter sukzessive. Das bedeutet nicht, dass es nicht auch ältere Hunde gibt, die gerne mal eine größere Runde laufen. Doch zumeist geschieht dies langsamer und bewusster. Entspanntes Schnüffeln rückt mehr in den Vordergrund, manche Seniorhunde trödeln auch gern, machen die eine oder andere Pause und halten die Nase in den Wind. Das alles ist in Ordnung und ich finde es sehr wichtig, die Bedürfnisse des Hundes zu respektieren. Viele Seniorhunde genießen auch Spaziergänge gemeinsam mit ihren Hundebuddies, auch wenn sie nicht mehr wild spielen, so wie sie es früher vielleicht getan haben.

Auch gemeinsame Pausen dürfen zu einem Spaziergang dazugehören.

Es gibt bei Spaziergängen einige Punkte, auf die ich besonders im Alter sehr zu achten empfehle. So lege ich dir ans Herz, dass du deinen Hund nicht auspowerst. Er sollte nach einem Spaziergang nicht gänzlich erschöpft sein. Dies ist für den Körper sehr kräftezehrend. Im Idealfall ist ein Spaziergang beendet, bevor dein Hund Zeichen von Erschöpfung zeigt. Zeichen von Erschöpfung können beispielsweise sein, dass er sich zurückfallen lässt, immer langsamer wird, sich zwischendurch hinsetzen oder hinlegen muss, beginnt zu lahmen oder nicht mehr weiterlaufen möchte.

Achte einmal genau darauf, wie lange dein Hund ohne Beschwerden und Anzeichen von Erschöpfung läuft. Es hilft hier, die Distanz zu messen und auch die Zeit, sodass du einen Richtwert hast, welche Strecke oder welche Spazierdauer für deinen Hund in Ordnung sind. Relevant sind hier auch Faktoren wie Steigungen und Gefälle und Art des Untergrundes. Ebene Wege sind weniger anstrengend, als wenn es viel bergauf und bergab geht. Und es ist auf sandigem Untergrund deutlich anstrengender zu laufen als auf einem Wald- oder Feldweg. So hast du eine grobe Orientierung. Es gilt allerdings auch immer die Tagesform des Hundes zu berücksichtigen.

Auch der Untergrund beim Spaziergang spielt generell eine wichtige Rolle. Untergründe, die man eher meiden sollte, sind Asphalt und Schotterwege. Sie sind nicht gelenkfreundlich, da sie keine dämpfende Wirkung haben. Das ist insbesondere unangenehm für Hunde, die von Erkrankungen des Bewegungsapparates betroffen sind. Besonders unangenehm ist Schotter, da die spitzen Steine regelrecht Gelenkschmerzen provozieren. Das kommt ganz besonders zum Tragen, wenn eine Zehengelenksarthrose vorliegt. Besser geeignet sind Untergründe wie Feldwege oder Waldböden.

Kann man Spaziergang auch mal komplett „ausfallen" lassen?

Grundsätzlich ist frische Luft und auch regelmäßige Bewegung für unsere (Senior-) Hunde wichtig. Wenn es allerdings so ist, dass es für den Hund beispielsweise ein großer Graus ist, im strömenden Regen spazieren zu gehen, kann man unter solchen Bedingungen auch mal einen Tag nur „Pippirunden" machen. Dasselbe gilt, wenn der vorherige Tag eventuell aus Gründen sehr anstrengend für deinen Hund war und er einfach mal eine Pause braucht. Alternativ kannst du dann bei Bedarf im Haus für Beschäftigungsalternativen sorgen, zum Beispiel in Form von Nasenarbeit oder einer Einheit Bewegungstraining.

Rein der Vollständigkeit halber möchte ich erwähnen, dass es selbstredend auch bei Hitze gilt, für jeden Hund die Bewegung anzupassen.

Rasen, Wald- oder Feldwege sind ausgesprochen angenehme Untergründe für unsere Hunde.

Wie bewege ich meinen Hund, ohne ihn zu überlasten?

Eine große Unsicherheit ist für viele Menschen, wie viel ein älterer Hund denn überhaupt bewegt werden darf. Allzu oft sehe ich Hunde, die entweder einfach zum „alten Eisen" gezählt werden und in ihrem Körbchen einfach die Zeit totschlagen. Als Gassi gibt es nur noch kurze „Pippirunden" bis zum nächsten Grünstreifen und das war es. Auf der anderen Seite treffe ich auch immer wieder ältere Hunde, die sehr offensichtlich überlastet sind. Sie sind erschöpft und trotten müde hinterher. Hier gilt es ein gesundes Mittelmaß zu finden, und zwar für jeden Hund individuell. Eine pauschale Empfehlung oder ein Patentrezept zur Länge eurer Spaziergänge kann ich dir nicht geben, so gerne ich dies würde. Meine Empfehlung ist neben dem, dass du dir eine grobe Einschätzung dessen verschaffst, was für deinen Hund im Durchschnitt gut an Bewegung machbar ist (wie zuvor beschrieben), ist, dass die Bewegung deines Hundes an sein Alter und den Gesundheitszustand angepasst sein sollte. Schnelleres Ermüden und längere Regenerationszeit sind im Alter normal. Die Leistung des Herz-Kreislauf-Systems und auch die Leistungsfähigkeit des Bewegungsapparates lassen nach. Das eine oder andere Gelenk ist eventuell von Arthrose betroffen und die Muskulatur wird schwächer. Wenn wir jetzt darauf bestehen, dass der Hund dasselbe Bewegungspensum absolviert wie in jungen Jahren, überfordern wir ihn. Dein Hund erschöpft und verausgabt sich.

So ist es besser

Statt zwei großen Spaziergängen am Tag ist es grundsätzlich sinnvoll, mehrere kürzere Spaziergänge über den Tag verteilt zu machen. Was für dich im ersten Moment vielleicht erheblich aufwändiger erscheint, hat einen großen positiven Effekt für deinen Hund. Die Erholungsphasen nach dem Spaziergang verkürzen sich deutlich. Dein Hund erschöpft weniger und kann seine Energie besser einteilen.

Auch die Nase in den Wind halten und die gemeinsame Zeit in der Natur mit dem Mensch sind wertvoll für unsere Hunde.

Tagesform und Befinden sind sehr wichtige Faktoren für eure täglichen Spaziergänge. Wenn dein Hund älter wird, ist es schwierig, eine Regelmäßigkeit hinsichtlich Dauer und Strecke zu haben, denn sein tagesaktuelles Befinden spielt eine große Rolle. Diese Schwankungen im Befinden sind besonders im Alter normal. Deshalb ist es gut, etwas flexibler in der Gestaltung der Aktivitäten mit deinem Hund zu sein. So kann es sein, dass er an einem Tag einen Spaziergang von 30 Minuten wunderbar und voller Energie schafft. Am nächsten Tag ist er jedoch eventuell schon nach 15 Minuten ermüdet. Das solltest du akzeptieren. Dränge ihn nicht dazu, regelmäßig ein bestimmtes Pensum zu absolvieren. Nutze dann die Zeit besser für gemeinsame Entspannung und Beschäftigung für den Kopf. Wir sollten diese Momente in unserem alltäglichen Leben mit unserem älteren Hund genießen – denn sie sind so wertvoll.

Wenn dein Hund unterwegs gerne auch mal eine Pause einlegt und einfach ausgiebig schnüffeln möchte oder nur mal die Nase in den Wind halten möchte, dann lege ich dir ans Herz, diese bewusste Pause einfach mal mit ihm zu teilen, anstatt darauf zu drängen, dass es weitergeht. Einfach mal gemeinsam den Blick schweifen lassen und den Moment genießen.

Eine großartige Ergänzung für Hunde, die nicht mehr ganz so gut zu Fuß unterwegs sind, sind Hundebuggys, die es mittlerweile auch für größere Hunde gibt. So dann der Hund auch auf größeren Ausflügen mit dabei sein und mitlaufen. Ist er dann müde, kann er im Wagen geschoben werden, bis er wieder

Extrawissen:

Warm up vor dem Spaziergang

Wenn dein Hund sich zu Beginn des Spaziergangs schwertut, steifbeinig läuft und die ersten Schritte etwas holprig sind, mache mit ihm, bevor es losgeht, zwei bis drei kurze Aufwärmübungen. Dazu eignen sich etwa klassische Positionswechsel, Pfotegeben, um die eigene Achse drehen oder Slalom durch die Beine. Du kannst dir hier auch Anregung aus den Übungen im Hundefitness Bereich des Buches suchen. Du wirst sehen, schon wenige Wiederholungen reichen aus und dein Hund bewegt sich leichter und besser, weil Muskulatur und Gelenke etwas aufgewärmt sind.

Bei Hunden mit Anlauflahmheiten oder Gelenksteifigkeit kann ein kleines Warm up vor dem Spaziergang Wunder wirken.

laufen möchte. Dies ist auch eine schöne Möglichkeit, wenn man mehrere Hunde hat, mit denen man unterwegs ist, die aber unterschiedlich mobil sind. So kann der Seniorhund wie gewohnt an den Gassirunden mit seinem Rudel teilnehmen. Alternativ würde ich dir

Tipp:

Nach einem Spaziergang kannst du deinen Hund mit einer kleinen Massage verwöhnen, um die Regeneration des Körpers zu unterstützen.

Ein Hundebuggy ermöglicht immobileren Hunden, auf größeren Runden dabei zu sein und so mitzulaufen, wie sie können.

empfehlen, wenn du unterschiedlich mobile Hunde hast, dass du die Spaziergänge aufteilst und getrennt mit ihnen gehst.

Monotonie macht alt

Monotonie bei Spaziergängen ist auch für alte Hunde wenig förderlich. Wir lesen auch nicht jeden Tag dieselbe Zeitung. Auch auf kürzeren Spaziergängen kannst du deinem Seniorhund Abwechslung bieten.

Hier einige Impulse für dich:
Wenn für deinen Hund Autofahrten in Ordnung sind und andere Umgebungen keinen Stress bedeuten, ist es eine schöne Möglichkeit, Ausflüge zu machen und an einem Ort spazieren zu gehen, wo ihr vielleicht früher gerne unterwegs gewesen seid. Fahrt zum See, geht im Wald spazieren oder lauft über Felder. Lasse ihn die spannenden

Auch kleine, aber feine Aktivitäten in der Natur – und sei es im Garten – können große Glücksmomente schaffen.

Umgebungsgerüche wahrnehmen und die Nase in den Wind halten! Die spannende Umgebung wird ihn sicherlich auch motivieren, sich zu bewegen. Wenn er nicht so bewegungsfreudig ist, ist das auch nicht schlimm. Dann kann er ausgiebig die Umgebung erschnüffeln oder einfach entspannt den Blick schweifen lassen.

Auch in eurem gewohnten Spazierumfeld kannst du ebenfalls für Abwechslung sorgen und zugleich etwas für seine Gesundheit tun. Hast du schon mal eine kleine Trainingseinheit eingebaut? Du kannst deinen Hund um Baumstümpfe oder Poller Slalom laufen lassen oder ihn sie umrunden lassen. Bordsteine kann er bewusst hinauf und hinunter laufen. Äste kannst du nutzen, um ihn drüber Cavaletti laufen zu lassen. Verschiedene Untergründe, zum Beispiel im Wald, kannst du nutzen, um die Pfotenwahrnehmung und Nervenfunktion zu verbessern. Achte darauf, dass alles im Tempo und den körperlichen Fähigkeiten deines Hundes entsprechend passiert und er sich nicht verletzen kann.

Häufige Erkrankungen des Bewegungsapparates im Alter

Häufig haben unsere Hunde im Alter mit Erkrankungen des Bewegungsapparates zu kämpfen. Es gibt viele verschiedene Erkrankungen, die in diesem Lebensabschnitt auftreten können. Eine kleine Auswahl häufiger Erkrankungen stelle ich dir hier vor. Dies soll dir helfen, ein besseres Verständnis dafür zu bekommen und damit umgehen zu lernen. Denn auch wenn Hunde älter sind, ist es wichtig, die Erkrankung des Bewegungsapparates zu behandeln.

Arthrose

Arthrose gehört zu den häufigsten Gelenkerkrankungen bei unseren Hunden. Auch viele ältere Hunde sind betroffen. Unter einer Arthrose versteht man eine vorwiegend degenerative, nicht entzündliche und nicht infektiöse chronische Erkrankung des Gelenkknorpels. Man unterscheidet zwei Arten von Arthrose. Eine primäre Arthrose, mit unbekannter Ursache, und eine sekundäre Arthrose, die zumeist traumatisch nach Fehl- oder Überbelastungen zustande kommt. Beide führen zum selben Ergebnis. Sie ziehen Knorpel- und Knochenveränderungen nach sich, was zu chronischem Schmerzen führen kann.

Für ein besseres Verständnis insbesondere der Arthrose und des Gelenkverschleißes im Alter schauen wir uns zum einen ein gesundes Gelenk mit seinen gelenkbildenden Strukturen an sowie ein Gelenk, welches von Arthrose betroffen ist.

Was ist ein Gelenk?

Gelenke sind bewegliche Verbindungen von Knochen. Sie sind im täglichen Gebrauch hohen Belastungen ausgesetzt. Die Knochen im Gelenk sind mit Knorpel überzogen. Diese Knorpelschicht wirkt wie ein Stoßdämpfer. Zwischen den Knorpeln im sogenannten Gelenkspalt befindet sich Gelenkflüssigkeit. Der Gelenkknorpel und die Gelenkflüssigkeit haben die Funktion, das Gelenk zu polstern und für Gleitfähigkeit zu sorgen. Die Gelenkflüssigkeit nährt zusätzlich den Knorpel und schützt die Gelenkoberfläche. Durch die Bewegung des Gelenks wird die Gelenkflüssigkeit geschmeidig gehalten. Der Knorpel wird optimal versorgt. So funktioniert ein gesundes Gelenk.

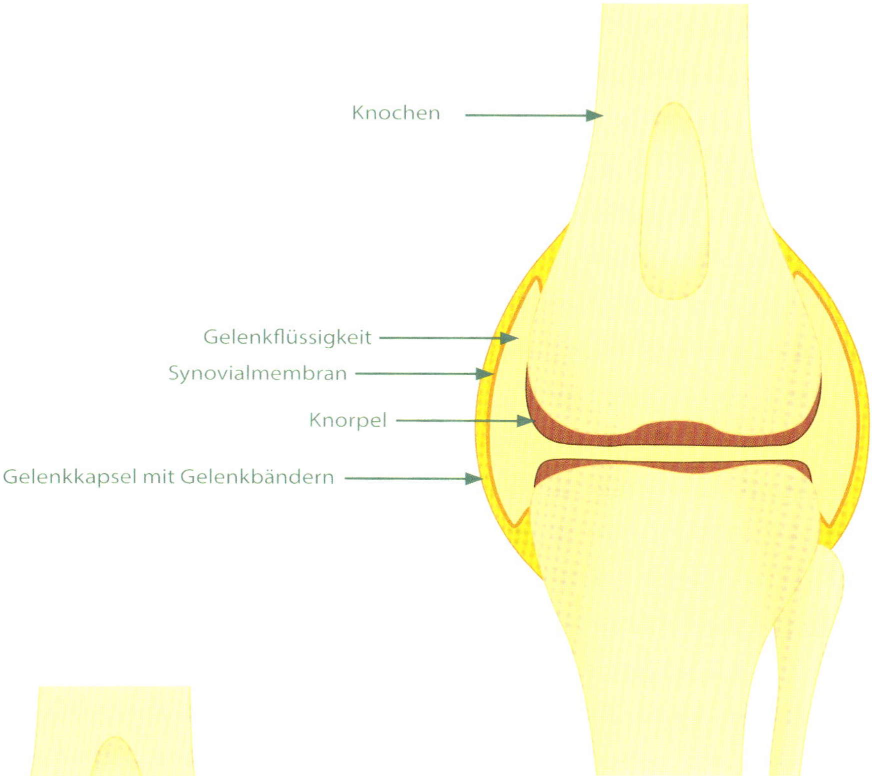

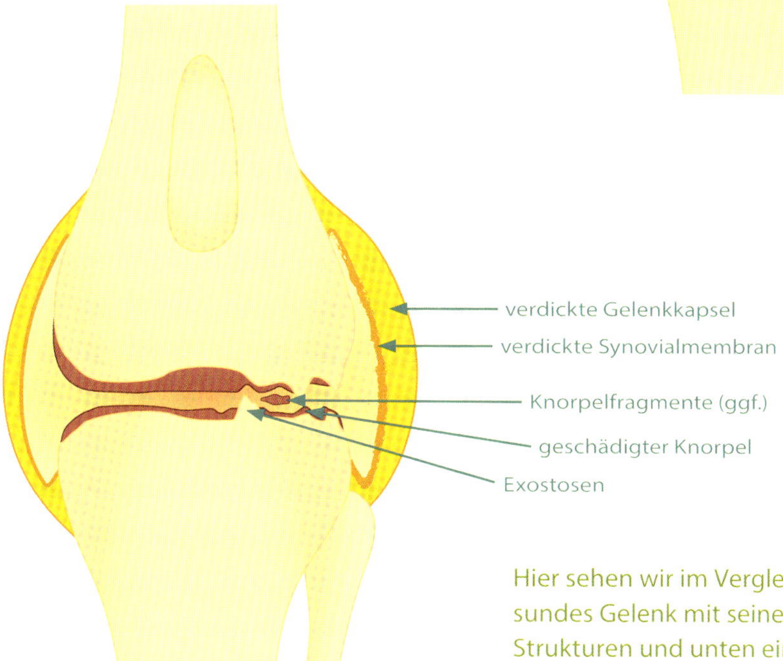

Hier sehen wir im Vergleich oben ein gesundes Gelenk mit seinen gelenkbildenden Strukturen und unten ein von Arthrose betroffenes Gelenk mit den geschädigten Strukturen.

Bei einer Arthrose werden Knorpelteilchen abgerieben oder splittern sogar ab. Diese Teilchen schwimmen dann frei in der Gelenkflüssigkeit umher und stören den Bewegungsablauf. Diese Knorpelteilchen nennt man „Corpora libera“. In der Folge ist die Knorpeloberfläche ist nicht mehr glatt und die Dämmfunktion lässt nach. Im fortgeschrittenen Stadium kommt es zur Schädigung des Knochens. Zudem wird die Gelenkflüssigkeit dünner und schmiert schlechter. Es kann sogar passieren, dass sie gänzlich verschwindet. Bei einer weit fortgeschrittenen Arthrose kann es zur Bildung sogenannter Gelenklippen kommen. Das sind knöcherne Zubildungen, die der Körper bildet, um das Gelenk zu stabilisieren. Allerdings geben sie dem Gelenk nicht nur Stabilität, sondern bedeuten auch eine Einschränkung in der Bewegung und sind mit Schmerzen verbunden. Von Arthrose sind meist die Gelenke betroffen, die intensiver Belastung ausgesetzt sind und viel Gewicht tragen wie beispielsweise Hüfte, Knie oder Ellbogen. Grundsätzlich kann aber jedes Gelenk betroffen sein. Das bedeutet, selbst in den kleinen Zehengelenken unserer Hunde kann Arthrose entstehen.

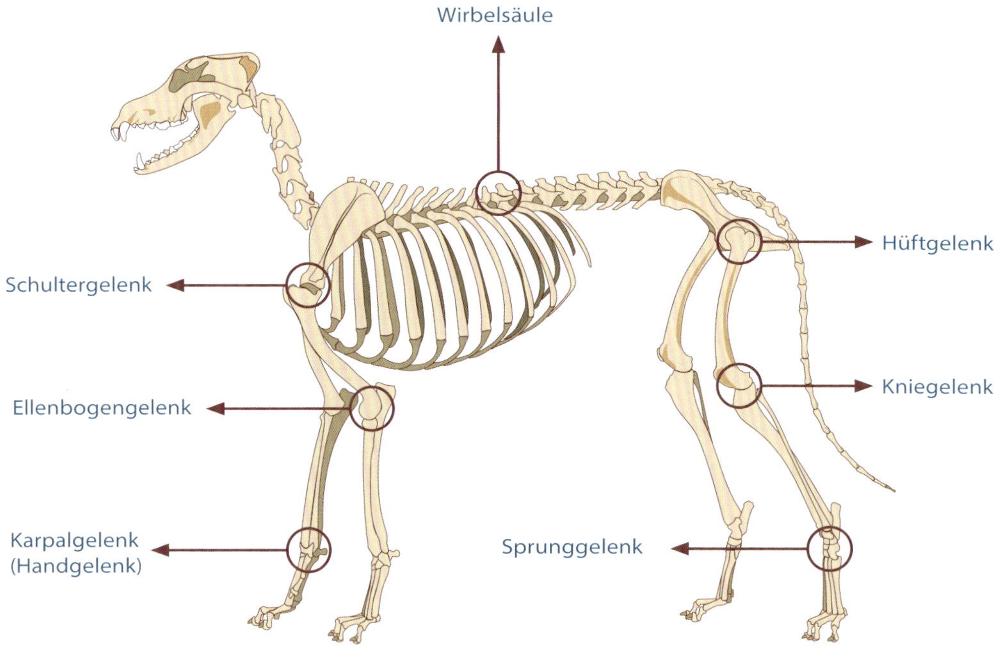

Hier sehen wir häufig von Arthrose betroffene Gelenke.

Arthrotische Veränderungen im Gelenk sind chronisch, entwickeln sich häufig aber zunächst ohne Funktionseinschränkungen und Schmerzen und werden erst bemerkt, wenn sie bereits fortgeschritten sind. Grund dafür ist, dass der Gelenkknorpel nicht innerviert ist, also nicht von Nerven durchzogen ist, die ein Schmerzsignal geben. So spürt ein Hund erst Schmerz im Gelenk, wenn der Knorpel einen bedeutenden Schaden aufweist und eine Entzündung im Gelenk vorliegt. Ist eine Arthrose erst einmal entstanden, kann sie nicht mehr geheilt werden, doch das weitere Fortschreiten kann verzögert werden. Bei einer Arthrose handelt es sich also eine chronische Erkrankung.

Mögliche Ursachen für Arthrose

- Verschleiß in Folge des natürlichen Alterns
- Übergewicht
- Fehl- und Überbelastung
- Inaktivität
- instabile und inkongruente Gelenke wie bei Dysplasien (Hüft- oder Ellbogendysplasie)
- Fehlstellungen von Gelenken
- genetische Prädisposition
- Folge stumpfer Traumata

Faktoren, wie Bewegung und Belastung, Ernährung, Gewicht und die Lebensumstände liegen in unserer Hand. Wir haben die Chance, (präventiv) in gewissem Maße auf die Entstehung und den Verlauf von Arthrose einzuwirken.

Was sind die Symptome?

Wenn die Arthrose aktiviert ist, liegen fünf typische Entzündungszeichen vor. Das sind Wärme, Schmerz, Schwellung, Funktionseinschränkung und Rötung.

Häufige Anzeichen für eine Arthrose sind:

- Beknabbern oder Belecken der Gelenke
- Anlauf- und Bewegungsschmerz
- Verlust der Muskulatur und ungleichmäßige Bemuskelung
- Lahmheit (intermittierend oder dauerhaft je nach Stadium)
- steifes Aufstehen und Hinlegen
- steifer Gang
- Gelenkknirschen durch Knochenkontakt
- eingeschränkte Beweglichkeit von Gelenken
- Wetterfühligkeit
- Berührungsempfindlichkeit
- verändertes Sozialverhalten
- verminderte Spielfreude
- Bewegungsunlust
- Erwärmung von Gelenken
- der Hund möchte nicht mehr ins Auto springen oder Treppensteigen
- Vermeiden von Alltagsbewegungen
- Muskelverspannungen
- erhöhtes Ruhebedürfnis
- Schwierigkeiten auf Untergründen wie Asphalt oder Schotter zu laufen

Die Diagnose – eine gründliche klinische Untersuchung ist erforderlich

Um eine Arthrose zu diagnostizieren und auch den Schweregrad einschätzen zu können, ist eine entsprechende Diagnostik notwendig. Dazu gehört:

- Gangbildanalyse
- orthopädische Untersuchung
- Röntgenaufnahmen, um die Verdachtsdiagnose zu bestätigen

Beim Röntgen können wir knöcherne Veränderungen wie Zubildungen sichtbar machen und wir können sehen, ob der Gelenkspalt verändert ist, oder freie Knorpelstücke in der Gelenkflüssigkeit vorhanden sind. Allerdings können wir keine Veränderungen des Gelenkknorpels sichtbar machen. In einigen Fällen ist zur besseren Beurteilung und für eine endgültige Diagnose ein CT oder MRT notwendig.

Die Prognose

Da die bereits am Gelenkknorpel entstandenen Schäden irreparabel sind, ist eine Heilung im eigentlichen Sinne nicht möglich. Je früher die Arthrose diagnostiziert wird, desto besser kann gehandelt werden. Die Behandlung konzentriert sich darauf, das Fortschreiten der Arthrose zu verzögern und die Lebensqualität zu optimieren. Ebenso gilt es, die Symptome zu lindern und ein schmerzfreies Leben zu ermöglichen. Eine konsequent umgesetzte Therapie trägt maßgeblich dazu bei.

Ist Schonen die Lösung?

Die Empfehlung, den Hund bei einer Arthrose zu schonen, ist veraltet und entspricht nicht neuesten Forschungsergebnissen. Das Wichtigste ist, die Beweglichkeit zu erhalten, da die Arthrose sonst ungehindert weiter fortschreitet. Gelenke brauchen Bewegung, damit die Ernährung des Knorpels gewährleistet ist. Grund dafür ist, dass die Nährstoffe mittels einer Pumpbewegung über die Gelenkflüssigkeit in den Knorpel gelangen. Diese entsteht durch die Bewegung des Gelenks. Bleibt die Bewegung aus, wird der Knorpel nicht mehr ausreichend genährt und in der Folge entsteht weitere Arthrose.

Zudem verändert die Gelenkflüssigkeit ihre Konsistenz und wird zäh, wenn ein Gelenk nicht ausreichend bewegt wird. Auch die Bänder, Sehnen und Muskeln werden in Mitleidenschaft gezogen und die Gelenkbeweglichkeit ist eingeschränkt. Die Muskulatur baut ab, was wiederum eine zusätzliche Belastung für die Gelenke bedeutet. Auch andere Gelenke und Körperbereiche können durch schmerzbedingte Schonhaltungen in Mitleidenschaft gezogen werden. Es kommt zu einer Fehl- und Überlastung anderer Gelenke, deren Folge Arthrose sein kann. Häufig entstehen auch muskuläre Verspannungen. Du siehst, bei kompletter Schonung oder zu wenig Bewegung gerät dein Hund sehr schnell in einen Teufelskreis. Dieser zieht ein Fortschreiten der Arthrose nach sich.

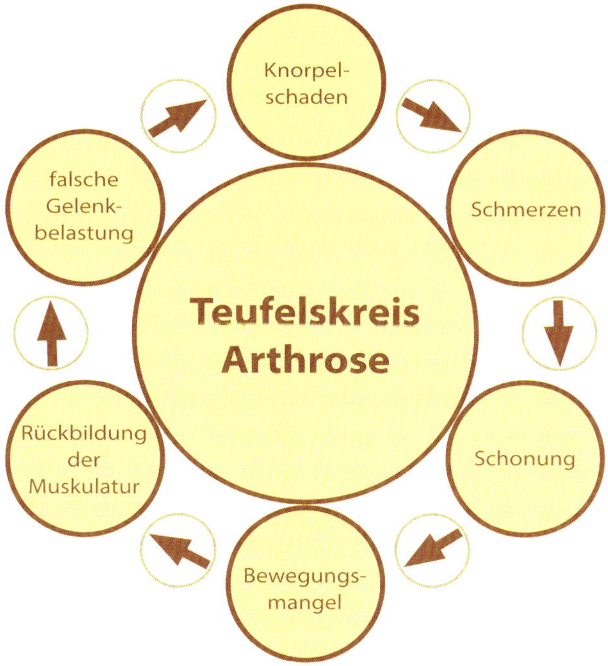

Auch bei einer Arthrose gilt das Stichwort „angepasste Bewegung", also auf die gesundheitlichen Bedürfnisse und Möglichkeiten des Hundes ausgerichtet. So ist es bei Gelenkerkrankungen grundsätzlich nicht sinnvoll, dass der Hund nur wenige, aber dafür sehr lange Spaziergänge macht. Besser ist, über den Tag verteilt mehrere kürzere Spaziergänge zu machen. Das hat den positiven Effekt, dass der Hund nicht so sehr erschöpft und zugleich die Erholungsphase deutlich verkürzt wird sowie die Belastung für die Gelenke gemindert wird. Eine generalisierte Aussage, wie lang Spaziergänge sein dürfen kann man an dieser Stelle nicht machen, da man hier jeden Hund individuell betrachten muss.

Tipp:

Tipps zur Orientierung für die Dauer der Spaziergänge

Der Hund sollte beim Spaziergang möglichst nicht in eine Lahmheit verfallen. Sprich, bevor er Beschwerden zeigt, sollte der Spaziergang beendet sein. Lahmt ein Hund, belastet er die anderen Läufe vermehrt, was zu Verspannungen und Arthrose in anderen Gelenken führen kann. Es bleibt also nur, genau zu schauen, wie lange der Hund beschwerdefrei laufen kann und danach die Dauer des Spaziergangs auszurichten. Auch bei Erkrankungen des Bewegungsapparates gilt es die Tagesform zu berücksichtigen.

Arthrosemanagement

Um bei einer Arthrose zu unterstützen, gibt es kein „Patentrezept". Es gibt aber ein umfassendes Portfolio an Maßnahmen, die individuell auf den Hund angepasst und ausgewählt werden können. Oberstes Gebot ist, dass der Hund keine Schmerzen leiden sollte, da dies die Lebensqualität mindert. Nicht selten wird der Schmerz bei chronisch- degenerativen Gelenkerkrankungen selbst zum Krankheitsbild.

- Die Hundephysiotherapie kann mit Behandlungen wie zum Beispiel Massage, passivem Bewegen, manuellen Therapieformen, physikalischen Therapieformen wie Elektrotherapie, Lasertherapie oder Ultraschall gute Dienste leisten und Schmerzen nehmen sowie die Gelenkfunktion erhalten.
- Eine wichtige Komponente ist in jedem Fall, die Gelenkbeweglichkeit zu erhalten und zu fördern, was sehr gut durch gezieltes aktives Bewegungstraining gelingt. Dies kann nach entsprechender Anleitung auch durch den Hundehalter durchgeführt werden. Im Buch findest du ab Seite 90 hierzu umfassende Informationen.
- Auch „Hausmittel" wie Wickel zur Schmerzlinderung kannst du als selbst sehr gut anwenden, genauso wie Wärmetherapie. Hierzu findest du Anleitungen ab Seite 268.
- Ebenso sind Massagen bei Arthrose hilfreich, um muskuläre Verspannungen, aber auch Gelenkschmerzen zu lindern. Wenn du auch hier selbst aktiv werden möchtest, findest du ab Seite 247 Anleitungen für Massagetechniken.
- Zugleich kann man bei Arthrose auch sehr gut mit Kräutern wie beispielsweise Weidenrinde, Brennnessel oder Mädesüß begleiten, die schmerzlindernd wirken können. Hier gilt es für deinen Hund passende Kräuter auszuwählen, unter Berücksichtigung seines Gesundheitszustandes, weiterer Erkrankungen und gegebenenfalls Medikation und Wechselwirkungen.
- Ebenso können Akupunktur oder Goldakupunktur sehr hilfreich sein.
- Auch eine Behandlung mit einem Schmerzmittel sollte nicht abgelehnt werden und kann häufig auch einfach temporär eine gute Erleichterung bieten. Bei der Auswahl eines Schmerzmedikamentes solltest du dich von deinem Tierarzt beraten lassen. Die Auswahl ist groß und es gibt viele Medikamente, die gut verträglich sind.
- Für Spaziergänge empfehle ich, dass der Hund möglichst wenig auf Asphalt oder Schotter läuft. Beides ist bei Arthrose unangenehm für die Gelenke. Besser geeignet sind etwa Wald- oder Feldwege.

Du siehst, es gibt viele verschiedene Möglichkeiten für ein Arthrosemanagement. Viele der genannten Maßnahmen kannst du gut miteinander kombinieren und immer auch auf die aktuellen gesundheitlichen Bedürfnisse deines Hundes anpassen.
Auch für den Alltag gibt es viele verschiedene Möglichkeiten, deinem Hund Unterstützung und Erleichterung zu bieten. Dazu gehören beispielweise:

- Rampe fürs Auto
  - Aufstiegshilfen für Sofa oder Bett
  - erhöhter Trink- und Futternapf, besonders bei Arthrose in der Vorderhand hilfreich, da so weniger Last auf die Vorderhand gegeben wird

- rutschfeste Untergründe im Haus (Teppich, Läufer)
- Pfotenschuhe, die besonders bei Zehengelenksarthrose dämpfend auf die Zehengelenke wirken und so eine „Pufferzone" zwischen Untergrund und Pfote schaffen
- Bandagen und Orthesen
- gelenkentlastender Schlafplatz wie ein orthopädisches Hundebett
- Hundemantel bei Regen und Kälte

Wir gehen auf verschiedene Hilfsmittel und Möglichkeiten zur Unterstützung ab Seite 277 ein.

Eine wohltuende Massage kann auch Arthroseschmerzen sanft lindern.

Spondylose

Bei einer Spondylose handelt es sich um eine fortschreitende Bildung von Knochenspangen zwischen den einzelnen Wirbelkörpern. Es handelt sich um einen degenerativ fortschreitenden Prozess, der eine sukzessive Versteifung der Wirbelsäule zur Folge hat.
Grundsätzlich ist die Bildung der Knochenspangen eine „Hilfe zur Selbsthilfe" des Körpers, um für eine bessere Stabilisierung der Wirbelsäule zu sorgen. Wenn Strukturen wie Bänder, Bandscheiben, Muskeln und Sehnen schwächer werden, versucht der Körper, mit neuen knöchernen Strukturen Abhilfe zu schaffen. Eine eigentlich kluge Idee!

Allerdings entstehen Knochenspangen nicht im luftleeren Raum, sondern wachsen in Bereichen, in denen beispielsweise Muskulatur, Bänder und Nerven verlaufen. Die Nerven können durch Spondylosen komprimiert werden.

Im akuten Schub, sprich wenn eine Spondylose wächst, hat dies einen entzündlichen Prozess zur Folge, der auch mit Schmerzen verbunden ist. Außerhalb des akuten Schubs schmerzt die Spondylose jedoch nicht. Wichtig zu wissen ist auch, dass die Knochenspangen in der Regel nicht brechen, außer bei Einwirkung durch rohe Gewalt. Viele Hundehalter haben Sorge, dass eine Spondylose bei einer ungünstigen Bewegung brechen könnte. Diese Sorge ist unbegründet.

Häufig betroffen von Spondylosen sind die hintere Brustwirbelsäule, Lendenwirbelsäule und der Übergang zum Kreuzbein. Grundsätzlich kann aber jeder Wirbel von einer Spondylose betroffen sein, also auch die Halswirbelsäule.

Wenn auch die kleinen Wirbelgelenke in das Geschehen mit einbezogen sind, spricht man von einer Spondylarthrose.

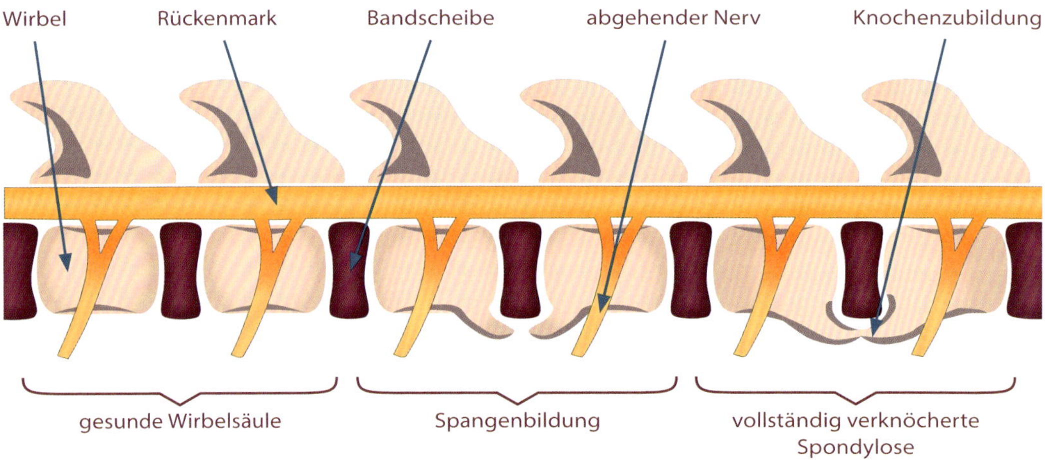

Die Ursachen

Für die Entstehung von Spondylose gibt es verschiedene mögliche Auslöser. Nicht immer können die Ursachen bei einer Diagnose zweifelsfrei identifiziert werden. Eine Spondylose kann genetisch bedingt sein, doch auch Übergewicht und Über- sowie Fehlbelastung begünstigen ihre Entstehung. Zudem erkranken auch Hunde mit einer kupierten Rute häufiger an einer Spondylose. Weiterhin sind Tendenzen erkennbar, dass Hunde, die unter einer Hüftdysplasie leiden, bedingt durch den LSÜ-Twist häufiger unter Rückenerkrankungen wie einer Spondylose leiden. Als LSÜ-Twist bezeichnet man den Hüftschwung, den Hunde bei einer Hüftdysplasie zeigen. Dieser entsteht durch die Verdrehung der Wirbelsäule im Bereich zwischen dem letzten Lendenwirbel und dem Kreuzbein. In der Vorwärtsbewegung kommt es zu einer Seitwärtsbewegung des Beckens.

So macht sich Spondylose beim Hund bemerkbar – die Symptome

Die Symptome sind vielfältig und können immer auch auf andere Rückenerkrankungen hindeuten. Ein von einer Spondylose betroffener Hund muss auch nicht alle der genannten Anzeichen zeigen. Sie richten sich immer auch nach der Ausprägung und Schwere der Erkrankung.

- Hunde mit Spondylose haben besonders im akuten Schub Rückenschmerzen.
- Ein häufiges und typisches Symptom ist eine Berührungsempfindlichkeit am Rücken.
- Besonders im akuten Schub kannst du auch warme Stellen spüren.
- Viele Hunde haben einen steifen, aufgezogenen Rücken, wie ein Katzenbuckel.
- Im Krankheitsverlauf verlieren die Hunde Muskulatur an den Hinterbeinen.
- Betroffene Hunde bewegen sich steif und staksig.
- Alltägliche Dinge wie das Treppensteigen und ins Auto steigen fällt schwer und werden vermieden. Das wird fälschlicherweise oft als bockiges oder stures Verhalten abgetan.
- Die Bewegungsfreude geht verloren, die Freude am Spiel mit Artgenossen und Menschen kann nachlassen.
- Wenn sie länger stehen müssen, lehnen sie sich gern irgendwo an, etwa am Bein des Menschen.
- Ein Hund mit Spondylose zeigt oft Schwierigkeiten beim Aufstehen und Hinlegen. Häufig verbunden mit Seufzen und Aufstöhnen.
- Auch eine Lahmheit der Hinterhand kann ein Symptom sein.
- Im Verlauf der Krankheit heben die Hunde ihre hinteren Pfoten nicht mehr richtig an und schleifen mit den Pfoten. Ein Zeichen dafür sind abgeschliffene Krallen.
- Auch Dinge wie sich zu putzen, sich zu schütteln oder das Beinchen zu heben, können schwerfallen.
- Im Verlauf wird die Wirbelsäule immer steifer und verliert an Flexibilität.
- Je nach Ausmaß kann es zu neurologischen Problemen und sogar Lähmungen kommen.

Diagnosemöglichkeit

Eine Spondylose kann mittels Röntgenaufnahmen festgestellt werden. Ein orthopädischer und neurologischer Untersuchungsgang kann Aufschluss darüber geben, wie stark die Nervenfunktion und motorische Fähigkeiten sowie Muskulatur beeinträchtigt sind.

Behandlungsmöglichkeiten

Eine Spondylose ist nicht operabel, denn der Bereich unterhalb der Wirbelkörper ist operativ nicht erreichbar. Die ausgebildeten knöchernen Spangen können demnach nicht rückgängig gemacht beziehungsweise entfernt werden. Ziel ist es jedoch, die fortschreitende Bildung der Knochenspangen bestmöglich zu verzögern.

- Im akuten Schub, der meist von Schmerzen begleitet wird, kann in Absprache mit deinem Tierarzt eine unterstützende Behandlung mit schmerzstillenden und entzündungshemmenden Medikamenten helfen.
- Zusätzlich gibt es eine Vielzahl an Kräutern, die du schmerzlindernd und entzündungshemmend unterstützend einsetzen kannst. Mit Kräutern, Vitalpilzen und Nahrungsergänzungsmitteln kannst du auch langfristig die Strukturen der Wirbelsäule unterstützen und Beschwerden lindern.
- Auch bei der Spondylose ist eine physiotherapeutische Betreuung von großer Wichtigkeit. Abhängig vom Patienten können beispielsweise Massagen, manuelle Behandlungstechniken, aber auch Laser- oder Elektrotherapie zum Einsatz kommen.
- Wichtig ist, eine gute Muskulatur zu erhalten, um das Fortschreiten der Spondylose zu verzögern. Zusätzlich sollte die Nervenweiterleitung trainiert werden. Hier helfen aktive Bewegungsübungen, wie du sie ab Seite 90, findest weiter.
- Begleitend können Akupunktur und Goldakupunktur gute Dienste leisten.
- Im akuten Schub kannst du mit schmerzlindernden und entzündungshemmenden Wickeln unterstützen, die du ab Seite 272 kennenlernst.
- Im Zusammenhang mit Spondylosen treten meist Verspannungen in der Muskulatur und Rückenschmerzen auf. Diese kannst du sehr gut mit Massagen lindern. Hierzu zeige ich dir entsprechende Massagegriffe ab Seite 247, die du anwenden kannst.
- Allgemeine Tipps bei Rückenerkrankungen findest du ab Seite 60.

Bandscheibenvorfall

Der Bandscheibenvorfall ist eine häufige Erkrankung der Wirbelsäule des Hundes. Die Bandscheiben sitzen zwischen den einzelnen Wirbeln und bestehen aus einem Faserring und einem Gallertkern. Dabei funktionieren sie wie ein Stoßdämpfer zwischen den einzelnen Wirbeln. Gleichzeitig ermöglichen sie eine Bewegung der einzelnen Wirbelkörper untereinander. Wenn eine Bandscheibe jedoch porös, brüchig und trocken wird, ist die Elastizität gemindert. Die wichtige Funktion als Stoßdämpfer lässt nach. Das veränderte Material kann dann in den Wirbelkanal vorfallen und drückt auf das Rückenmark und die Nerven. Dadurch wird die Funktion der Nerven gestört. In der Folge kommt es je nach Ausmaß zu unterschiedlich starken neurologischen Störungen, doch auch Lähmungen sind möglich. Ein Bandscheibenvorfall tritt meist akut auf. Wie ausgeprägt die Symptome sind, hängt dabei vom Tempo ab, mit der die Bandscheibe vorfällt. Ein weiterer, relevanter Faktor ist die Dauer des Drucks auf das Rückenmark.

Bei einer Bandscheibenvorwölbung ist es ein langsamer Prozess, der eher schleichend vonstatten geht. Der Druck auf das Rückenmark erhöht sich in diesem Falle langsam. Auch die Symptome verstärken sich langsam. Die Vorwölbung sorgt für Schmerzen, einen ataktischen Gang und Lähmungen.

Die Dauer der Gesundung des Hundes nach einem Bandscheibenvorfall ist vor allem von Ausmaß und Dauer der Kompression abhängig. Es kann im weiteren Verlauf auch zu weiteren Bandscheibenvorfällen vor und hinter den betroffenen Wirbeln kommen.

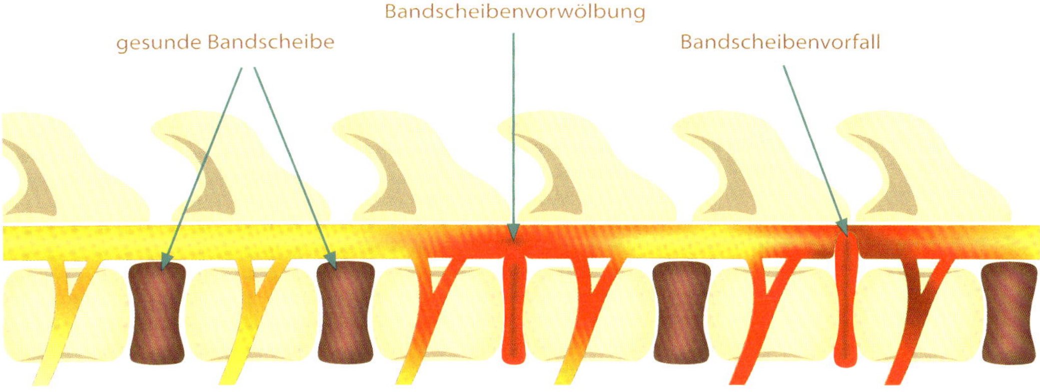

Wirbelsäule mit gesunden Bandscheiben, einer Bandscheibenvorwölbung und einem Bandscheibenvorfall mit den entsprechenden Auswirkungen auf die Strukturen.

Mehr als drei Viertel der Vorfälle betreffen die Brust- oder Lendenwirbelsäule. Weniger als ein Viertel betrifft die Halswirbelsäule. Theoretisch kann allerdings jede Bandscheibe vom ersten Halswirbel bis zum Kreuzbein betroffen sein.

Wichtig:

Für den Rückgang der Symptome, die Gesundung und zur Vermeidung von Bandscheibenvorfällen in den umliegenden Bereichen ist es wichtig, dass betroffene Hunde sehr schnell behandelt werden. Bei einem akuten Vorfall soll die Behandlung innerhalb der ersten 24 Stunden erfolgen. So sind die Chancen auf eine vollständige Genesung am höchsten.

Ursachen für einen Bandscheibenvorfall

Der Bandscheibenvorfall tritt häufig bei rassebedingt vorbelasteten Hunden auf. Hunde mit einer genetischen Vorbelastung sind typischerweise zwischen dem vierten bis sechstes Lebensjahr betroffen (Typ-I-Degeneration). Prädisponierte Rassen sind zum Beispiel:

- Dackel
- Französische Bulldogge
- Beagle
- Pudel
- Basset
- Englische Bulldogge
- Boston Terrier
- Scottish Terrier
- Mops
- Schäferhund
- Pekinese
- Cocker Spaniel

Doch auch ältere Hunde sind häufig von Bandscheibenvorfällen betroffen, denn die Bandscheiben sind weniger elastisch und werden porös. So kann ein Bandscheibenvorfall auch altersbedingt entstehen. Auch ein schwaches Bindegewebe, Überlastung und Fehlbelastung etwa bei Dienst- und Sporthunden ebenso wie Übergewicht können Vorfälle begünstigen. Zudem ist eine Vorwölbung des Gallertkerns der Bandscheibe möglich, der dann den Faserring rausdrückt. Er wird bei Hunden eher selten durch einen Unfall ausgelöst.

Was sind die Symptome?

Auch hier sei gesagt, dass die folgenden Symptome auch auf andere Rückenerkrankungen hindeuten können.

- Katzenbuckel – Viele Hunde zeigen vor dem akuten Vorfall einen steifen und aufgezogenen Rücken. Dies ist eines der typischen Warnsignale!
- Es kommt zu einer starken Berührungsempfindlichkeit am Rücken.
- Auch eine Erwärmung im betroffenen Bereich ist fühlbar.
- Der Hund leidet unter starken Rückenschmerzen.
- Die Rückenmuskulatur verspannt stark.
- Es kommt zu Gleichgewichts- und Koordinationsproblemen.

- Auch das Pfotenschleifen ist ein typisches Symptom.
- Überköten der Pfoten ist ebenfalls möglich. Dies bedeutet, dass die Pfote des Hundes in Beugestellung ist, sodass er mit dem Vorder- bzw. Hinterfußrücken auf den Boden aufsetzt und er diese Position verzögert oder gar nicht korrigiert. Der Stellreflex ist verzögert. Dies geschieht durch eine gestörte Nervenfunktion.
- Betroffene Hunde vermeiden meist jede Bewegung.
- Sie zeigen ein Aufjaulen bei bestimmten Bewegungen vor Schmerz.
- Viele Hunde vermeiden Dinge wie Treppensteigen und ins Auto springen.
- Es kommt zu Schwierigkeiten beim Absetzen von Kot und Urin.
- Je nachdem, welche Nerven komprimiert werden, ist auch Inkontinenz möglich.
- Betroffene Hunde können mit den Hinterläufen einknicken.
- Verzögerte Haltungsreaktionen sind möglich. Auffälligkeit in der Haltungsreaktion wären zum Beispiel weit auseinanderstehende Gliedmaßen.
- Eine vollständige Lähmung der Hinterbeine ist möglich.
- Bei einem Vorfall in der Halswirbelsäule ist auch eine Lähmung aller vier Läufe möglich.

Der betroffene Hund ist in einem Teufelskreis. Er leidet unter starken Schmerzen durch die vorgefallene Bandscheibe. Er nimmt dadurch eine Schonhaltung ein. Dies führt zu einer Verspannung der Rückenmuskulatur, die wiederum den Druck auf die Bandscheibe erhöht und den Schmerz verstärkt.

Diagnostik

Im ersten Schritt erfolgt eine neurologische Untersuchung. Die typischen Symptome geben einen ersten Anhaltspunkt für das Vorliegen eines Bandscheibenvorfalls. Bildgebende Verfahren wie CT und MRT machen den Vorfall und das Ausmaß sichtbar und sichern die Diagnose ab. Gerade bei einer operativen Behandlung ist dies unverzichtbar. Zugleich werden differenzialdiagnostisch andere Ursachen wie beispielsweise ein Rückenmarksinfarkt oder Rückenmarkstumor für die auftretenden Symptome ausgeschlossen.

Behandlungsmöglichkeiten

Bei der Behandlung des Bandscheibenvorfalls bestimmt das Ausmaß der neurologischen Probleme die Therapie. Bei starken neurologischen Ausfallerscheinungen, wenn der Hund nicht mehr eigenständig stehen kann und eine Lähmung vorliegt, wird in der Literatur zur operativen Behandlung geraten. Ziel des operativen Eingriffs ist, eine Dekompression des Rückenmarks zu erreichen. Dies geschieht durch das Entfernen des vorgefallenen Bandscheibenmaterials. Bei einem reinen Schmerzgeschehen und verbunden mit Koordinationsproblemen empfiehlt sich eine konservative Behandlung mit Schmerzmitteln und entzündungshemmenden Medikamenten, verbunden mit Boxenruhe.

Bei der Wahl der Therapie sollte man immer den Hund individuell betrachten unter Berücksichtigung des allgemeinen Gesundheitsstatus, seines Alters und einem möglichen Narkoserisiko aufgrund gegebenenfalls anderer (organischer) Vorerkrankungen, wie zum Beispiel Herzerkrankungen, die eine operative Behandlung ausschließen würden. Eine pauschale Empfehlung kann nicht gegeben werden.

Unabhängig davon, ob der Hund konservativ oder chirurgisch behandelt wird, empfehle ich, umgehend mit der Physiotherapie zu beginnen und die Behandlung des Hundes in fachlich versierte Therapeutenhände zu geben. Die Therapie wird individuell auf den Hund ausgerichtet. So kann man gezielt und schnell neurologischen Störungen und Lähmungen entgegenwirken und Mobilität erhalten. Die Nervenfunktion wird erhalten und verbessert, die Beweglichkeit, Koordination und Körpergefühl gefördert. Ebenso können Schmerzen durch die physiotherapeutische Behandlung gelindert werden.

Wichtig ist es, dass der Hundehalter in die Behandlung aktiv mit eingebunden und angeleitet wird. Maßnahmen wie etwa Mobilisierung durch passives Bewegen und auch Massagen sowie das Trainieren der Nervenfunktion kann nach entsprechender Anleitung täglich zuhause durchgeführt werden. Auch die Förderung der Mobilität durch aktive Übungen kann nach Anleitung regelmäßig zuhause durchgeführt werden. Bitte stimme dich bei einem akuten Bandscheibenvorfall eng mit dem behandelnden Therapeuten über Maßnahmen ab, die du selbst zuhause durchführst.

Auch beim Bandscheibenvorfall kann Akupunktur beispielsweise gute Dienste leisten. Zudem können mit Hilfe von Vitalpilzen, Kräutern und natürlichen Supplementen die Strukturen der Wirbelsäule wie Bandscheiben und Bändern unterstützt werden, die Nervenfunktion gestärkt und Schmerzen und Entzündung gelindert werden. Diese Anwendung gilt es vor allem als langfristige Maßnahme zu betrachten.

Verhaltenstipps beim Bandscheibenvorfall

In den ersten Wochen ist strikter Leinenzwang angesagt. Halte dich unbedingt an die Vorgaben des behandelnden Arztes und Therapeuten. Die Bewegung und Belastung soll dem Krankheitszustand des Hundes angepasst sein. Ganz wichtig sind sehr kurze Bewegungs- und Mobilisierungseinheiteneinheiten über den Tag, um eine Immobilität zu vermeiden. Lange Spaziergänge, ruckartige Bewegungen und enge Wendungen sind tabu. Allgemeine Verhaltenstipps zu Rückenerkrankungen erhältst du ab Seite 60.

Cauda-Equina-Kompressions-Syndrom

Als die Cauda Equina bezeichnet man den hintersten Teil des Rückenmarks und das daraus entspringende Nervenbündel. Es ähnelt optisch einem Pferdeschweif, daher kommt der Name „Cauda Equina", lateinisch Pferdeschweif. Die Nerven ziehen durch die Region der unteren Lendenwirbelsäule und des Kreuzbeins. In ihrer Funktion innervieren sie einen bedeutenden Anteil der Muskulatur der Hinterhand und der Schwanzmuskulatur. Zudem steuern sie den Kot- und Harnabsatz. Beim Cauda-Equina-Kompressions-Syndrom kommt es zu einer Verengung des Wirbelkanals und zu einer Kompression der Nervenwurzeln am Ende des Rückenmarks. Die Nervenfasern werden durch den direkten Druck und durch die Unterversorgung der Blutgefäße beschädigt. In Folge entstehen neurologische Ausfallerscheinungen.

Die Verengung des Wirbelkanals kann degenerativ, angeboren oder traumatisch sein. Auslöser für die Kompression der Nerven können beispielsweise eine lumbosakrale Stenose

Hier werden eine Auswahl möglicher Ursachen für ein Cauda-Equina-Kompressions-Syndrom aufgezeigt. Die Ursachen sind jedoch vielfältig und treten auch in Kombination miteinander auf.

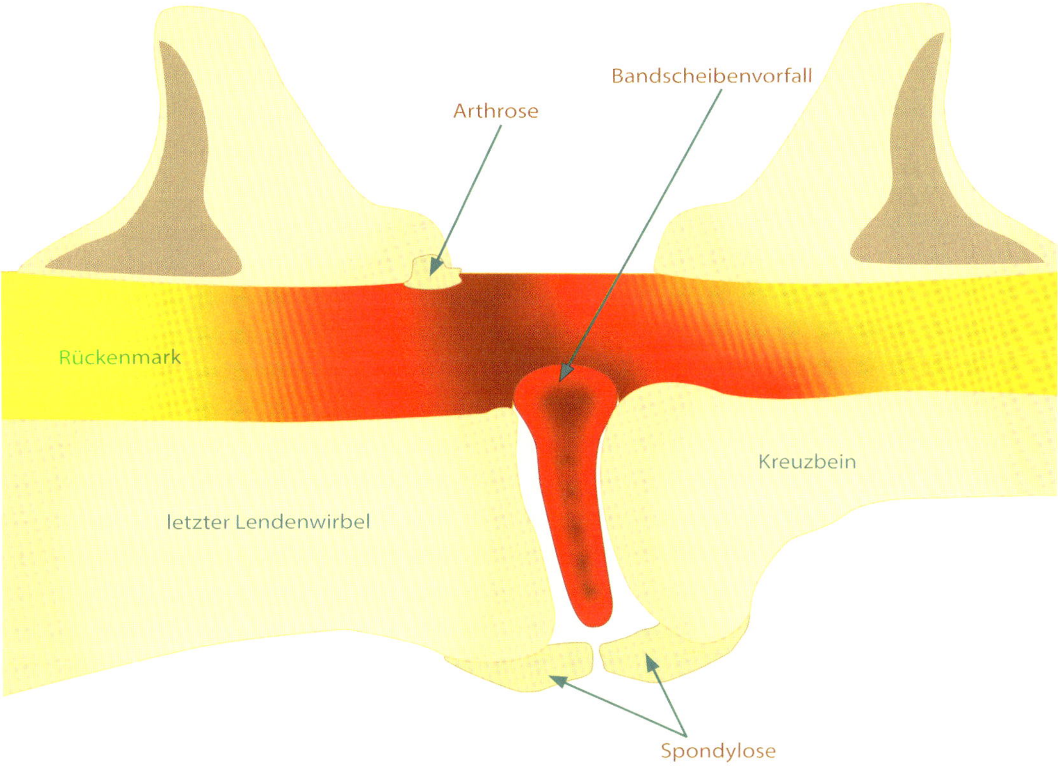

verursacht durch knöcherne oder bindegewebige Zubildungen sein. Weiterhin kann es zu Verdickungen der Weichteilstrukturen wie Bänder oder Gelenkkapseln der Zwischenwirbelgelenke kommen.

Doch auch Fehlbildungen wie die Ausbildung eines Übergangswirbels, Bandscheibenvorfall oder -vorwölbung und Spondylose können Ursachen sein. Weiterhin fördern eine Fehl- oder Überbelastung, starkes Übergewicht und der natürliche Alterungsprozess das Entstehen einer Kompression. Neben einer Instabilität zwischen dem letzten Lendenwirbel und dem Kreuzbein kann auch eine genetische Vorbelastung eine Ursache sein. Zu den genetisch prädisponierten Hunderassen gehören zum Beispiel Schäferhund, Retriever-Rassen, Riesenschnauzer, Boxer, Rottweiler oder Siberian Husky. In seltenen Fällen können Neoplasien, Frakturen, Luxationen oder eine Diskospondylitis ein Cauda-Equina-Kompressions-Syndrom auslösen.

Die typischen Symptome

Die Symptome sind vielfältig und können unterschiedlich stark ausgeprägt sein. Sie sind insbesondere abhängig von der Kompression, die auf das Rückenmark ausgeübt wird. Sie entwickeln sich meist langsam und schleichend über Monate. Das Durchschnittsalter beim Auftreten der ersten Symptome etwa sechs Jahre. Es gibt aber auch sehr junge Patienten oder sehr alte Patienten. Bitte beachte, dass einige der genannten Symptome auch auf andere Rückenerkrankungen hindeuten können.

- Schmerzen im Übergang von der Lendenwirbelsäule zum Kreuzbein
- Betroffene Hunde vermeiden Bewegungen, die einen erhöhten Druck auf den unteren Rücken bedeuten. Dazu gehören zum Beispiel Springen, ins Auto steigen und Treppensteigen.
- Lämmerrute – Das bedeutet eine schlaff herunterhängende Rute als Folge mangelhafter Nervenweiterleitung. Das Hochbiegen der Rute ist sehr schmerzhaft.
- Betroffene Hunde haben Schwierigkeiten beim Aufstehen und Hinlegen. Sie zeigen damit verbunden oft Lautäußerungen wie Seufzen oder Aufstöhnen.
- Das Beinchenheben oder Schütteln bereiten Probleme.
- Es kommt vermehrt zu Koordinations- und Gleichgewichtsproblemen.
- Pfotenschleifen – oft sind hier die Krallen deutlich abgeschliffen.
- Überköten durch verzögerte oder fehlende Stellreflexe
- Verzögerte Haltungsreaktionen sind möglich.
- Muskelverspannungen am Rücken
- Die Muskulatur an der Hinterhand wird zusehends schwächer.
- Auch ein Zittern der Hinterhand kann auftreten.
- Es kommt zu starker Berührungsempfindlichkeit am Rücken sowie Erwärmungen.
- Harn- oder Kotinkontinenz können auftreten.

Es kann im Krankheitsverlauf bei Nichtbehandlung zur kompletten Lähmung der Hinterläufe kommen.

Diagnostik

Durch ein Röntgen in zwei Ebenen können Spondylosen, Tumore, Übergangswirbel und Frakturen sichtbar gemacht. Zusätzlich zu einer Röntgendiagnostik wird häufig noch eine Computertomografie oder Magnetresonanztomografie hinzugezogen. Damit werden eventuelle Veränderungen von Weichteilen wie Bändern und Bandscheiben eindeutig erkennbar.

Behandlungsmöglichkeiten

Die Therapie ist abhängig vom Ausmaß der neurologischen Ausfallerscheinungen und den Beschwerden des Patienten. Bei deutlichen Lähmungserscheinungen und starken Symptomen wird in der Literatur zur operativen Behandlung geraten. Die chirurgische Behandlung hat eine Dekompression der Nerven durch die Entfernung des komprimierenden Materials zum Ziel. Wenn der Hund ausschließlich unter Schmerzen und Koordinationsschwierigkeiten leidet, empfiehlt es sich, den Weg einer konservativen Behandlung zu wählen. Dies bedeutet eine Versorgung des Patienten mit Schmerzmitteln und entzündungshemmenden Medikamenten sowie Ruhigstellung. Es gilt immer individuell zu bewerten und abzuwägen und die für den Patienten passende Therapie zu finden.

Ebenso wie beim Bandscheibenvorfall ist nach der chirurgischen Behandlung so wie bei der konservativen Behandlung eine physiotherapeutische Behandlung unbedingt indiziert. Es gilt Schmerzen zu lindern und überlastete Bereiche zu entspannen. Weiterhin sollten Muskulatur, Nervenfunktion und motorische Fähigkeiten bestmöglich erhalten und gefördert werden. Die Auswahl der therapeutischen Maßnahmen sollte individuell pro Patienten erfolgen. Auch hier gilt es, den Patientenbesitzer von Beginn an mit in die Behandlung durch ein entsprechendes Hausaufgabenprogramm zu involvieren, welches täglich durchgeführt wird. Dies können zum Beispiel Massagen, passives Bewegen oder die Stärkung der Nervenfunktion sein. Begleitend können gesunde Bewegungsabläufe, Nervenfunktion, Koordination und motorische Fähigkeiten sowie die Muskulatur mit aktivem Bewegungstraining gefördert werden. Bitte stimme dich hinsichtlich der Maßnahmen, die du zuhause durchführst, immer eng mit deinem Therapeuten ab.

Auch beim Cauda-Equina-Kompressions-Syndrom bietet es sich an, deinen Hund mit Akupunktur zu unterstützen.

Weiterhin halte ich es für sehr sinnvoll, mit natürlichen Supplements, Kräutern und Vitalpilzen langfristig zu begleiten und so schmerzlindernd und entzündungshemmend einwirken zu können. Zugleich kannst du bindegewebige Strukturen wir Bandscheiben und Bänder sowie die Nervenfunktion hiermit gut unterstützen.

Wichtige Verhaltenstipps

In den ersten vier bis sechs Wochen, unabhängig von einer operativen oder konservativen Behandlung, ist strikter Leinenzwang angesagt. Die Bewegung und Belastung soll dem Krankheitszustand angepasst sein. Richte dich hier nach den Empfehlungen des behandeln den Tierarztes und des Therapeuten.

Allgemeine Tipps:

Das hilft deinem Hund bei Rückenerkrankungen

- Vermeide das Aufreiten anderer Hunde. Auch das Klopfen und Tätscheln auf dem Rücken ist für deinen Hund unangenehm.
- Passe die Spaziergänge und Belastungen dem aktuellen Gesundheitszustand deines Hundes an. Mache lieber kürzere Spaziergänge, dafür häufiger.
- Ist dein Hund übergewichtig, so ist eine Gewichtsreduktion unumgänglich. Denn jedes Gramm zu viel ist eine zusätzliche Belastung für den Bewegungsapparat.
- Hundesportarten mit kurzen Stopps, enge Wendungen und Sprüngen sind für den Körper außergewöhnliche Belastungen und sollten vermieden werden.
- Auch Bällchenwerfen und Frisbeespiele sollten vermieden werden.
- Möchte man mit dem Hund (nach der Genesung) hundesportlich aktiv sein, empfehlen sich Sportarten wie Mobility oder Degility.
- Für den Ein- und Ausstieg aus dem Auto ist die Nutzung einer Hunderampe sehr sinnvoll. Für viele betroffene Hunde ist es ausgesprochen unangenehm, bei einer Rückenerkrankung hochgehoben zu werden.
- Ein orthopädisches Hundebett bietet eine gute Druckentlastung für den Rücken. Zudem sollte der Schlafplatz an einem zugfreien Ort stehen.
- Vermeide das Auskühlen des Rückens bei (nass-)kaltem Wetter. Ein Hundemantel hält deinen Hund warm. Er vermeidet, dass die Kälte und Feuchtigkeit in die Gelenke zieht und beugt Verspannungen vor.
- Wenn dein Hund gern auf dem Sofa oder im Bett schläft, kannst du eine Steighilfe oder Hundetreppe nutzen.
- Dein Hund sollte möglichst wenige Treppen steigen. Wenn es sich nicht vermeiden lässt, gibt es praktische Tragehilfen. Damit kannst du deinen Hund unterstützen und entlasten.
- Wenn dein Hund neurologische Probleme hat, können Pfotenschuhe ihm Halt geben und zugleich die Pfoten schützen.
- Rutschfeste Untergründe geben deinem Hund Sicherheit, sich zuhause zu bewegen, ohne wegzurutschen oder zu stürzen. Hierzu kannst du Läufer, Teppich oder auch Yogamatten in Bereichen auslegen, die er häufig nutzt.
- Ein erhöhter Futter- oder Trinknapf kann ihm das Fressen und Trinken deutlich erleichtern.
- Bandagen und Orthesen können eingesetzt werden, um Überköten und Pfotenschleifen zu verhindern. Bei der Auswahl der passenden Bandage oder Orthese kann zum Beispiel ein Physiotherapeut oder auch ein Tierorthopädietechniker beratend zur Seite stehen.

Ausführliche Informationen zur Unterstützung im Alltag und orthopädische Hilfsmittel bei Erkrankungen des Bewegungsapparates sowie im Alter findest du ab Seite 277.

Vestibularsyndrom

Das Vestibularsyndrom ist zwar keine Erkrankung des Bewegungsapparates im eigentlichen Sinne, aber eine Erkrankung, die viele ältere Hunde betrifft und Auswirkungen auf Bewegung und Koordination hat. Da sie vielen Menschen mit betroffenen Hunden große Angst macht, sie im ersten Moment sehr erschrecken und zudem viel zu häufig Hunde unnötigerweise eingeschläfert werden, möchte ich dir an dieser Stelle Informationen zum Vestibularsyndrom mit an die Hand geben.

Immer noch wird das Vestibularsyndrom fälschlicherweise häufig als Schlaganfall bezeichnet. Ein Schlaganfall betrifft allerdings das Gehirn. Beim Vestibularsyndrom handelt es sich jedoch um eine Störung des Gleichgewichtsorgans, welches im Innenohr sitzt. Das Vestibularsyndrom wird als eine „akute bis perakute, sich bessernde, nicht schmerzhafte periphere Vestibularstörung" charakterisiert, die häufig ältere Hunde betrifft. Das Gleichgewichtsorgan ist ein sehr komplex aufgebautes Organ, das die Orientierung im dreidimensionalen Raum ermöglicht, um die Bewegungen des Körpers entsprechend seiner Lage zu koordinieren. Es liegt gleich am Ohr und steht im andauernden Austausch mit dem Gehirn.

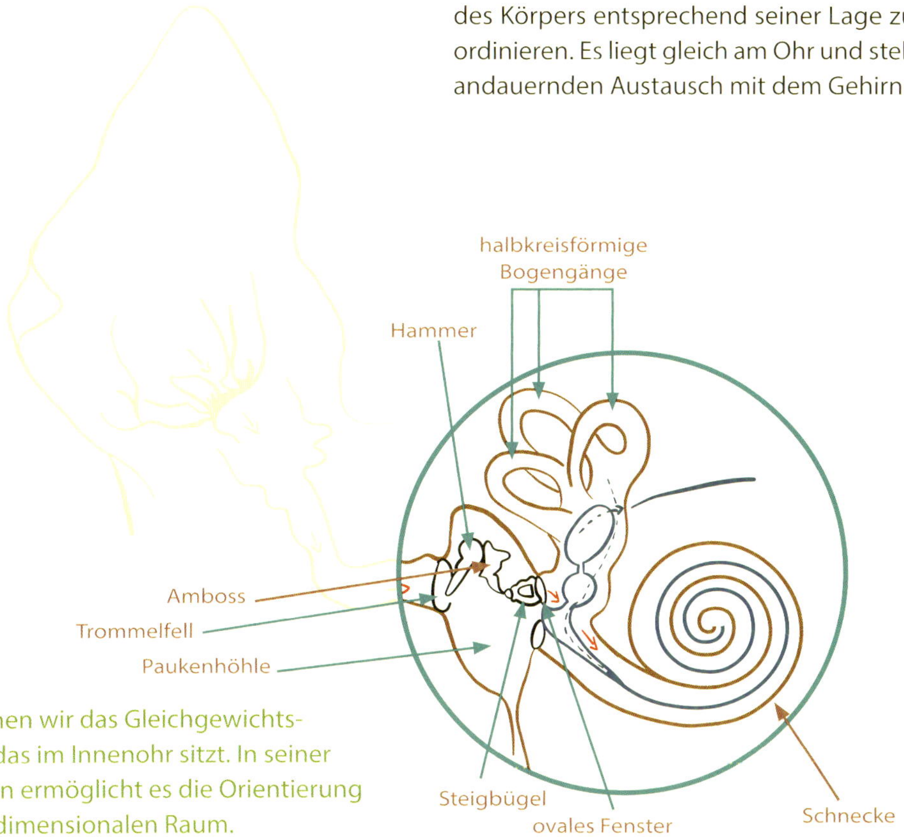

Hier sehen wir das Gleichgewichtsorgan, das im Innenohr sitzt. In seiner Funktion ermöglicht es die Orientierung im dreidimensionalen Raum.

Ist die Funktion des Gleichgewichtsorgans gestört, ist die Wahrnehmung des Körpers im Raum gestört, sprich der Hund gerät aus dem Gleichgewicht und kann seine Position auch nicht selbständig korrigieren. Für betroffene Hunde fühlt es sich an, als säßen sie in einem Karussell. Sie wissen nicht mehr, wo sie sich im Raum befinden und wo oben und unten ist. Das Vestibularsyndrom kann bei Hunden und Katzen, aber auch bei Kaninchen und Meerschweinchen auftreten. Die Störung kann wenige Tage, aber auch mehrere Wochen andauern. Wie es genau zu einer Störung des Gleichgewichtsorgans kommt, ist noch nicht gänzlich geklärt. Grundsätzlich kann es jeden Hund treffen, wobei jedoch häufig ältere Hunde betroffen sind.

Woran erkennt man das Vestibularsyndrom?

Die Symptome können je nach Schwere und Ausprägung variieren.

- Kopfschiefhaltung – teils wird auch der Körper schief gehalten. Er wird immer zu der Seite gehalten, die betroffen ist.
- Nystagmus – Das sind rhythmische horizontale Augenbewegungen, die Augen zucken also hin und her.
- Manegeverhalten – betroffene Hunde laufen häufig im Kreis.
- Betroffene Hunde wirken wie betrunken.
- Es kommt zu einem plötzlichen Verlust des Gleichgewichts.
- Betroffene Hunde leiden unter einem starken Schwindelgefühl.
- Es kommt zu extremen Bewegungsstörungen.
- Schielen
- Die Stell- und Haltungsreaktionen können sich auffällig zeigen. Eine Auffälligkeit in der Haltungsreaktion wären zum Beispiel weit auseinanderstehende Gliedmaßen. Ein verzögerter Stellreflex wird beispielsweise sichtbar, wenn man die Hinterpfote auf dem Pfotenrücken positioniert und der Hund nicht oder nur verzögert die Pfotenposition wieder in die korrekte Ausgangsposition bringt.
- Es kommt zu Übelkeit und Erbrechen und häufig wird auch das Essen verweigert.

Bitte beachte, dass die genannten Symptome gegebenenfalls auch auf andere Erkrankungen hindeuten können.

Was sind die Folgen einer Störung des Gleichgewichtsorgans?

Immer wieder höre ich von Hunden, die wegen eines Vestibularsyndroms eingeschläfert wurden. Dies ist in den allermeisten Fällen absolut unnötig. Der Hund kann sich in der Regel von einem Vestibularsyndrom wieder vollständig erholen und die Symptome bilden sich sukzessive zurück. Bei wenigen Patienten bleibt eine leichte Kopfschiefhaltung zurück, auch leichte Störungen in der Bewegung beziehungsweise Koordination sind möglich. Es braucht in der Genesungsphase vor allem Geduld und viel Ruhe. Innerhalb der ersten 48 Stunden treten meist die ersten Verbesserungen auf. Das Erbrechen und der Schwindel lassen dann nach, genauso wie der Nystagmus.

Wodurch wird das Vestibularsyndrom verursacht?

Eine sehr häufige Form ist das idiopathische (bedeutet, man findet keine Ursache) beziehungsweise geriatrisches Vestibularsyndrom. Es tritt bei meist alten Hunden aufgrund degenerativer Prozesse auf. Häufigster Auslöser sind Durchblutungsstörungen. Die genauen Ursachen für diese Form das geriatrische Vestibularsyndrom bei Hunden sind bisher noch unklar.

Weitere mögliche Ursachen können sein:

- Mittelohrentzündungen oder Innenohrentzündungen
- Medikamentenunverträglichkeit (zum Beispiel Metronidazol)
- Verletzung oder Trauma im Kopfbereich
- Tumore
- Schilddrüsenunterfunktion
- Gefäßerkrankungen
- perforiertes Trommelfell
- Ohrenpolypen
- Infektionen
- Neuritis

Gelegentlich kann das periphere Vestibularsyndrom bei Hunden auch genetisch bedingt sein und durch eine angeborene Fehlbildung des Gleichgewichtsorgans ausgelöst werden.

Diagnosemöglichkeiten

Die Symptomatik eines Vestibularsyndroms ist meist sehr eindeutig. Dennoch sollte eine entsprechende Diagnostik durchgeführt werden, auch um andere Erkrankungen auszuschließen. Dazu gehören:

- klinische Untersuchungen wie Blutuntersuchung und klassischer Untersuchungsgang (Ohren, Maul, Temperatur etc. prüfen) auch speziell für die Differenzialdiagnose
- neurologischer Untersuchungsgang
- gegebenenfalls ein CT oder MRT für die Differenzialdiagnose

Differenzialdiagnose
Es gibt einige andere Erkrankungen, die ähnliche oder überschneidende Anzeichen des Vestibularsyndroms zeigen. Dazu gehören:

- Ohrenentzündung
- Trauma im Kopfbereich
- Fremdkörper im Ohr
- Infektionskrankheiten wie Staupe oder FIP bei Katzen
- Toxoplasmose
- Tumor

Diese sollten im Rahmen der Diagnostik abgeklärt werden.

Wie kann man das Vestibularsyndrom behandeln?

In erster Linie brauchen betroffene Hunde viel Ruhe. Eine intravenöse Infusionstherapie kann sehr gut unterstützend wirken. Hierdurch kann zum einen eine Verbesserung der Durchblutung erreicht werden und zum anderen entstehen durch die Übelkeit und das Erbrechen ein erhöhter Flüssigkeitsverlust sowie verstärkter Speichelfluss, den es auszugleichen gilt.

Unterstützend ist eine Gabe von Medikamenten gegen Übelkeit und Erbrechen wichtig. Häufig wird hier Maropitant gegen Erbrechen verwendet. Um auch die Übelkeit zu nehmen, wird häufig auf Ondansetron zurückgegriffen. Bitte beachte, dass betroffene Hunde nicht zwangsläufig unter Erbrechen leiden, aber dennoch Übelkeit verspüren können.

Auch an eine Gabe durchblutungsfördernder Medikamente sollte gedacht werden. Hier wird häufig auf den Wirkstoff Propentofyllin zurückgegriffen. Dieser wird in der Humanmedizin als potenzielle Therapie bei Alzheimer Erkrankungen und neurodegenerativen Erkrankungen erforscht.

In Tierstudien wurde die Auswirkung von Propentofyllin auf den Adenosinspiegel im Gehirn, die Durchblutung und neuroprotektive Wirkung durch Remyelinisierung von Neuronen und den Gesamtenergieverbrauch von Gehirnzellen belegt. Hinsichtlich des Vestibularsyndroms kann hier eine verkürzte Genesungszeit nach einem Vestibularsyndrom und Vestibularkompensation vermutet werden. Eine Belegung durch Studien steht hier allerdings noch aus.

Zusätzlich sollten Patienten mit gezielten Bewegungsanbahnungen mobilisiert werden. Ziel ist es, da besonders ältere Hunde betroffen sind, Immobilität zu vermeiden. Begleitend ist eine physiotherapeutische Behandlung wichtig, damit der Hund sich schnell wieder erholt. Sie hilft vor allem, die Genesung zu unterstützen und das Gleichgewicht des Hundes wiederherzustellen. Es ist auch nachgewiesen, dass sanfte Mobilisierung durch Physiotherapie und dem Gesundheitszustand angepasste Übungen die Gehirnkompensation beschleunigen und zur Minderung des Schwindelgefühls beitragen.

Viele der Maßnahmen können durch den behandelnden Therapeuten angeleitet werden und vom Hundehalter selbst (mehrmals) täglich durchgeführt werden.

Die Genesung nach einem Vestibularsyndrom

Die Genesung von einem Vestibularsyndrom kann einige Tage bis mehrere Wochen dauern. In den meisten Fällen verbessern sich die Symptome im Laufe der Zeit allmählich und der Hund kann sein normales Leben wieder aufnehmen. Es ist wichtig, deinem Hund während des Genesungsprozesses viel Ruhe und Unterstützung zu bieten.

So erhältst du die Mobilität deines Hundes beim Vestibularsyndrom – erste Schritte zurück in die Normalität

Assistiertes Stehen

Da betroffene Hunde sich häufig kaum selbständig auf den Beinen halten können, sind Stürze vorprogrammiert. Daher ist es wichtig, dass man den Hund unterstützt, wenn er sich hinstellt und im nächsten Schritt bewegt. Hier kann eine Tragehilfe gute Dienste leisten, falls die nicht vorhanden ist, kann man auch ein Handtuch nehmen und unter dem Bauch des Hundes durchführen und die beiden Enden in der Hand halten. Damit unterstützt man vor allem seine Hinterhand und er hat die Möglichkeit aufzustehen und zu stehen.

Die Tragehilfe ermöglicht sicheres Stehen und Fortbewegung.

Assistiertes Gehen

Auch bei einem Vestibularsyndrom muss der Hund sich lösen. Aber wie, wenn er starke Koordinationsprobleme hat? Genauso wie man beim assistierten Stehen vorgeht, geht man vor, um die ersten Schritte zu machen. Sei es, um die Mobilität langsam wiederherzustellen, oder auch wenn es in den Garten oder vor die Türe zum Lösen geht.

Mit dem unterstützten Stehen und Gehen, das man am besten mehrmals am Tag mit dem Hund für ein paar Schritte, also in kurzen Intervallen macht, erhält man nicht nur seine Mobilität, sondern bringt auch den Kreislauf in Schwung und unterstützt die Rehabilitation. Normale Spaziergänge sind in aller Regel nicht möglich und betroffene Hunde brauchen einfach Ruhe.

Passives Bewegen – bitte nach entsprechender Anleitung

Auch das passive Bewegen ist eine gute Möglichkeit, die Gelenkbeweglichkeit zu erhalten und normale Bewegungsabläufe zu fördern. Da betroffene Hunde dabei entspannt liegen und ruhen können, bietet es sich sehr an, um es mehrmals täglich anzuwenden.

Hierbei werden die Läufe des Hundes und damit seine Gelenke ohne sein Zutun bewegt, indem man die Gliedmaße in die Beugung und in die Streckung führt. Da hierbei Scherkräfte ausgelöst werden können, gebe ich keine genaue Anleitung dazu, sondern bitte dich, dich bei Bedarf an einen Physiotherapeuten zu wenden, der es dir vor Ort zeigt.

Da es deinem Hund bei einem Vestibularsyndrom sehr schwindelig ist, kann es sehr hilfreich sein, den/die Physiotherapeuten/in zu bitten, zu euch nach Hause zu kommen, um deinem Hund eine Autofahrt und zusätzliche Anstrengung nach Möglichkeit zu ersparen.

Tipps für die Genesungsphase – So hilfst du deinem Hund zuhause

Ruhe steht an erster Stelle

Betroffene Hunde brauchen viel Schlaf und den sollte man ihnen auch ermöglichen, natürlich auf einem möglichst hochwertigen Liegeplatz, sprich eine druckentlastende Matratze. Viele Hunde mögen in der Situation gern recht bodennah liegen, beispielsweise auf einer Schlafmatte. Der Einstieg ins Hundebett sollte niedrig sein, da es den Ein- und Ausstieg erleichtert, gerade wenn der Hund noch wackelig auf den Beinen ist. Es ist zudem wichtig darauf zu achten, dass der Hund nicht die ganze Zeit auf derselben Seite liegt, um Liegestellen zu vermeiden. Der Schlafplatz sollte so stehen, dass du ihn im Blick hast, dein Hund aber dennoch ausreichend Ruhe hat. So bist du zur Stelle, wenn er versucht aufzustehen und kannst ihm Unterstützung bieten. Dadurch, dass dein Hund viel liegt, ist es auch wichtig, dass er durch die reduzierte Mobilität nicht auskühlt. Prüfe regelmäßig, ob er es warm genug hat. Im Zweifel kannst du ihn mit einer Decke zudecken oder eine Wärmflasche nutzen.

Aus der Hand füttern

Viele Hunde leiden unter einer starken Übelkeit und alles dreht sich. So fühlt es sich dann auch an, wenn sie aus dem Futternapf essen sollen. Es hat sich bewährt, Hunde mit Vestibularsyndrom aus der Hand zu füttern, um die Nahrungsaufnahme zu erleichtern. Das würde ich dir unbedingt empfehlen.

Genügend trinken

Besonders wenn Hunde erbrechen, verlieren sie viel Flüssigkeit und es droht eine Dehydrierung. Daher sollte man unbedingt darauf achten, dass der Hund genügend trinkt.

Antirutsch im Haus

Betroffenen Hunden macht jetzt jeder Schritt große Probleme und jeder Schritt ist mit Unsicherheit verbunden. Man kann viel Erleichterung verschaffen, wenn man für rutschfeste Untergründe sorgt. Wenn man Parkett, Laminat oder Fliesen im Haus hat, kann man die Bereiche, in denen der Hund sich viel bewegt, beispielsweise vorübergehend mit rutschfesten Läufern oder Yogamatten auslegen. Alternativ leisten hier auch Pfotenschuhe, Antirutschsocken oder spezielle Klebepads für die Pfoten gute Dienste.

Treppenlaufen vermeiden

Treppensteigen sollte unbedingt vermieden werden, denn durch das fehlende Raumgefühl sind gefährliche Stürze vorprogrammiert. Wenn der Hund in seiner Genesung weiter fortgeschritten und wieder mobiler ist, sollte man ihn mit einem Handtuch oder einer Tragehilfe unterstützen, anstatt ihn sofort allein Treppen steigen zu lassen.

Bitte trage deinen Hund nach Möglichkeit nicht

Vermeide es nach Möglichkeit, deinen Hund zu tragen. Es ist nachgewiesen, dass es das Schwindelgefühl noch verstärkt. Besser ist es, wenn man ihn mit einer Tragehilfe oder alternativ einem Handtuch unter dem Bauch unterstützt und er selbst gehen kann.

Ein Tipp für die Nacht

Dunkelheit verstärkt das Schwindelgefühl enorm. Daher empfehle ich, für die Nacht eine Lichtquelle anzulassen. So kann der betroffene Hund besser zur Ruhe kommen. Hierfür eigenen sich kleine Nachtlämpchen, wie man sie beispielsweise auch für Kinder nutzt.

Auch wenn ein Vestibularsyndrom auf den ersten Blick erschreckend wirkt und es eine intensive Zeit der Genesung ist, so gibt es sehr gute Möglichkeiten, seinen Hund umfassend zu unterstützen und die Genesung zu erleichtern. Die Prognose ist in der Regel sehr gut und es lohnt sich, hier Mühe und Geduld zu investieren. Auch meine damalige Hündin Snowy hat sich von ihrem Vestibularsyndrom bestens erholt und war nach etwa zwei Wochen wieder ganz die Alte.

Schmerzmanagement

Stiller Schmerz bei älteren Hunden

Das Altern ist nicht zwangsläufig mit Schmerzen verbunden. Allerdings ist es so, dass viele Seniorhunde unter Erkrankungen des Bewegungsapparates leiden, die wiederum Schmerzen verursachen können. Problematisch ist an dieser Stelle, dass häufig Unsicherheit herrscht, ob der Hund nun Schmerzen hat, oder ob es „Symptome“ des Alterungsprozesses sind.

Ein Beispiel, um dies verständlicher zu machen:

Ein älterer Hund wird mit der Zeit beim Spaziergang deutlich langsamer. Es stellt sich die Frage, ob er aufgrund des Alters langsamer wird, oder aufgrund der Tatsache, dass er unter Schmerzen leidet, die seine Fortbewegung unangenehm machen. Man spricht hier auch von „Silent Pain“, dem stillen Schmerz.

Was bedeutet Schmerz eigentlich, und wie entsteht er?

Das Thema Schmerzen ist sehr komplex und man kann ganze Bücher damit füllen. An dieser Stelle möchte ich mit dir verständlich die wichtigsten Fakten teilen, da viele Seniorhunde unter Schmerzen leiden, leider oft unerkannt und somit unbehandelt.

Die Definition von Schmerz laut International Association for the study of pain, IASP – Die internationale Gesellschaft zum Studium des Schmerzes, 1979:

„Schmerz ist ein unangenehmes Sinnes- und Gefühlserlebnis, das mit aktueller oder potenzieller Gewebeschädigung verknüpft ist oder mit Begriffen einer solchen Schädigung beschrieben wird.“

Wie Hunde Schmerzen empfinden

Für mich ist ein wichtiger Punkt zum Thema Schmerzen, dass mittlerweile nachgewiesen ist, dass unsere Hunde Schmerzen empfinden wie wir Menschen. Dies findet auch Platz in der Erweiterung der Schmerzdefinition nach IASP durch den Schmerzforscher Manfred Zimmermann, 1986:

„Schmerz bei Tieren ist eine aversive Empfindungserfahrung, verursacht durch aktuelle oder potenzielle Verletzungen (Schädigung), die ihrerseits schützende motorische und vegetative Reaktionen auslöst sowie erlerntes Meideverhalten bewirkt und das spezifische Artverhalten – einschließlich des Sozialverhaltens – modifizieren kann.“ (Zitat nach Hackbarth und Lückert 2002)

Diese Definitionen sind keinesfalls aus der Luft gegriffen. So liegen Forschungsergebnisse vor, aus denen hervorgeht, dass die Ähnlichkeit der messbaren Reaktion auf einen Schmerzreiz groß ist. Wenn ein Hund also unter einer Gelenkerkrankung leidet, eine Wunde hat oder Ähnliches, löst dies bei ihm genauso Schmerzen aus wie bei uns.

Auch wenn es befremdlich klingen mag, ist Schmerz grundsätzlich eine sehr nützliche und hilfreiche Reaktion des Körpers. Im Zweifelsfall kann er sogar lebensrettend sein. Er macht darauf aufmerksam, dass etwas nicht in Ordnung ist und dass es einen schädigenden Reiz auf den Körper gibt. Die Empfindung des Schmerzes hinsichtlich Ausprägung ist hierbei immer individuell. Nicht umsonst wird gerne gesagt „Der gleiche Schmerz tut jedem anders weh.".

Einen großen Unterschied hinsichtlich des Schmerzes zwischen Menschen und Hunden gibt es allerdings. Wir können den Schmerz artikulieren, beschreiben, definieren und sagen, wie es uns damit geht und manchmal auch, was uns helfen könnte.

Das können unsere Hunde nicht. Sie können es nicht in Worten mitteilen, ob sie unter Schmerzen leiden und wenn ja, wie stark dieser ist. Doch sie teilen Unwohlsein und Schmerz auf andere Weise mit. Hier liegt es in der Hand des Menschen, seinen Hund gut zu beobachten, Veränderungen wahrzunehmen und zu handeln, denn unsere Hunde legen ihre Gesundheit und ihr Wohlbefinden in unsere Hand.

Wie entsteht Schmerz?

Nun stellt sich die Frage, wie Schmerz im Körper entsteht. Vereinfacht dargestellt wird ein Schmerzreiz in der Peripherie aufgenommen und über das zentrale Nervensystem ans Gehirn weitergeleitet. Dort wird dieser Reiz als Schmerz wahrgenommen. Diesen Prozess bezeichnet man als Nozizeption. Die genaue Übermittlung des Schmerzes ist ein sehr komplexer Vorgang. Im Körper, beispielsweise in den Gelenken, der Muskulatur, Sehnen und der Haut, befinden sich Millionen von Nozizeptoren (Schmerzrezeptoren). Diese können über unterschiedliche Reize (chemisch, thermisch, mechanisch oder elektrisch) stimuliert werden.

Kommt es an einem Nozizeptor zu schädigenden Impulsen, wie etwa einer Verletzung, werden diese in elektrische Aktivität umgewandelt. Bei der Zellschädigung kommt es zur Bildung von Übermittlerstoffen.

Die Impulse werden dann über die Nervenfasern weitergeleitet. Im Rückenmark werden die eintreffenden Schmerzsignale auf sekundäre Nervenzellen umgeschaltet, die wiederum ins Gehirn ziehen. Eine wichtige Rolle spielt hierbei das sogenannte Hinterhorn als ein Teil des Rückenmarks. Dieses Tor muss der Schmerzimpuls passieren, um in die schmerzverarbeitenden Bereiche im zentralen Nervensystem zu gelangen und schlussendlich als Schmerz wahrgenommen zu werden.

Die Gate-Control-Theorie

Im Zusammenhang mit Schmerzen hast du vielleicht auch schon einmal von der Gate-Control-Theorie gehört. Sie hat die Schmerzforschung stark beeinflusst und beruht darauf, dass die Schmerzinformationen über das Hinterhorn im Rückenmark zum Gehirn weitergeleitet und dort erst als Schmerz wahrgenommen werden. Das Spektakuläre ist, dass der Psychologe Ronald Melzack und der Pathologe Patrick Wall bei der Entwicklung der Theorie herausfanden, dass die Stimulation dicker Nervenfasern über Vibration oder Berührung die Weiterleitung des Schmerzes über dünne Bahnen verhindern kann. Das bedeutet, dass Schmerzsignale vor dem Passieren des Hinterhorns als „Schaltstelle" durch andere Impulse abgeschwächt und überlagert werden können. Andere Impulse schaffen also eine Art Konkurrenz und können die Schmerzimpulse überlagern, da nicht alle Impulse gleichzeitig diese Schaltstelle, die als eine Art „Pforte" fungiert, passieren können. Das zentrale Nervensystem ist also ein System, das Informationen wie Schmerzimpulse beeinflussen und selektieren kann.

Ein praktisches Beispiel dazu:

Du stößt dir den Ellbogen am Türrahmen. Reflexartig reibst du dir mit der Hand über den schmerzenden Ellbogen. Durch den Druck, den du mit deiner Hand ausübst, erreichst du eine „Überlagerung" des Schmerzes und empfindest ihn als schwächer. Die Schmerzimpulse an der „Pforte" haben durch den Druck der Hand Konkurrenz bekommen und werden gedämpft.

Im Worst Case kann es allerdings auch zu einer Verstärkung des Schmerzes kommen.

Ein Beispiel zur Verstärkung von Schmerz:

Dein Hund leidet unter einem akuten Schub bei einer Spondylose und hat dadurch Schmerzen. Zusätzlich entstehen dadurch auch muskuläre Verspannungen. An der Pforte kommen nun die Schmerzimpulse durch den akuten Spondyloseschub an und auch jene der Muskelverspannungen. Beide Impulse möchten die Pforte passieren. Es kommt zu einer Intensivierung des Schmerzimpulses der Spondylose durch den Impuls der Verspannung und er kann die Pforte passieren.

Zusammenfassend kann man also sagen, dass das Rückenmark mit dem Hinterhorn als „Schaltstelle" Schmerzreize hemmen, verstärken oder sogar unterdrücken kann. Dies kann beispielsweise in extremen Stresssituationen wie einem Unfall passieren, damit die Handlungsfähigkeit erhalten bleibt.

Wissen:

Mit dem Wissen um die Gate-Control-Theorie sollte man daher immer umgehend mit einer Behandlung des Schmerzes beginnen, um „Konkurrenz" zu den Schmerzimpulsen zu schaffen.

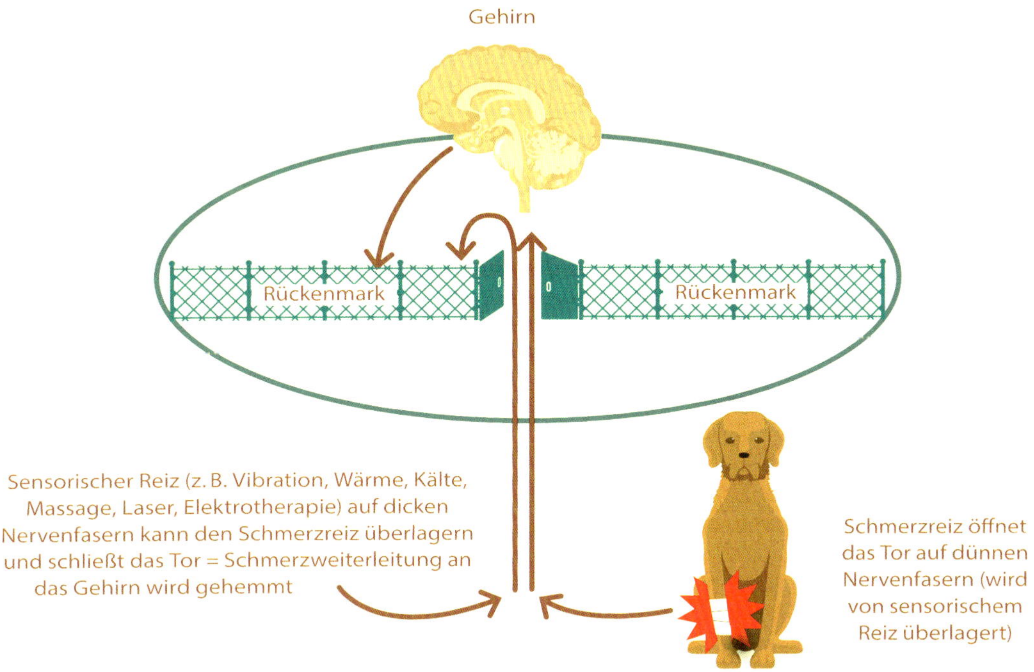

Was passiert, wenn der Schmerzimpuls die Pforte passiert?

Hat ein Schmerzimpuls nun die „Pforte" passiert, wird er ans Großhirn weitergeleitet. Im Gehirn selbst gibt es kein Schmerzzentrum, sondern es sind mehrere Hirnbereiche beteiligt, die unterschiedliche Reaktionen und Wahrnehmungen auslösen. Wichtig ist hier der Thalamus, der eine Art Sammelstelle für „Erregungen" wie etwa Schmerzen, Temperatur oder Berührung ist. Reize werden hier sortiert (zum Beispiel nach Dringlichkeit), gemindert oder auch gestoppt. Haben die Schmerzreize den Thalamus passiert, erreichen sie andere Hirnregionen und werden als Schmerz wahrgenommen. Besonders hervorzuheben ist hier das limbische System, dass das Zentrum der Gefühle ist und wo der „leidvolle" Aspekt des Schmerzes wahrgenommen wird. Auch die Großhirnrinde spielt eine wichtige Rolle. Hier wird der Schmerz bewertet und durch eine Freisetzung von körpereigenen Opiaten wie Endorphinen gelindert oder durch Botenstoffe wie Noradrenalin oder Serotonin gedämpft. Durch Neuropeptide hingegen kommt es zu einer schmerzverstärkenden Wirkung. Die Großhirnrinde spielt bei der Entstehung des Schmerzgedächtnisses eine große Rolle, welches durch die Langzeiterregung des Schmerzsystems verursacht wird. Unter einem Schmerzgedächtnis versteht man die dauerhafte Manifestierung eines Schmerzes im Bewusstsein. Durch entweder immer wiederkehrende oder langanhaltende Schmerzreize kommt es zu einer Übererregung des Nervensystems. Es kommt zum Schmerzgedächtnis. Der Schmerz hat seine Alarmfunktion verloren und ist selbst zum Krankheitsbild geworden. Ein entstandenes Schmerzgedächtnis zu löschen ist schwierig bis unmöglich.

Roger hat zwar keine Schmerzen, aber beim Hecheln kann man sehr gut sehen, wie die Falten ums Maul herum bei Schmerzen aussehen können.

Schmerz ist individuell – schmerzbeeinflussende Faktoren

Ein und derselbe Schmerzreiz löst nicht zwangsläufig ein identisches Schmerzempfinden aus.

Es gibt viele verschiedene Faktoren, die das Schmerzempfinden beeinflussen, und zwar sowohl positiv als auch negativ. Wie ein Schmerz vom Individuum wahrgenommen wird, hängt nicht nur von körperlichen Prozessen ab, sondern wird auch stark von äußerlichen Faktoren beeinflusst.

In jeder Lebenssituation ist ein Individuum verschiedensten Einflüssen ausgesetzt, die alle auf das Nervensystem einwirken. Das Nervensystem muss hier allerdings selektiv vorgehen. Wenn wir hier wieder auf das Beispiel des Hundes im akuten Spondyloseschub zurückgreifen, so kann es durchaus sein, dass er auf dem wenig ereignisreichen Spaziergang einen aufgezogenen Rücken zeigt, sich beschwerlich und ungern bewegt. Dann erlebt er plötzlich etwas Spannendes. Er trifft seinen besten Hundefreund und plötzlich scheinen alle Symptome wie von Zauberhand verschwunden. Der Schmerz wird im Moment des Aufeinandertreffens mit dem Hundekumpel ausgeblendet, da die Begegnung mit dem Hundefreund vorrangig wahrgenommen wird.

Wichtig:

Das bedeutet nicht, dass der Hund zuvor die durch die Spondylose bedingten Schmerzen nur simuliert hat und das „ja alles nicht so schlimm sein kann".

Wichtige Faktoren, die den Schmerz beeinflussen

Es gibt verschiedene Faktoren, die sich nicht ganz klar in positiv oder negativ klassifizieren lassen. Hierzu gehören zum Beispiel die Lebensumstände und auch die Mensch-Hund-Beziehung, die zwar grundsätzlich also positiv oder negativ einordbar sind, aber immer auch Schwankungen unterlegen sein können.

Klar klassifizierbare Punkte:

Positive	Negative
• geeignete Therapie und Schmerzmanagement	• Schmerzintensität
• ausreichend Ruhe und Entspannung	• Stress
• Pflege	• Langeweile
• Zuwendung	• Unterforderung
• ausreichend Aktivität	• mangelnde Bewegung
• Beschäftigung körperlich wie geistig	• traumatische Erfahrungen
• soziale Kontakte	• fehlende Zuwendung
	• fehlendes oder unzureichendes Schmerzmanagement
	• Mutlosigkeit
	• Traurigkeit
	• Angst

Fürsorge und Zuwendung durch den Menschen sind als schmerzbeeinflussende Faktoren nicht zu unterschätzen.

Schmerzmeidendes Verhalten

Auch frühere Erfahrungen spielen eine große Rolle in der Wahrnehmung von Schmerzen. Wenn der Hund zum Beispiel die Erfahrung gemacht hat, dass das Springen aufs Sofa unangenehm ist, wird er in ein schmerzmeidendes Verhalten gehen. Besonders schwierig und unangenehm wird es jedoch, wenn der Hund plötzlich (und auch plötzlich wiederkehrend) einen (stechenden) Schmerz erlebt, den er keiner bestimmten Handlung oder Bewegung zuordnen kann und ihm so auch nicht mit einer bestimmten Vermeidungsstrategie ausweichen kann. Dies kann zu einer starken Verunsicherung führen und sich langfristig negativ auf Verhalten und Wohlfühlen auswirken.

Schmerztoleranzgrenze und Schmerzschwelle

Als Schmerztoleranzgrenze bezeichnet man den größten Schmerzreiz, den man freiwillig ertragen kann. Als Schmerzschwelle bezeichnet man den kleinsten notwendigen Schmerzauslöser, der Schmerz und eine Reaktion verursacht. Beides sind also auch individuelle Faktoren. So zuckt der eine Hund beispielsweise bei der Gabe einer Spritze kaum, während der andere aufjault und diese als schmerzhaft empfindet. Beide Reaktionen sind real und der Hund, der aufjault, schauspielert nicht. Seine individuelle Schmerzschwelle ist überschritten worden. Die Schmerzschwelle wird ebenfalls von externen Faktoren positiv wie negativ beeinflusst. Angehoben wird sie beispielsweise durch adäquate Therapien, Bewegung, Beschäftigung, soziale Kontakte und Ablenkung. Abgesenkt wird sie zum Beispiel durch Stress, fehlende oder unpassende Therapien, unzureichende körperliche und geistige Aktivität, Mangel von Ruhe und Schlaf sowie Angst.

Schmerzen und Schlaf

Du magst dich jetzt fragen, was Schmerzen und Schlaf miteinander zu tun haben. Sehr viel sogar, denn Schmerzen senken die Schlafqualität. Das passiert dadurch, dass das Nervensystem in einem Zustand der Übererregung ist. Weiterhin reduziert sich die Tiefschlafphase. Eine schlechte Schlafqualität allerdings führt nicht nur zu verminderter Leistungsfähigkeit, erhöhter Reizbarkeit und schnellerer Ermüdung, sondern hat auch einen Einfluss auf die Ausprägung des Schmerzes und die Schmerzempfindlichkeit. Der betroffene Hund befindet sich also schnell in einem Teufelskreis, den es schnellstmöglich durch eine adäquate Schmerztherapie zu durchbrechen gilt.

Schmerzen beeinflussen die Schlafqualität negativ.

Schmerztypen
Akuter und chronischer Schmerz

Akuter Schmerz

Bei einem akuten Schmerz handelt es sich um einen zeitlich abgrenzbaren, kurz andauernden Schmerz, dessen Ursache in der Regel bekannt und auch behandelbar ist und der örtlich ebenfalls begrenzt und „beschreibbar" ist. Kurz gesagt gibt es einen konkreten Auslöser. Ist die „Ursache" behandelt und abgeheilt, ist auch der Schmerz weg. Der akute Schmerz hat eine Alarm- und Warnfunktion und er dient der Lebenserhaltung. Er ist also prinzipiell eine sehr sinnvolle Maßnahme des Körpers. Das betroffene Individuum geht in ein schmerzmeidendes und heilungsförderndes Verhalten. Ein akuter Schmerz bringt in der Regel auch sofortige Reaktionen und akute Verhaltensveränderungen des Hundes mit sich.

Dazu gehören zum Beispiel:

- Schonen einen Laufs
- Zittern
- Hecheln
- Winseln
- Aufjaulen

Zu typischen Ursachen für einen akuten Schmerz gehören:

- Schnittwunden
- Knochenbrüche
- Zerrungen und Verstauchungen
- Zahnschmerzen
- Kopfschmerzen

Achtung:

Wird ein akuter Schmerz ignoriert, kann er chronisch werden!

Chronischer Schmerz

Bei einem chronischen Schmerz handelt es sich um einen über einen längeren Zeitraum andauernden Schmerzzustand. In der Literatur schwanken Angaben für einen als chronisch zu betrachtendem Schmerz zwischen drei und sechs Monaten.

Chronische Schmerzen können auftreten bei:

- Gelenk- oder Rückenerkrankungen (zum Beispiel Arthrose, Hüftdysplasie)
- Nervenschmerzen (Bandscheibenvorfall)
- Amputationen (Phantomschmerz)
- rheumatischen Erkrankungen
- Tumorerkrankungen
- nicht (ausreichend) behandelten akuten Schmerzen

Der chronische Schmerz hat keine Alarmfunktion, sondern ist selbst zum Krankheitsbild geworden. Die tatsächliche Ursache des Schmerzes ist häufig nicht mehr zu klären. Eine vollständige Heilung ist in vielen Fällen nicht möglich, da sich bereits ein Schmerzgedächtnis entwickelt hat. Ein chronischer Schmerz kann die Lebensqualität stark beeinflussen.

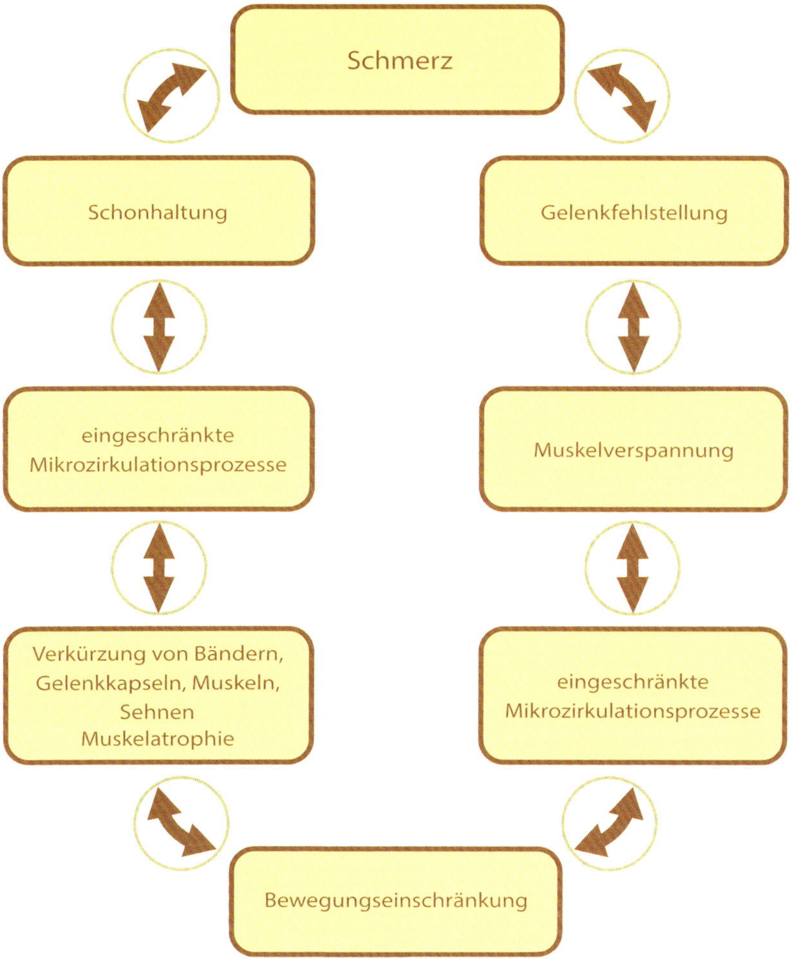

Teufelskreis Schmerz

Wie nun ersichtlich wurde, gibt es unterschiedliche Arten von Schmerz. Ganz gleich, von welchem Schmerztyp wir sprechen, und ob ein Hund aufgrund von einer Verletzung, einer (alterungsbedingten) Erkrankung des Bewegungsapparates, einer Muskelverspannung oder einer Fehlstellungen unter Schmerzen leidet, ist die Gefahr groß, dass er in einen Teufelskreis aus Schmerzen gelangt.

Wenn wir dies nun am Beispiel eines Schmerzes durch eine Arthrose verdeutlichen, sieht es so aus, dass wir die Arthrose als Schmerzauslöser haben. Dadurch entsteht eine Bewegungseinschränkung, zudem wird die Muskulatur schwächer. Es entstehen muskuläre Verspannungen und der Hund nimmt eine Schonhaltung ein. Und schon ist der Hund in einem Teufelskreis. Die Bewegungseinschränkung nimmt weiter zu, die Muskulatur nimmt weiter ab. Die Verspannungen und die Schonhaltung intensivieren sich. Das Krankheitsbild verschlimmert sich zusehends. Deshalb ist es so wichtig, einen Teufelskreis aus Schmerz immer schnellstmöglich zu unterbrechen.

Häufige Anzeichen von Schmerzen

Insbesondere bei Seniorhunden wird oft übersehen, dass sie unter Schmerzen leiden und ihre Veränderungen im Verhalten oder in der Bewegung nicht (nur) aufs Alter zurückzuführen sind. Man spricht hier von Silent Pain. Es gilt also, unsere Seniorhunde noch genauer zu beobachten und Veränderungen bestmöglich einzuschätzen.

Ich habe dir in der Folge häufige Anzeichen für Schmerzen bei unseren Hunden zusammengestellt und in unterschiedliche Kategorien eingeteilt. Anhand derer hast du eine Orientierung, ob dein Hund möglicherweise Schmerzen hat. Grundsätzlich empfehle ich dir, wenn du unsicher bist, den Rat etwa eines Tierarztes oder Hundephysiotherapeuten mit hinzuzunehmen.

Gangbild, Körperhaltung und Bewegung

- Lahmheit – dauerhaft, intermittierend oder auch zum Beginn oder Ende eines Spazierganges
- weniger Bewegungsfreude oder schwankendes Interesse an Bewegung
- Auf Spaziergängen müssen mehr Pausen gemacht werden.
- Probleme und / oder Unsicherheit bei alltäglichen Bewegungen
- alltägliche Bewegungen werden vermieden
- Beinchenheben fällt schwerer
- häufiges Anlehnen, zum Beispiel am Bein des Menschen
- schnelles Hinlegen, weil er nur kurz auf der Stelle stehen kann
- steifer, staksiger Gang
- Passgang
- Hoppeln im Trab wie ein Kaninchen
- Kopf häufig gesenkt getragen
- Kopfnicken
- aufgezogener Rücken
- Pfotenschleifen
- Überköten
- Koordinationsprobleme
- eingeklemmte Rute
- Probleme bei Positionswechseln, gegebenenfalls verbunden mit Lautäußerungen
- Einknicken auf der Hinterhand
- ataktischer Gang

Körper

- Muskulatur wird (ungleichmäßig) schwächer
- muskuläre Verspannungen
- Erwärmungen an bestimmten Körperstellen
- vermehrtes Hecheln
- schnellere Atmung
- Zittern, das nicht auf Kälte zurückzuführen ist (anfallsweise oder länger andauernd)
- Schmerzgesicht oder angespannter Gesichtsausdruck
- Schmatzen
- Hecheln
- vermehrtes Nasetropfen
- erweiterte Pupillen
- veränderter Körpergeruch
- veränderter Pfotengeruch (Schweißpfoten)

Auch angelegte Ohren, starkes Hecheln und ein sogenanntes Stressgesicht können auf Schmerzen hindeuten.

- verändertes Fell (Schuppen, fettiges oder struppiges Fell)
- veränderter Appetit
- Unsauberkeit oder Probleme bei Kot- und Harnabsatz

Verhalten

- Berührungsempfindlichkeit an bestimmten Körperstellen
- nach hinten Schnappen, als würde etwas am Rücken oder am Lauf zwacken
- Hund legt sich bevorzugt auf nur eine Körperseite
- Hund möchte nicht mehr gern angefasst oder gebürstet werden
- Unruhe und Rastlosigkeit – häufig auch nachts
- Schwierigkeiten, eine geeignete Ruheposition zu finden
- Es werden andere Schlafplätze als gewöhnlich ausgewählt.
- erhöhtes Schlafbedürfnis
- Belecken von Gelenken
- Hund zieht sich vermehrt zurück
- Apathie
- verändertes Sozialverhalten zu Menschen und/oder Artgenossen (wie zum Beispiel abwehrend, knurren, ängstlich, unsicher)
- plötzliche Ängstlichkeit oder Schreckhaftigkeit

Außergewöhnliche Laute

- Lautäußerungen beim Hinlegen oder Aufstehen
- Aufschreien oder Aufjaulen bei bestimmten Bewegungen
- Schmatzen
- Hecheln
- Winseln

Schmerzen behandeln

Die vielfältigen Möglichkeiten der Schmerztherapie

Ziele der Schmerztherapie

Oberstes Ziel einer Schmerzbehandlung sollte immer die Beseitigung des Schmerzes sein. Ist dies nicht möglich, gilt es eine bestmögliche Linderung zu erreichen. Nach Möglichkeit sollte die Entstehung eines Schmerzgedächtnisses und Folgeschäden vermieden werden. Weitere Ziele sind, den Leidensdruck so gut es geht zu senken und die Lebensqualität zu verbessern.

Schmerzfreie Mobilität sollte immer das oberste Ziel für unsere Hunde sein.

Die Möglichkeiten zur Behandlung von Schmerzen sind vielfältig und die Forschung und Entwicklung in diesem Bereich schreiten immer weiter voran. Das bedeutet, es gibt kein „Patentrezept", um Schmerzen zu behandeln, sondern eine Schmerztherapie sollte immer individuell auf den Patienten abgestimmt sein. Um Schmerzen zu lindern, gibt es ein großes Portfolio an Maßnahmen, die sich häufig auch gut miteinander ergänzen und sinnvoll miteinander kombiniert werden können. Immer mit dem Ziel, dass ein Hund keine Schmerzen leiden sollte, denn Schmerzen wirken sich negativ auf die Lebensqualität aus.

Regulärmedizinische Schmerzmedikation

Es gibt eine große Bandbreite an unterschiedlich wirkenden Schmerzmitteln, die es unseren Hunden ermöglichen können, schmerzfrei zu leben. Häufig lehnen Hundehalter eine medikamentöse Schmerzbehandlung ab, da sie besorgt sind, dass die Nebenwirkungen dem Hund schaden. Man muss allerdings auch berücksichtigen, dass ein Leben unter Schmerzen die Lebensqualität des Hundes ebenfalls stark beeinträchtigen kann und Schmerzen selbst zu einem Krankheitsbild werden können. Vielfach besteht auch die Möglichkeit, zu Beginn der Schmerztherapie auf ein Schmerzmittel zurückzugreifen, um den Schmerz entsprechend einzudämmen und dann im nächsten Schritt mit einer ganzheitlichen Schmerztherapie anzusetzen. Viele Szenarien sind hier denkbar und sollten auch gedacht werden! Mir geht es nicht darum, dass dem Hund willkürlich und unbedacht Schmerzmittel gegeben werden, sondern dafür zu sensibilisieren, dass die Gabe nicht grundsätzlich abgelehnt werden sollte, sondern ein wichtiger, hilfreicher Teil einer Schmerztherapie sein kann.

Was passiert, wenn Schmerzmittel gegeben werden?

Beim Einsatz von Schmerzmitteln (Analgetika genannt) erfolgt eine Hemmung der Schmerzübertragung und -weiterleitung. Sie greifen in die Schmerzbahn ein und somit in die Entstehung des Schmerzes, seine Verarbeitung und Wahrnehmung. Die Auswahl des passenden Schmerzmittels sollte immer individuell auf die Bedürfnisse des Hundes angepasst werden. Parameter hierfür sind etwa Art des Schmerzes, Dauer und Lokalisation. Auch Wechselwirkungen mit anderen Medikamenten und bereits vorliegende Erkrankungen werden in die Auswahl mit einbezogen. Bei Schmerzmitteln gibt es unterschiedliche Wirkstoffgruppen, die an unterschiedlichen Bereichen des Körpers mit ihrer Wirkung ansetzen. So können die unterschiedlichen Wirkstoffgruppen zum Beispiel direkt die Wahrnehmung des Schmerzes im Gehirn hemmen, die Weiterleitung in den Nervenbahnen hemmen, oder direkt in der Peripherie am entsprechenden Schmerzrezeptor ansetzen.

> Keinesfalls sollten eigenmächtig Schmerzmittel ohne Rücksprache mit dem behandelnden Tierarzt gegeben werden. Weiterhin dürfen dem Hund unter keinen Umständen Medikamente aus der Humanmedizin verabreicht werden. Diese können toxisch für den Hund sein und schlimmstenfalls zum Tod führen.

Gängige Wirkstoffgruppen bei Analgetika

NSAID's (Nonsteroidal Anti-Inflammatory Drugs) wirken mittelstark schmerz- und entzündungshemmend vorrangig in der Peripherie, also direkt am „Schmerzgeschehen". Die Bildung von Schmerz- und Entzündungsmediatoren wird gehemmt. Bei Hunden mit eingeschränkter Nierenfunktion oder Magen-Darm Schwäche/Erkrankungen sollten sie nicht eingesetzt werden beziehungsweise nur unter strenger ärztlicher Überwachung. Man sollte unterschiedliche NSAID nicht miteinander kombinieren. NSAID werden häufig bei Gelenkerkrankungen eingesetzt. Auch bei Schmerzen durch Rückenerkrankungen, sei es direkt vom Nervensystem oder auch vom Muskel- oder Skelettsystem ausgehend, finden sie Anwendung.

Metamizol – Gehört strenggenommen zu den NSAID's, allerdings wirkt es nicht nur in der Peripherie, sondern auch direkt im zentralen Nervensystem. Bei der Anwendung von Metamizol kommt es nicht zu einer Anreicherung in der Magenschleimhaut, den Nieren oder im entzündlichen Gewebe. Dadurch kommt es nicht zu den NSAID-typischen Nebenwirkungen, aber es wirkt auch nicht entzündungshemmend im Gewebe. Weiterhin ist eine häufigere Gabe erforderlich, da die schmerzstillende Wirkung bei etwa 4 bis 6 Stunden liegt.

Opioide – Sie wirken im zentralen Nervensystem und haben eine stark schmerzhemmende Wirkung. Eingesetzt werden sie bei starken (akuten) Schmerzzuständen und bei schweren Verletzungen. Es gibt Aufzeichnungen, die belegen, dass Opium bereits 1550 v. Chr. gegen Schmerzen eingesetzt wurde. Man gewinnt Opium, indem man die Samenkapseln des unreifen Schlafmohns anritzt, den Milchsaft entnimmt und trocknet. Opiate in Form von Thebain, Codein oder Morphin gehören zu seinen natürlichen Abkömmlingen.

Opioide hingegen werden synthetisch hergestellt und haben eine andere chemische Struktur. Sie sind also als opiumähnlich zu bezeichnen. Opioide wirken nicht nur stark schmerzlindernd, sondern können auch entsprechende Nebenwirkungen haben. Da sich Opioid-Rezeptoren nicht nur im Nervensystem, sondern auch beispielsweise in den Organen befinden, kann etwa die Magen-Darm Tätigkeit herabgesetzt werden und auch Erregungszustände und Übelkeit auftreten. Angewendet werden sie zum Beispiel häufig bei neuropathischen Schmerzen oder auch Tumorschmerzen.

Steroidale Antiphlogistika (Kortikosteroide) – Obwohl Kortikosteroide, dem körpereigenen Kortisol ähnlich, nicht im herkömmlichen Sinn zu den Schmerzmitteln gehören, können sie aufgrund ihrer entzündungshemmenden Wirkung und lindernden Wirkung auf Ödeme zu einer Schmerzlinderung beitragen. Auf eine längerfristige Gabe sollte verzichtet werden, da dies eine Schwächung des Immunsystems bewirken kann und sich negativ auf den Heilungsprozess einwirkt.

Lokalanästhetika – Durch sie kann eine zeitlich begrenzte, vorübergehende Schmerzfreiheit in einer bestimmten Körperregion ermöglicht werden. Es kommt zu einer Unterbrechung der Erregungsleitung in den Nervenenden, Spinalnervenwurzeln und peripheren Nerven.

Eine Empfehlung für entsprechende Medikamente auszusprechen – oder von Medikamenten abzuraten – maße ich mir nicht an, da dies immer in die Hände des behandelnden Tierarztes gegeben werden sollte. Dieser kann unter Berücksichtigung der Erkrankung und des Behandlungsziels sowie gegebenenfalls weiterer vorliegender Erkrankungen, eine adäquate Medikation empfehlen.

Ganzheitliche Schmerztherapie

Wir alle haben den Wunsch, Schmerzen möglichst nebenwirkungsfrei zu lindern. Es gibt eine Reihe von Therapieformen, mit denen man ein ganzheitliches Schmerzkonzept gestalten kann. In der Folge stelle ich dir verschiedene Maßnahmen vor.

Hundephysiotherapie

In der Hundephysiotherapie steht die Schmerzlinderung immer an oberster Stelle. Es gibt verschiedene therapeutische Behandlungsformen, mit denen wir angepasst auf die Bedürfnisse des Patienten unter anderem auch Schmerzen lindern können. Die Hundephysiotherapie verbessert zudem die Mobilität und stärkt den Körper. Die Selbstheilungskräfte des Körpers werden mobilisiert. Weiterer Gelenkverschleiß wird vorgebeugt beziehungsweise verzögert, die Muskulatur gestärkt, Körpergefühl, Nervenfunktion, motorische Fähigkeiten und Koordination gefördert, erhalten und verbessert. Alles Komponenten, die für unsere Seniorhunde unerlässlich sind und die auch Einfluss auf Schmerzen haben. In der Folge stelle ich dir verschiedene, gängige Behandlungsformen der Hundephysiotherapie vor, die im Rahmen einer Schmerztherapie Platz finden können. Auch hier gilt es, dass die einzelnen Maßnahmen auf den jeweiligen Patienten abgestimmt werden müssen.

Massage kann nach entsprechender fachlicher Anleitung auch vom Hundehalter durchgeführt werden.

Massage

Mit Hilfe von Massage und verschiedenen Massagegriffen lösen wir nicht nur muskuläre Verspannungen und Schmerzen, sondern können auch positiv auf Gelenkschmerzen einwirken. Sie gehört zu den ältesten Behandlungstechniken der Menschheit. Massage ist eine wunderbare und wirkungsvolle Ergänzung zur Hundefitness und im Bereich Massage des Buches lernst du mehr darüber (ab Seite 247).

Passives Bewegen

Das passive Bewegen von Gelenken dient nicht nur der Mobilisierung der Gelenke, sondern lindert zugleich auch Schmerzen. Weiterhin wird die Produktion von Gelenkflüssigkeit angeregt und die Gelenkkapsel sanft gedehnt.

Das passive Bewegen ist eine sanfte Mobilisierungstechnik, die auch Schmerzen lindern kann.

Hier ist etwas Feingefühl nötig und es sollte auch darauf geachtet werden, keine Scherkräfte auszulösen.

Eingesetzt wird es bei degenerativen und auch neurologischen Erkrankungen des Bewegungsapparates und bei (älteren) Patienten, die man mobilisieren möchte. Der Therapeut ist dabei derjenige, der Bewegungen durchführt, der Patient selbst führt keine Bewegung aktiv durch. Der Hund befindet sich in Seitenlage und die einzelnen Gelenke werden vom Therapeuten mehrfach, langsam in der physiologischen Bewegungsrichtung durchbewegt. Wichtig ist, dass hier die Schmerzgrenze und das physiologische Bewegungsausmaß in der Bewegung respektiert werden.

Ich empfehle hier unbedingt, dies nur nach umfassender Anleitung durch einen Therapeuten selbst durchzuführen.

Physikalische Therapieformen

Es gibt mittlerweile ein großes Portfolio an physikalischen Therapieformen, die auch hervorragend zur Schmerzlinderung eingesetzt werden können. Hierzu gehören zum Beispiel:

Elektrotherapie – Es gibt verschiedene Arten von Strom, die therapeutisch eingesetzt werden. Hierzu gehören beispielsweise TENS, Interferenzstrom oder mittelfrequenter Strom.

Meist wird der Strom über Elektroden in den Körper eingebracht. Die Stromarten unterscheiden sich durch Impulsform, Impulsdauer und Frequenz. Hierauf beruht auch das unterschiedliche Wirkungsspektrum. Mit verschiedener Gewichtung erreichen wir eine schmerzlindernde, durchblutungsfördernde, abschwellende und zellstoffwechselanregende Wirkung. Außerdem können die elektrischen Ströme zur Muskelentspannung, zum Muskelaufbau und zur Verbesserung der Nerventätigkeit angewendet werden.

Lasertherapie – In meiner Praxis habe ich, um die Low-Level-Lasertherapie zu erklären, immer den Vergleich zur Photosynthese bei der Pflanze gezogen. Licht bedeutet Leben und Energie. Durch den Laser wird das Gewebe mit zusätzlicher Energie versorgt und es werden biochemische Regenerationsprozesse stimuliert.

Es wird mit gebündeltem, gerichtetem Licht, mit bestimmten Frequenzen und Wellenlängen die Physiologie der Zellen, der Zellstoffwechsel und die Zellaktivität positiv beeinflusst. Das Positive dabei ist, dass es hierbei weder zu Hitzeeinwirkung noch zu anderen Nebenwirkungen kommt und der Laser so sehr vielseitig einsetzbar ist.

Seine Wirkung ist vielfältig und so kann man ihn beispielsweise bei verschiedensten Erkrankungen des Bewegungsapparates, Schmerzen und muskulären Verspannungen einsetzen. Auch die Wundheilung wird verbessert, Narben entstört und Schwellungen und Ergüsse gemindert sowie der Lymphfluss gefördert. Bei der Laserbehandlung profitieren wir von einer schmerzlindernden, durchblutungssteigernden, entzündungshemmenden und abschwellenden Wirkung.

Magnetfeldtherapie – Hier werden elektromagnetische Felder zur Behandlung akuter oder chronischer Beschwerden wie Erkrankungen des Bewegungsapparates eingesetzt. Die Wirkung der Therapie ist in mehreren Studien belegt. Über eine Magnetspule wird ein elektromagnetisches Feld erzeugt, welches vom Körper als Signal aufgenommen wird. Das

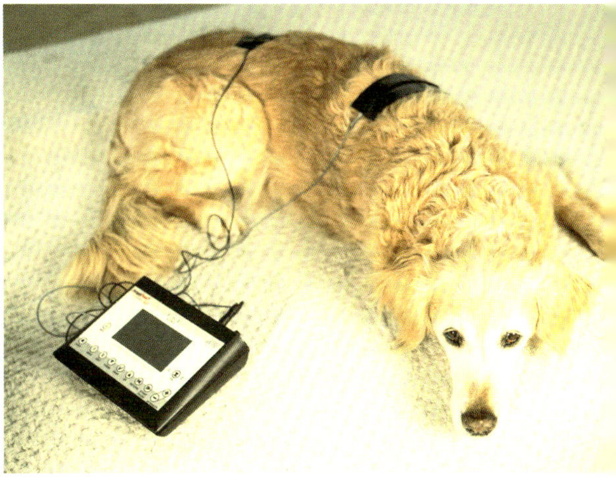

Die Elektrotherapie kann vielfältig bei Erkrankungen des Bewegungsapparates eingesetzt werden.

Die Lasertherapie ist eine sehr wirkungsvolle Behandlung, die zugleich sehr wenige Kontraindikationen hat.

pulsierende Magnetfeld versetzt die Zellen in eine Eigenschwingung, die Selbstregulationsprozesse des Körpers werden angeregt. Mit Hilfe des pulsierenden Magnetfelds werden Zellfunktion, Zellgleichgewicht und -aktivität angeregt sowie ein natürliches elektromagnetisches Gleichgewicht hergestellt. Man nimmt so Einfluss zum Beispiel auf die Geweberegeneration, Zellstoffwechsel, Durchblutung, Immunsystem und Lymphfluss. Man kann mit unterschiedlichen Frequenzen sowohl aktivierend als auch entspannend arbeiten. Wir können beispielsweise Schmerzen lindern, Regeneration fördern und Entzündungen hemmen.

Thermotherapie

Der Einsatz von Wärme und Kälte eignet sich hervorragend um chronische, aber auch akute Schmerzen zu lindern. Die Thermotherapie ist eine Behandlungsmöglichkeit, die schon seit Jahrtausenden Anwendung findet. Unterschieden wird zwischen der Wärmetherapie und der Kältetherapie. Bei der Wärmetherapie wird Wärme lokal von außen auf den Körper appliziert. Das kann beispielsweise in Form von Rotlicht oder Körnerkissen geschehen. Es kommt zu einer stärkeren Durchblutung und einer Gefäßerweiterung. Der Lymphfluss wird stimuliert, Abfallstoffe aus dem Gewebe abtransportiert und die Muskelspannung wird herabgesetzt. Durch die erhöhte

Auch verschiedene Formen der Wärmetherapie kannst du nach Anleitung selbst zuhause durchführen.

Durchblutung wird die Schmerzschwelle der Rezeptoren erhöht. Die Gate-Control-Theorie greift und Schmerzsignale werden durch Thermorezeptoren überdeckt. Weniger Schmerzimpulse werden an das Gehirn weitergeleitet. Das Schmerzempfinden wird stark herabgesetzt.

Bei der Kältetherapie können zum Beispiel Coolpacks oder Quarkwickel zum Einsatz kommen. Durch die applizierte Kälte kommt es zu einer verminderten Durchblutung. Der Zellstoffwechsel wird reduziert, die Nervenleitgeschwindigkeit wird herabgesetzt, weniger Entzündungsmediatoren werden produziert und Schmerzimpulse werden überdeckt. Auch hier greift die Gate-Control-Theorie. Kältetherapie wirkt also schmerzlindernd, abschwellend, entzündungshemmend und blutstillend.

Wie du die Wärmetherapie anwenden kannst, erfährst du im Kapitel zum Thema Thermotherapie ab Seite 268.

Aktives Bewegungstraining

Es mag im ersten Moment paradox klingen, doch bewusste, langsame und schonende Bewegungen in Form von Bewegungstraining lindern ebenfalls Schmerzen. Beim aktiven Bewegungstraining ist der Hund derjenige, der den aktiven Part übernimmt und bestimmte Bewegungen bewusst und langsam durchführt. Der Mensch ist derjenige, der begleitet, anleitet und führt. Mit Bewegungstraining möchten wir die Mobilität verbessern und erhalten, Muskulatur erhalten und stärken und positiv auf die Gelenkbeweglichkeit, Bewegungsabläufe, Belastungsphasen, Koordination, Nervenfunktion und Körpergefühl einwirken. Aber eben auch Schmerzen lindern. Umfassendes Wissen zum aktiven Bewegungstraining findest du im Bereich Seniorenfitness ab Seite 90.

Weitere ergänzende Komponenten einer ganzheitlichen Schmerztherapie

Akupunktur und Goldakupunktur

Die Akupunktur wird schon seit Jahrtausenden eingesetzt und bildet eine wichtige Säule in der traditionell chinesischen Medizin. Auch zur Schmerztherapie findet sie seit jeher Anwendung. In der Akupunktur spielen die Meridiane eine wichtige Rolle. Hier unterscheidet man zwischen zwölf paarig angelegten Hauptmeridianen und acht Sondermeridianen. Sie tragen die Namen der Organe, denen sie zugeordnet sind. Auf den Meridianen befinden sich die Akupunkturpunkte, die von Anfang bis Ende des Meridians durchnummeriert werden. Die Akupunkturpunkte haben einen niedrigeren Hautwiderstand. Dies ist darin begründet, dass sich dort mehr Kapillare und Nervenenden befinden. Bei der Akupunktur werden diese Punkte stimuliert. Dies kann über Nadeln passieren, aber auch über Wärme (Moxibustion), Druck mit dem Finger (Akupressur), (Punkt)Laser oder Elektrotherapiegeräte mit entsprechender Funktion.

Wenn nun ein Akupunkturpunkt stimuliert wird, werden A-Delta Fasern und auch C-Fasern stimuliert. Es kommt stark vereinfacht formuliert zu einem schmerzlindernden Effekt. Zugleich werden durch die Stimulation des Akupunkturpunktes zum Beispiel auch Endorphine ausgeschüttet. Akupunktur wirkt allerdings nicht nur schmerzlindernd, sondern reguliert beispielsweise auch den Muskeltonus, wirkt auf die Nervenfunktion, wirkt abschwellend und entzündungshemmend, fördert die Durchblutung, stärkt das Immunsystem, wirkt vegetativ regulierend und psychisch harmonisierend. Welche Wirkung erreicht wird und welche Körperbereiche angesprochen werden, hängt natürlich immer von den ausgewählten Akupunkturpunkten ab.

Die Sonderform der Akupunktur ist die Goldakupunktur. Mit ihr kann eine dauerhafte Schmerzlinderung erreicht werden. Hierbei werden kleine Goldimplantate an zuvor sorgfältig ausgewählte Akupunkturpunkte implantiert. Das Goldstückchen verbleibt ein Hundeleben lang im Körper, wandert nicht und nutzt sich in seiner Wirkung auch nicht ab. In ihrer Wirkung ist die Goldakupunktur vergleichbar mit der Akupunktur.

Osteopathie

Osteopathie wird von der WHO als eigenständige Form der Medizin bezeichnet. Sie kann eine sehr gute Ergänzung zur Physiotherapie sein. Mit Hilfe der Osteopathie werden Bewegungseinschränkungen und Blockaden erkannt und durch manuelle Techniken beseitigt. Auch hier spielt die Aktivierung der Selbstheilungskräfte des Körpers eine große Rolle.

Natürliche Unterstützung – Phyto- und Mykotherapie

Auch die Natur bietet ein großes Portfolio an Wirkstoffen, die in der Begleitung bei Schmerzen eingesetzt werden können. Unter anderem seien hier als Beispiele Weidenrinde, Mädesüß, Weihrauch oder auch Brennnessel zu nennen, die eine nachweislich schmerzlindernde Wirkung haben. Auch Vitalpilze werden wie sekundäre Pflanzeninhaltsstoffe schon seit Jahrtausenden zu Schmerzlinderung angewendet. Ich stelle hier bewusst keine Auswahl an Pflanzenportraits, Vitalpilze oder Nahrungsergänzungsmitteln vor, da dies ein sehr breites Feld ist und in aller Kürze kann man dem nicht gerecht werden. Weiterhin sollte hier genau geschaut werden, was individuell für den Hund passend ist und auch Wechselwirkungen und Kontraindikationen sowie weitere Vorerkrankungen berücksichtigt werden.

Du siehst, es gibt eine große Bandbreite an Möglichkeiten für eine Schmerztherapie und unterschiedlichste Therapieformen können herangezogen und miteinander kombiniert werden. Viele der schmerzlindernden Maßnahmen ergänzen sich gegenseitig. Die Auswahl der passenden Therapien sollte immer individuell für den Patienten getroffen werden. Angemerkt sei an dieser Stelle aber auch: Viel hilft nicht viel. Wäge sinnvoll ab und kombiniere so, dass es Sinn macht und sich therapeutische Synergien ergeben.

Hands on & Move

Fitness und Mobilität für Seniorhunde

Der Fitnesscheck

Wie fit und mobil ist mein Hund?

Hast du dich schon einmal im Detail damit beschäftigt, wie es um die Mobilität deines Hundes bestellt ist? Was er noch kann, was schwerfällt oder gar nicht mehr geht? Wann, welche Veränderungen aufgetreten sind? Ich habe dir hier einige Fragen zusammengestellt, anhand derer du für dich und deinen Hund reflektieren kannst, wie sein körperliches Befinden hinsichtlich der Mobilität ist. Es ist kein Test mit „Punktevergabe" oder Wertung. Mir geht es viel eher um eine Reflexion und Dokumentation.

Tipp:

Grundsätzlich lege ich dir ans Herz, für deinen Hund ein Gesundheitstagebuch zu führen. Hier kannst du auch basierend auf den Fragen, die ich dir in der Folge stelle, regelmäßig reflektieren, wie die Entwicklung deines Hundes ist. Bitte beachte, dass dies kein linearer Verlauf ist, sondern dir ein grundsätzliches Gefühl für sein Befinden gibt.

Fitnesscheck

Alltägliche Bewegungen:
Hinsetzen und Aufstehen

☐ geht ohne Probleme ☐ je nach Tagesform schon mal schwieriger ☐ vermeidet mein Hund

Hinlegen und Aufstehen

☐ geht ohne Probleme ☐ je nach Tagesform schon mal schwieriger ☐ vermeidet mein Hund

Sich links und rechts um die eigene Achse drehen

☐ geht ohne Probleme ☐ je nach Tagesform schon mal schwieriger ☐ vermeidet mein Hund

Treppensteigen

☐ geht ohne Probleme ☐ je nach Tagesform schon mal schwieriger ☐ vermeidet mein Hund

Welche andere Bewegung fällt ihm besonders schwer?

✎ ______________________________

Welche Bewegungen fallen ihm im Vergleich eher leicht?

✎ ______________________________

Lehnt er sich häufiger an oder legt sich schnell hin, wenn er zum Beispiel auf dem Spaziergang für einen Moment stehen bleiben muss?

☐ nein ☐ manchmal ☐ regelmäßig

Hat dein Hund Probleme bei der Koordination (zum Beispiel häufige Stolperer, Pfotenschleifen)

☐ nein ☐ manchmal ☐ regelmäßig

Freude und Interesse an Spaziergängen

☐ ja, unverändert ☐ manchmal eher weniger ☐ mein Hund möchte nicht mehr so gern raus

Wie häufig geht ihr am Tag spazieren?

☐ 1 - 2 ☐ 2 - 3 ☐ 3 - 5 ☐ mehr

Dauer ca. insgesamt pro Tag

☐ 15-30 Min. ☐ 30-45 Min. ☐ 45-60 Min. ☐ 60-90 Min. ☐ 90-120 Min. ☐ mehr als 120 Minuten

Läuft dein Hund im Passgang?

☐ nein, nie ☐ manchmal ☐ ja, häufiger ☐ immer

Lässt er sich bei euren Spaziergängen zurückfallen?

☐ nein, nie ☐ manchmal ☐ ja, häufiger ☐ immer

Lahmt dein Hund?

☐ nein, nie ☐ manchmal ☐ ja, häufiger ☐ immer

Zeigt dein Hund Anzeichen von Schmerzen (Schmerzgesicht, Hecheln, Lautäußerungen beim Positionswechsel, Berührungsempfindlichkeit, etc.)?

☐ nein, nie ☐ manchmal ☐ ja, häufiger ☐ immer und zwar

Hat sich sein Sozialverhalten gegenüber Menschen und/oder Hunden verändert? (Aggressivität, Zurückgezogenheit, Kontakt meiden)

☐ nein, nie ☐ manchmal ☐ ja, häufiger ☐ immer und zwar

____

Zeigt er andere Veränderungen im Verhalten wie zum Beispiel Angst, Unsicherheit, ist zurückgezogener?

☐ nein, nie ☐ manchmal ☐ ja, häufiger ☐ immer und zwar

____

Sind dir sonst Veränderungen bei deinem Hund aufgefallen?

☐ nein ☐ ja und zwar

____

Ist dir bei der Beantwortung der Fragen aufgefallen, dass du viele mit „häufiger“ oder „immer“ beantwortet hast, bei denen es um Beschwerden oder Schmerzen ging? Dann lege ich dir ans Herz, deinen Hund einem Tierarzt oder Physiotherapeuten vorzustellen, um im Bedarfsfall weitere Untersuchungen oder Behandlungen durchzuführen.

Körperanalyse

Bevor du mit deinem Hund mit dem Training beginnst, ist es sinnvoll und hilfreich, einen „Status quo" seines Körpers zu erfassen, sich seinen individuellen Körperbau anzuschauen, mögliche Defizite in der Muskulatur zu entdecken und diese Erkenntnisse mit in die Beurteilung des aktuellen Fitnesszustandes einfließen zu lassen. So hast du im Verlauf eures Trainings noch besser die Möglichkeit, Fortschritte zu erkennen, aber auch Potenziale aufzutun. Hierbei geht es nicht darum, eine Diagnose zu stellen oder eine physiotherapeutische Untersuchung und Beurteilung durchzuführen, sondern für dich einen Überblick zu gewinnen.

Muskelstatus

Beim Muskelstatus gilt es herauszufinden, ob dein Hund an verschiedenen Körperstellen ungleich bemuskelt ist, beispielsweise ob seine Oberschenkelmuskulatur an einem Lauf stärker ist als am anderen. Zugleich ist es auch wichtig, Auffälligkeiten in der Muskulatur zu entdecken. Das können zum Beispiel Verhärtungen sein.

Um eine unterschiedliche Bemuskelung und Verhärtungen zu entdecken, kannst du deinen Hund abtasten. Dafür ist es wichtig, immer parallel zu arbeiten.

- Am Rücken tastest du dich links und rechts der Wirbelsäule auf der Rückenmuskulatur entlang.
- An der Hinterhand tastest du dich von der Kruppe hinunter bis zu den Pfoten.
- An der Vorderhand tastest du von der Schultermuskulatur herunter bis zu den Pfoten.

Die wichtigsten Gelenke und Knochen des Hundes im Überblick

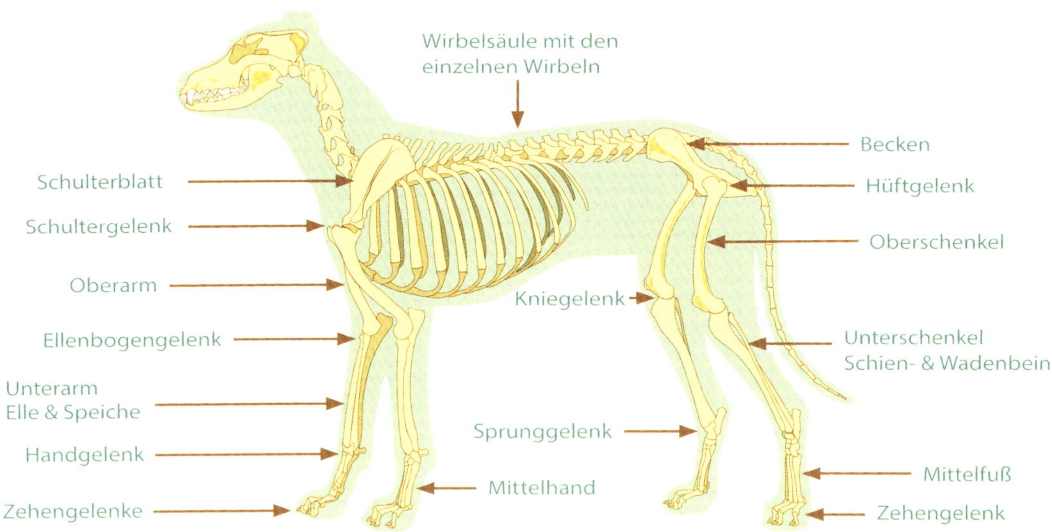

Beim Abtasten ist es wichtig, immer beide Seiten zu vergleichen.

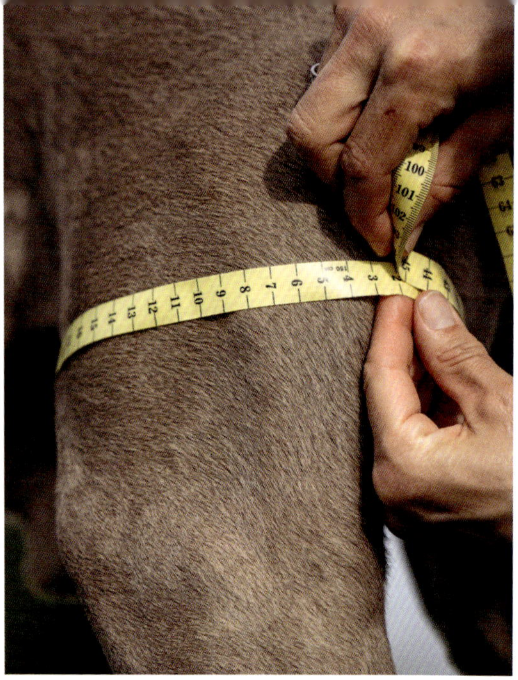

Regelmäßig zu messen ist eine Möglichkeit, aussagekräftige Werte zu erhalten.

Bei der Vorder- und Hinterhand ist es wichtig, dass du nicht nur an der Außen-, sondern auch an der Innenseite entlangtastest und beides möglichst zugleich greifst.

Um den Muskelstatus an der Vorder- und Hinterhand zu überprüfen, kannst du zudem mit dem Maßband Messungen durchführen.

Körperscan

Der Körperbau unserer Hunde ist sehr unterschiedlich. So hat ein Dackel einen gänzlich anderen Körperbau als beispielsweise ein Berner Sennenhund. Grund dafür ist, dass die unterschiedlichen Rassen für unterschiedliche Aufgaben gezüchtet wurden. Daher schauen wir uns den Körperbau unseres Hundes nicht im Vergleich mit anderen Hunden an. Der Fokus liegt vielmehr darauf zu schauen, ob der Körper deines Hundes in sich ausbalanciert ist.

Wie du das herausfindest? Fotografiere deinen Hund im Stehen. Er sollte hierbei so korrekt stehen, wie es ihm möglich ist. Falls er sich schwertut, die Position zu halten, während du das Foto machst, nimm dir eine Hilfsperson hinzu. Wir schauen uns nun die Rückenlinie an, die Positionierung der Vorder- und Hinterhand.

Rückenlinie

Wenn du nun eine gerade oberhalb des Rückens ziehst, so sollte der Rücken möglichst gerade sein, nicht stark abfallen und auch nicht aufgewölbt sein. Der Hals und der Kopf sollten über dieser Linie getragen werden.

Hinterhandlinie

Du ziehst eine gerade Linie vom Sitzbeinhöcker (die kann man sehr gut tasten) nach unten zum Boden. Sie sollte durch den Hinterlauf

Gesunde Körperhaltung

Hals und Kopf liegen hier über der Rückenlinie. Die Balancelinien der Vorder- und Hinterhand zeigen eine ausgewogene Verteilung des Körpergewichtes.

Körperhaltung mit Defiziten

Hier ist die Hinterhand sehr weit hinter der Balancelinie und somit zu weit hinter dem eigentlichen Schwerpunkt. Die Vorderhand befindet sich ebenfalls deutlich vor der Balancelinie. Die Körperlast ist nicht optimal verteilt.

gehen. Im Optimalfall sind die Zehen direkt hinter der Linie positioniert.

Vorderhandlinie

Diese Linie ziehst du von der Schulterspitze nach unten. Die Linie sollte durch den Vorderlauf verlaufen. Die Pfoten sollten direkt vor der Linie sein.

Abweichungen von den optimalen Positionierungen der Pfoten (Hinterhand weit nach hinten aus, oder unter den Körper gestellt, Vorderhand weiter nach vorne oder zu stark unter den Körper gestellt) oder eine abweichende Kopfhaltung oder Rückenlinie können etwa auf eine schlechte Balance beziehungsweise Körpergefühl, aber auch auf muskuläre Dysbalancen in diesen Bereichen hindeuten.

Ich empfehle dir, alle Daten und Auffälligkeiten zu notieren, damit du zu einem späteren Zeitpunkt auf valide Vergleichsdaten zurückgreifen kannst und nicht auf gefühlte Gedanken.

Du siehst, es geht hier nicht darum, die Mobilität und den körperlichen Status deines Hundes zu bewerten, sondern darum es zu erfassen, damit du ein klares Bild davon hast. Das macht es dir bewusster und leichter, Veränderungen wahrzunehmen und entsprechend gegenzusteuern und zu handeln.

Den Fitnesscheck, Körperscan und die Körperanalyse empfehle ich dir im Verlaufe eures Trainings regelmäßig durchzuführen, um etwaige Veränderungen zu dokumentieren.

Neueste wissenschaftliche Erkenntnisse zum Hundefitnesstraining

Das Hundefitnesstraining bedeutet für Tessa nicht nur körperliche und kognitive Fitness, sondern stärkt auch unsere Verbindung.

Hundefitness hört sich für viele erstmal seltsam an und klingt nach Hundesport. Das ist es allerdings nicht. Das Hundefitnesstraining entstammt ursprünglich der aktiven Krankengymnastik als Teilbereich der Hundephysiotherapie. Diese ist von jeher ein fester Bestandteil der therapeutischen Maßnahmen und wurde früher oft etwas stiefmütterlich behandelt. Heutzutage erfreut sie sich großer Beliebtheit.

Vielleicht fragst du dich nun, ob man denn bei einem älteren Hund überhaupt noch etwas erreichen oder verbessern kann. Machen wir hierzu zunächst einen kleinen Exkurs zum jungen Hund.

Grundsätzlich ist es bei unseren Hunden so, dass sie zwar mit einer gewissen „Grundausstattung" an motorischen Fähigkeiten auf die Welt kommen. Doch die meisten Bewegungen müssen erlernt werden. Das Nervensystem verfügt über eine Grundprogrammierung", die verfeinert und erweitert werden muss und durch aktive Bewegung und Erprobung von Bewegungen funktionierende Bewegungsabläufe entstehen lässt. Es geht darum, physiologische Gelenkbewegungen zu erlernen, den Einsatz von Muskeln zu „timen" und eine gute Koordination zu entwickeln. Das alles geht über stetige Wiederholung und „Bewegungserfahrungen", die der Hund macht. Bewegungen werden dadurch routinierter und koordinierter und motorische Fähigkeiten besser. Das bedeutet auch, dass weniger Energie für die Bewegungen aufgebracht werden müssen. Sichere und koordinierte Bewegungsabläufe sind also energiesparender als unsichere Bewegungsabläufe. So ist das Treppensteigen für einen Hund beim ersten Mal deutlich anstrengender und verlangt einen höheren Energieeinsatz, als wenn er dies bereits gewohnt ist. Es gibt auch viele Hunde, die zum Beispiel im Welpen- und Junghundalter aufgrund widriger Haltungsbedingungen nicht die Chance hatten, diese ausgefeilten motorischen Fähigkeiten zu erlangen. Doch auch im Erwachsenenalter können Bewegungsabläufe, Koordination und Motorik trainiert und verbessert werden.

Was wir mit regelmäßigem Training erreichen können

Wenn wir dieses Wissen vom heranwachsenden Hund und seinen sich entwickelnden motorischen Fähigkeiten auf den älteren Hund übertragen, wird schnell klar, dass wir hier dasselbe Prinzip anwenden können. Zu berücksichtigen gilt, dass der ältere Hund sich in der Rückbildungsphase befindet und die Entwicklung möglicherweise langsamer oder weniger ausgeprägt ist.

Motorische Fähigkeiten können bis ins hohe Alter trainiert werden.

Doch auch bei einem älteren Hund ist diese Therapieform geeignet und unverzichtbar, weil wir durch sie viel erreichen können:

- Gelenkbeweglichkeit verbessern und erhalten
- Muskulatur stärken und erhalten
- Nervenfunktion verbessern
- motorische Fähigkeiten und Koordination sowie Körpergefühl trainieren
- dem Fortschreiten von Erkrankungen des Bewegungsapparates entgegenwirken
- den Alterungsprozess verzögern
- Schmerzen lindern

In der Summe führt dies zu einer verbesserten Mobilität. Der Seniorhund ist sicherer in seinen Bewegungen und fühlt sich wohler in seinem Körper. Durch sichere und koordinierte Bewegung ist weniger Energieaufwand nötig. Außerdem ist in Studien aus dem Humanbereich nachgewiesen worden, dass durch gezielte Bewegung Schmerzen, die zum Beispiel durch Arthrose entstehen, deutlich gelindert werden können. Nicht zu vergessen seien die mentale Gesundheit und geistige Fitness unserer Hundesenioren, die wir durch regelmäßiges Training ebenfalls positiv beeinflussen können.

Die Studie
Wissenschaftliche Ergebnisse zum Training mit Seniorhunden

Eine aktuelle Studie aus dem Jahr 2024[1] hat sich genau mit diesem Thema beschäftigt und belegt diese Erfahrungen, die ich in den vergangenen Jahren im Hundefitness speziell mit älteren Hunden sammeln durfte.

In der Studie war das Ziel zu herauszufinden, ob „körperliche, kognitive oder kombinierte Interventionen zu nachweisbaren Verbesserungen der Leistung von Hunden führen können, wenn sie auf Familienhunde angewendet werden, und ob Fernübertragungseffekte (verbesserte Leistung bei verwandten, aber untrainierten Aufgaben oder Verbesserung bei Tests zur Messung von Fähigkeiten) vorliegen, die nicht direkt trainiert wurden …"

Dazu wurden ältere Hunde in unterschiedlichen Gruppen mit kognitiver Interventionstherapie, physikalischer Interventionstherapie und einer Gruppe, die beides kombinierte, über einen längeren Zeitraum beobachtet und Veränderungen dokumentiert. Zudem gab es eine Kontrollgruppe.

In der kognitiven Interventionstherapie wurde mit zum Beispiel Clickertraining, Mantrailing, Apportieren und interaktiven Hundespielzeugen versucht, unter anderem den Geruchssinn, die Verarbeitungsgeschwindigkeit und Resistenz gegen Ablenkung zu verbessern. „Die Zielbereiche waren anhaltende Aufmerksamkeit, Selbstkontrolle, kognitive Flexibilität, verkürzte Reaktionszeit und Problemlösung."

Der Schwierigkeitsgrad der Aufgaben wurde hier entsprechend den Bedürfnissen des Hundes angepasst, um sie zu fordern, aber zugleich vor lösbare Aufgaben zu stellen.

1 Zsófia Bognár, Dóra Szabó, Borbála Turcsán & Enikő Kubinyi "The behavioural effect of short-term cognitive and physical intervention therapies in old dogs", veröffentlicht am 03. April 2024

Bandit setzt hier seine Pfoten sehr bewusst und zeigt damit, dass die Übung für ihn gleichzeitig „Denksport" bedeutet.

In der physikalischen Interventionstherapie wurde Hundephysiotherapie eingesetzt, die darauf abzielte, Muskulatur, Ausdauer, Gelenkbeweglichkeit, Körpergefühl und -wahrnehmung, Stabilität, eine physiologische Nutzung aller vier Läufe und das Gleichgewicht zu verbessern.

Dafür wurde mit altersgerechtem Hundefitnesstraining gearbeitet unter Einsatz von gängigen Übungen und Equipment. Auch hier wurden die Aufgaben an die Bedürfnisse der Hunde und ihren Fortschritt angepasst.

Bereits während des Begrüßungstests bei ihrem zweiten Testtermin zeigten sich die Hunde aus der rein physikalischen Therapiegruppe und der kombinierten Therapiegruppe kontaktfreudiger und freundlicher gegenüber dem Fremden. Das lässt den Rückschluss zu, dass die regelmäßigen positiven Erfahrungen (mit verschiedenen Menschen) beim Hundefitness die Kontaktfreudigkeit steigerten. Es zeigte sich beispielsweise auch, dass die Leistung der Hunde beim Clickertraining deutlich stabiler war, während sie bei den Hunden aus der Gruppe der rein kognitiven Interventionstherapie eher nachließ.

Körper und Geist hängen eng zusammen

Zusammenfassend ergab die Studie, dass körperliche Aktivität – auch in Form von Hundefitnesstraining – eine wichtige Säule zum Erhalt der kognitiven und körperlichen Fähigkeiten darstellt. Die Kombination von kognitiver und physikalischer Therapie stellte sich als die vielversprechendste Variante heraus, da sich beide miteinander ergänzen.

Es stellte sich heraus, dass alle Arten der Interventionstherapie dazu führten, dass die Hunde sich stärker mit ihrer Umwelt beschäftigten und einen Einfluss auf das Verhalten älterer Hunde haben. Es wurde deutlich, dass die Therapien umso wirksamer waren, je früher man damit begonnen hatte und auch, je länger sie angewendet wurden. Man vermutet, dass die altersbedingten Rückbildungsprozesse ab einem bestimmten Punkt irreversibel sein können oder die „Empfindlichkeit gegenüber Interventionstherapien bei älteren Hunden abnehmen kann".

Begleitend sei hier erwähnt, dass es zum Thema Fitness im Alter ebenfalls Studien aus der Humanmedizin gibt, die wir zum Vergleich heranziehen können.

„Neben den Vorteilen für die körperliche Gesundheit spielt Fitness auch eine entscheidende Rolle für die Aufrechterhaltung des geistigen Wohlbefindens älterer Menschen. Es hat sich gezeigt, dass Bewegung das Risiko eines kognitiven Verfalls verringert und die Stimmung sowie die allgemeine psychische Gesundheit verbessert.

In einer im Journal of the American Geriatrics Society veröffentlichten Studie fanden Forscher heraus, dass [menschliche] Senioren, die an einem strukturierten Trainingsprogramm teilnahmen, signifikante Verbesserungen der kognitiven Funktion und der Gedächtniserhaltung erlebten. Die Trainingsgruppe berichtete auch von einem geringeren Ausmaß an Angstzuständen und Depressionen, was den positiven Einfluss von Fitness auf die psychische Gesundheit unterstreicht."[2]

Ich bin ausgesprochen dankbar, dass das, was ich seit vielen Jahren selbst mit meiner Seniorhündin Tessa lebe und praktiziere und Menschen für ihre Hunde ans Herz lege, nun auch wissenschaftlich belegt ist. Das Hundefitnesstraining ist für unsere Seniorhunde eine wichtige Säule für das körperliche und geistige Befinden und wir können erheblichen Einfluss auf den Alterungsprozess nehmen.

2 Bherer L, Erickson KI, Liu-Ambrose T. A review of the effects of physical activity and exercise on cognitive and brain functions in older adults. J Aging Res. 2013;2013:657508. doi: 10.1155/2013/657508. Epub 2013 Sep 11. PMID: 24102028; PMCID: PMC3786463

Der Einstieg in das gesunde Hundefitnesstraining

Wichtiges Basiswissen

Wichtige Parameter zur Gestaltung des Trainings

Überzeugt, dass das Training wirkungsvoll ist und deinem Hund hilft? Dann geht es gleich los. Doch zuvor widmen wir uns noch ein wenig dem Basiswissen zum Hundefitnesstraining, um dir ein gutes Fundament an Wissen und somit Sicherheit in dem zu geben, was du tust.

Es gibt verschiedene Parameter, die es zu berücksichtigen gilt, wenn wir mit unserem Hund im Hundefitness aktiv sein möchten, um das Training wirkungsvoll, effektiv und gesund zu gestalten. Die Auswahl der passenden Übungen und des richtigen Trainingspensums, also wie viele Wiederholungen man macht, wie lange man eine Übung durchführt oder der Hund eine Position einhalten sollte ist beispielsweise abhängig von:

- Alter
- Konstitution
- Gesundheit des Hundes
- Tagesform des Hundes – körperlich wie geistig

Das bedeutet, dass Trainingspläne grundsätzlich eine Orientierung, eine Empfehlung und Struktur bieten, aber wir immer auch auf das aktuelle Befinden des Hundes und seine Tagesform eingehen. Insbesondere bei unseren Hundesenioren rückt die Tagesform stark in den Fokus. Aber auch bei Erkrankungen des Bewegungsapparates fällt sie stärker ins Gewicht.

Das Training gestalten und ein adäquates Umfeld schaffen

- Das bedeutet im Detail, dass wir für ausreichend Ruhe im Raum sorgen sollten und möglichst wenig Ablenkung gegeben sein sollte. Ich empfehle auch, auf nebenbei laufende Fernseher zu verzichten und das Mobiltelefon beiseitezulegen.
- Es kann hilfreich sein, einen festen Platz oder Raum für das Training zu nutzen, damit es für den Hund bestmöglich ritualisiert ist. Dies gibt ihm Sicherheit und unterstützt seine Konzentrationsfähigkeit.
- Passe ein Zeitfenster ab, das deinem Hund möglichst entgegenkommt. Dein Hund sollte ausreichend Energie haben, daher würde ich das Training nicht direkt nach einem Spaziergang machen und ihn auch nicht aus einer Ruhephase herausholen. Auch direkt nach dem Fressen ist ein ungünstiger Zeitpunkt für ihn. Meine Empfehlung ist, deinen Hund zu beobachten, wann er eine wache, aktive Phase hat und diese dann nach Möglichkeit nutzen.
- Auch dein Befinden spielt eine große Rolle für das Training. Wenn du gestresst, schlecht gelaunt oder erschöpft bist, ist es kein guter Moment, mit deinem Hund zu trainieren.
- Schaue, wie die Tagesform deines Hundes ist und ob er sich gut und fit für das

Training fühlt. Hast du das Gefühl, es ist kein guter Tag für ein Training, dann verschiebe es auf den nächsten Tag.
- Gehe im Trainingsverlauf immer individuell darauf ein, wie sich das Training entwickelt und wie du die Konzentrationsfähigkeit und Leistungsfähigkeit deines Hundes einschätzt. Am Beispiel von Tessa kann ich dir sagen, dass sie aufgeregt wird, wenn sie in eine Überforderung gerät. Dann bietet sie mir auch gerne mal ihre Lieblingsübung als Alternative an. Hier reagiert aber jeder Hund anders. Es hilft, wenn du deinen Hund hier beobachtest und versuchst zu vermeiden, dass du ihn überforderst.

Der richtige Trainingsuntergrund – warum ist er so wichtig?

Um Übungen präzise durchzuführen ist es unerlässlich, dass sich der Hund auf einem ausreichend großen, rutschfesten Untergrund befindet. Weshalb dies so wichtig ist, ist leicht nachvollziehbar. Nur wenn der Hund genügend Halt hat und sich sicher bewegt und steht, kann er Übungen auch präzise durchführen, Positionen korrekt einnehmen und auch halten.

Ist dies nicht der Fall, rutscht der Hund in der Position oder der Bewegung weg und ist stark damit beschäftigt, die nötige Stabilität herzustellen. In der Folge nimmt er eine verkrampfte Haltung ein. Die Übung kann nicht sauber ausgeführt werden. Zusätzlich besteht ein erhöhtes Verletzungsrisiko.

Welche Trainingsuntergründe sich gut eignen:

- Puzzlematten/Trainingsmatten aus dem Fitnessbereich
- Kunstrasen
- ausreichend große Yogamatten
- rutschfester Teppich
- Rasen

Ungeeignete Trainingsuntergründe sind:

- Fliesen
- Parkett
- Laminat

Ein rutschfester Trainingsuntergrund ist elementar für die Sicherheit des Hundes beim Training.

Tools im Hundefitnesstraining

Vorstellung verschiedener Tools und ihre Verwendung

Bevor wir in das aktive Training mit deinem Seniorhund starten, schauen wir uns verschiedene Hundefitness-Tools an und wie man sie nutzen kann. Zugleich stelle ich dir Vorschläge für Alternativen vor. So ist es nicht notwendig, dass du gerade zu Beginn extra Equipment anschaffen musst und du kannst unkompliziert ins Training starten.

Erhöhungen

Erhöhungen setzen wir ein, um bei unseren Hunden mit Gleichgewichtsverlagerungen zu arbeiten, indem sie zum Beispiel mit der Vorder- oder der Hinterhand darauf stehen. Dadurch trainieren wir die Muskulatur und Körperwahrnehmung. Je nach Größe des Hundes und der Erhöhung können sie auch genutzt werden, damit der Hund mit allen vier Läufen darauf steht, um ihm beispielsweise eine räumliche Begrenzung zu bieten und es ihm so zu erleichtern, eine Position korrekt einzunehmen. In einen Parcours eingebaut, können die Hunde darübersteigen oder längs hinüberlaufen. Als Erhöhungen können wir zum Beispiel Stepper nutzen oder andere feste, leicht erhöhte Untergründe.

Als Alternative kann bei verschiedenen Übungen eine Treppenstufe genutzt werden.

Feste Erhöhungen lassen sich vielfältig einsetzen, zum Beispiel auch, um eine gute Pfotenposition zu fördern.

Stimulierende Untergründe

Stimulierende Untergründe können vielfältig im Training eingesetzt werden. Mit ihrer Hilfe erreichen wir, dass die Nerven stimuliert werden, was deren Funktion verbessert. Zusätzlich helfen stimulierende Untergründe, dass Hunde ihre Pfoten und ihren Körper besser wahrnehmen, was ihnen wiederum hilft, Positionen präziser einzunehmen. Als stimulierende Untergründe kann man zum Beispiel Targets mit Noppen oder Sensimats verwenden.

Mögliche Alternativen können Gummifußmatten, Kokosfußmatten, Badewanneneinlagen sowie Kunstrasen sein.

Stimulierende Untergründe kann man auch bei vielen Übungen unterstützend einsetzen, um Hilfestellung zu geben, aber auch, um die Nerven zu stimulieren.

Flexible Untergründe wie Balance Pads

Balance Pads und andere nachgiebige Tools gibt es in den unterschiedlichsten Formen, Farben und Größen. Ihre Festigkeit kann meist variiert werden, indem Luft hinzugegeben wird oder eben herausgelassen wird. Je weniger Luft im Pad ist, desto weniger Stabilität bietet es und umso anspruchsvoller ist es für den Hund in der Nutzung.

Einsetzen kann man Balance Pads, um statische Übungen oder jene in der aktiven Fortbewegung anspruchsvoller zu gestalten und die Muskulatur und Koordination intensiv zu trainieren. Wichtig ist, dass der Hund die Übung zunächst sicher auf einem festen Untergrund durchführen können muss, bevor man zu einem nachgiebigen Untergrund wechselt. Die Nachgiebigkeit sollte langsam gesteigert werden. Achte auch darauf, dass das Balance Pad ausreichend groß für den Hund und die

Balance Pads gibt es in den unterschiedlichsten Größen, Formen, Farben und auch unterschiedlich nachgiebig.

entsprechende Übung ist. Wurden diese Faktoren nicht berücksichtigt, kann der Hund die Übung nicht präzise ausführen, er geht in eine starke Anspannung und verkrampfte Haltung, was muskuläre Verspannungen nach sich zieht und auch die Verletzungsgefahr erhöht.

Mögliche Alternativen können beispielsweise eine Luftmatratze, ein dickeres Stuhlkissen, eine Kindermatratze oder Ähnliches sein.

Cavaletti

Cavaletti sind Hürden, die ursprünglich im Pferdesport eingesetzt wurden. In entsprechend angepasster Form findet man sie heutzutage auch im hundephysiotherapeutischen Bereich. Es handelt sich um Hürden, die der Hund Schritt für Schritt übersteigen soll. Wir trainieren hiermit gesunde Bewegungsabläufe, motorische und koordinative Fähigkeiten, Muskulatur und Gelenkbeweglichkeit. Das Training mit Cavaletti ist vielseitig und eignet sich tatsächlich für fast alle Hunde, außer es liegen eine Gelenkversteifung oder starke Gelenkschmerzen vor, die eine Gelenkbewegung verhindern. Die Hürden sollten bewusst vom Hund überschritten werden, möglichst ohne

Cavalettistangen bieten uns ein unerschöpfliches Portfolio an Übungsmöglichkeiten.

sie zu berühren oder niederzureißen. Hierbei kann man mit Abstand, Höhe und Anordnung der einzelnen Hürden variieren und so immer wieder neue Trainingsimpulse setzen und das Training spannend gestalten.

Alternativen zu Cavaletti können zum Beispiel Äste oder Besenstiele sein. Du kannst deinen Hund auch über deine Beine steigen lassen, während du auf dem Boden sitzt.

Pylonen

Pylonen sind ebenfalls sehr vielseitig im Hundefitness einsetzbar. Es handelt sich hierbei in der Regel um Hütchen, die aufgestellt werden, damit der Hund sie in einer Slalombewegung umrundet. Auch hier gibt es viele verschiedene Varianten, die man nutzen kann, wie unterschiedliche Abstände und Formationen, in denen man die Pylonen aufbaut, sodass der Hund sie umrunden kann. Wir fördern die Koordination, Motorik, aber auch Seitwärtsbeugung der Wirbelsäule.

Als Alternative für Pylonen kann man zum Beispiel einfach Flaschen, Steine, Eimer, Blumentöpfe nutzen. Auch das Slalomtraining durch die Beine wäre eine Möglichkeit.

Es gibt noch viele Trainingsutensilien mehr wie etwa Wackelbretter oder Balancebalken und immer wieder auch neue Trainingsutensilien, aber mir ist es ein Anliegen, die dir gängigsten und jene, die sich besonders vielseitig nutzen lassen, vorzustellen.

So beeinflussen wir Menschen das Training des Hundes - Unsere Position und unsere Bewegung

Der Einfluss unserer Bewegungen und unserer Position auf den Hund, während er eine Übung durchführt, ist sehr groß. Deshalb gilt es nicht nur darauf zu achten, dass der Hund seine Bewegung korrekt durchführt beziehungsweise seine Position korrekt einnimmt, sondern im Aufbau und der Durchführung der Übung sollte ein ebenso großer Fokus auf unserer eigenen Bewegung und unserer Position liegen. Es ist auch wichtig, dass wir mit unseren Hunden auch körpersprachlich klar und verständlich kommunizieren, was wir von ihnen möchten.

Mit Pylonen können wir unterschiedlichste Slalomvarianten gestalten.

Raum für Bewegung

Beim Training sollten wir unseren Hunden immer genug Raum bieten, sodass sie sich auch entsprechend bewegen können und Übungen korrekt ausführen können. So sollten sie weder durch einen zu kleinen Trainingsbereich eingeengt sein noch durch uns in ihren Bewegungen eingeschränkt sein. Dies kann zum Beispiel passieren, wenn wir zu nah vor unserem Hund positioniert sind, aber auch dadurch, dass wir beispielsweise mit unseren Armen ausschweifende Bewegungen machen, die für Irritation sorgen und den Hund in der Bewegung hemmen.

Die Belohnungsposition

Auch die Position, in der wir belohnen, ist sehr wichtig. Sie hat Auswirkungen darauf, wie unser Hund sich hält, bewegt und wie das Endergebnis der Übung ist. Nimmt der Hund beispielsweise die Position Steh ein, hat alle vier Pfoten korrekt ausgerichtet, hält er den Kopf in der Regel oben in Verlängerung der Wirbelsäule. Wenn wir nun in aber weit unten in der Höhe der Pfoten belohnen, senkt der Hund seinen Kopf, um die Belohnung aufzunehmen. Dadurch verlagert er sein Gewicht verstärkt auf die Vorderhand und den Schultergürtel. Die Haltung ist nicht mehr ausgewogen. Dasselbe gilt, wenn wir zu weit oben belohnen und der Hund sich so nach oben recken muss. So gilt es bei jeder Übung zu beachten, wie die korrekte Haltung des Hundes sein soll und wie die korrekte Position für eine Belohnung ist, damit wir die Durchführung oder das Ergebnis der Übung nicht negativ beeinflussen.

Ich versuche immer darauf zu achten, dass Tessa ausreichend Raum bei den Übungen bekommt.

Grundpositionen Steh, Sitz, Platz – das kann der Hund doch schon alles, oder?
Die Übungen, die Menschen am liebsten vernachlässigen sind jene, von denen sie denken, dass ihr Hund sie bereits kann. Dazu gehören bevorzugt Grundpositionen wie Stehen, Sitzen oder Liegen. Allerdings ist meist das Gegenteil der Fall. Bei vielen Hunden, ganz gleich welchen Alters, ob gesund oder krank, haben sich kleinere oder größere Fehler in den Bewegungsmustern und Positionen eingeschlichen. So rutschen sie im Sitz oder Platz gern mal mit dem Po auf die Seite oder im Steh sind die Pfoten nicht korrekt positioniert. Das ist so weit nicht ungewöhnlich und auch uns Menschen ergeht es so. Wir neigen dazu in Alltagsbewegungen vermeintlich „bequemere" Haltungen einzunehmen. Als Beispiel sei nur genannt, dass wir häufig mit einem krummen Rücken sitzen. Das mag bequem sein, ist aber ungesund.

Hier wird Roger relativ weit unten belohnt. So verstärken wir die Gewichtsverlagerung.

Hier erfolgt die Belohnung weiter oben, womit wir die gewünschte Gewichtsverlagerung verfälschen.

Um wieder auf unsere Hunde zurückzukommen: Was passiert, wenn ein Hund sich nun bei Training im Sitz befindet, mit dem Po auf die Seite gerutscht ist und er dann wieder aufstehen und ins Steh wechseln soll? Wenn man sich dies vor dem inneren Auge einmal vorstellt, wird schnell klar, dass das kein korrekter Bewegungsablauf werden kann. Mit der schief gelagerten Hinterhand stemmt er sich nun also wieder nach oben. Die Belastung auf die Hinterhand ist nicht gleichmäßig und auch der Rücken und die Vorderhand werden falsch belastet. Dadurch, dass nicht genügend Schub aus der Hinterhand gegeben wird, ziehen viele Hunde sich dann mit der Vorderhand nach oben.

Mit einer falschen Ausgangsposition kann eine Übung und eine Bewegung einfach nicht korrekt ausgeführt werden. Die Schonhaltung hat also einen großen Effekt auf die weitere Bewegung und den Trainingseffekt der

Extrawissen:

Wenn du feststellst, dass dein Hund sich häufig oder immer im Sitz mit dem Po auf die Seite rutschen lässt, empfehle ich dir, dies untersuchen zu lassen, da es auch ein Anzeichen für eine Erkrankung des Bewegungsapparates wie beispielsweise Rücken-, Hüft- oder Knieprobleme sein kann und auch auf Schmerzen hindeuten kann.

Übung. Deshalb ist es unverzichtbar, dass wir auch die sogenannten Grundpositionen im Training berücksichtigen. Meine Empfehlung ist, dass sie fortlaufend im Training immer wieder aufgegriffen werden sollten.

Allgemeine Tipps vor dem Start ins Training

- Der Weg ist das Ziel. Erwarte nicht von deinem Hund, dass sofort alles perfekt funktioniert. Es geht darum, dass Bewegungen und Bewegungsabläufe sukzessive verbessert und verändert werden.
- Stetige Wiederholung und Reflexion werden eine Veränderung bringen. Es ist wichtig, dass du das Training mit deinem Hund als langfristige Maßnahme siehst. Nur so erreichst du auch langfristige und nachhaltige Verbesserungen und unterstützt den Körper deines älteren Hundes.
- Sei geduldig mit deinem Hund und gebe ihm die Möglichkeit, mitzudenken und Bewegungen in seinem Tempo zu erarbeiten.
- Mehr hilft nicht mehr. Achte darauf, dass du deinen Hund nicht überforderst und überlastest, indem du Übungen mit ihm machst, die er körperlich nicht leisten kann oder das Trainingspensum zu intensiv ist (zu viele Wiederholungen, zu lange).
- Du solltest euer Training nach Möglichkeit so gestalten, dass immer ein Tag trainiert wird und der nächste Tag Pause gemacht wird. So hat der Körper die Möglichkeit, das Erlernte zu verarbeiten. Zudem benötigt die Muskulatur die Trainingspausen, um zu wachsen. Um Fortschritte zu erreichen, ist es gut, wenn du zumindest zwei Trainingstage pro Woche einrichten kannst. Bedeutet also, dass meine Empfehlung ein Minimum von zwei und ein Maximum von vier Training ist.
- Ich empfehle dir, dich und deinen Hund beim Training regelmäßig zu filmen. Das zeigt dir sehr gut, wie dein Hund sich tatsächlich bewegt, denn du nimmst durch deine Position die Bewegungen natürlich aus einer eingeschränkten Sicht wahr. Es gibt dir auch die Möglichkeit, deine Bewegungen und deine Körperhaltung im Training zu reflektieren. Auch positive Veränderungen und Fortschritte im Training kannst du so besser wahrnehmen. Oft sind es kleine Veränderungen, die viel ausmachen und die wir aber so kaum wahrnehmen.
- Es ist normal, dass deinem Hund manche Übungen oder Positionen schwerfallen. Dies verbessert sich in der Regel nach einigen Trainingseinheiten Schritt für Schritt.
- Wenn du mit Leckerlis als Belohnungen arbeitest, sollten diese nicht zu attraktiv sein. Dies kann sonst dazu führen, dass der Hund zu stark auf das Leckerli fokussiert ist und auch aufgeregt und nervös wird.
- Dein Hund sollte nicht mit vollem Magen trainieren. Ein voller Bauch macht müde und träge. Optimalerweise sollten zwischen der Fütterung und dem Training etwa zwei Stunden liegen.

Nimm dir regelmäßig Zeit zur Reflexion eures Trainings

Es ist nicht nur hilfreich, wenn wir uns und unsere Hunde beim Training regelmäßig filmen, um Veränderungen und Fortschritte zu dokumentieren, sondern auch uns Notizen zur Entwicklung unseres Hundes und des Trainings zu machen. Für diese regelmäßige Reflexion eures Trainings habe ich dir eine Checkliste vorbereitet, die du bestenfalls nach jedem Modul für dich in Ruhe durchgehst oder dir auch begleitend immer wieder Notizen machst, wenn du es für richtig hältst.

Hinweis:

Die Checkliste zur Trainingsreflexion findest Du im Anhang des Buchs auf S. 294 und hier unter dem QR Code zum Herunterladen und Ausdrucken.

Extrawissen:

Wusstest du, dass die meisten Hunde, wie auch wir Menschen, eine Schokoladenseite haben? Das bedeutet, dass eine Übung mit einer Körperseite meist leichter fällt. Als Beispiel sei hier das Pfotegeben genannt, was vielleicht mit der linken Pfote besser funktioniert als mit der rechten. Oder eine Stretching-Übung, die zu einer Körperseite besser funktioniert als zur anderen Seite. Auch wenn die Übungen grundsätzlich so ausgelegt sind, dass beide Körperseiten beziehungsweise alle Gliedmaßen gleichmäßig mit derselben Anzahl an Wiederholungen trainiert werden, kannst du, wenn dir Dysbalancen auffallen, diesen Bereich mit mehr Wiederholungen trainieren, bis die Dysbalance ausgeglichen ist. Bitte achte darauf, dass diese Mehrwiederholungen sich in einem für deinen Hund leistbaren Bereich befinden. Dysbalancen können hinsichtlich ungleichmäßiger Bemuskelung, unterschiedlicher Beweglichkeit von Gelenken, abweichende motorische oder koordinative Fähigkeiten oder hinsichtlich der Dehnfähigkeit/Beweglichkeit auftreten.

Seniorengerechte Hundefitness

Das Trainingskonzept

Seniorengerechtes Hundefitnesstraining gibt uns die Möglichkeit, die Mobilität des älter werdenden Hundes zu verbessern und zu erhalten. Wir fördern und erhalten die Gelenkbeweglichkeit, stärken die Muskulatur und Nervenfunktion und verbessern die Koordination und Motorik. Um all diese Faktoren abzudecken, gilt es, das Training vielfältig zu gestalten und eben auch seniorengerecht. Das bedeutet, es sollte sanft gestaltet werden und berücksichtigen, dass ältere Hunde möglicherweise auch unter einer Erkrankung des Bewegungsapparates leiden.

All das ist in diesem Trainingskonzept speziell für Seniorhunde umgesetzt worden. Das Konzept habe ich dir in sechs Module aufgeteilt, die aufeinander aufbauen. Neben den Übungsanleitungen findest du immer auch einen passenden Trainingsplan, der dir eine Empfehlung gibt für die Anzahl der Wiederholungen oder die Dauer einer Übung. Das „von .. bis" ist recht groß, da ich dir nur ungefähre Richtwerte und Empfehlungen geben kann und wir unsere Hunde individuell betrachten müssen. So schafft ein „Fitnessneuling" möglicherweise weniger Wiederholungen als ein Hund, der schon etwas Erfahrung hat. An guten Tagen kann der Hund mehr leisten als an schlechteren. Wenn wir eine Übung neu aufbauen, schaffen wir ebenfalls meist weniger Wiederholungen, als wenn der Hund sie bereits sicher beherrscht und so weiter. Grundsätzlich gilt, dass es nicht um die Quantität, sondern um die Qualität geht und wir unseren Hund auch nicht mit anderen Hunden vergleichen.

Es spricht nichts dagegen, mit weniger Wiederholungen zu starten, wenn dies für deinen Hund so passend ist. Wir sollten eine Überforderung in jedem Fall vermeiden. Du kannst jedes Modul so lange absolvieren, wie dein Hund es braucht. Du wiederholst dann die Trainingstage des jeweiligen Modules rollierend, bis du siehst, dass dein Hund alle Übungen ohne Probleme korrekt durchführen kann. Denke daran: Der Weg ist das Ziel!

Hunde sind individuell und auch ihre Tagesform unterliegt Schwankungen, insbesondere im Alter. Daher möchte ich dir mit dem Trainingskonzept einen Leitfaden geben, aber zugleich ausreichend Raum für die individuellen Anforderungen und das Befinden deines Hundes lassen. Die Trainingstage werden jeweils verschiedene Übungsarten wie Basics, Cavaletti, Stretching, Koordination und Motorik, Isometrie und Gewichtsverlagerungen gegliedert. So decken wir in jedem Modul verschiedene Trainingsbereiche wie Krafttraining, Beweglichkeit, Koordination (inklusive Motorik und Körpergefühl) ab und zugleich habe ich darauf geachtet, dass die Übungen so ausgewählt sind, dass alle Körperregionen berücksichtigt werden.

Wenn dein Hund nicht alle Übungen eines Trainingstages schafft, ist das nicht schlimm. Achte nur darauf, dass du aus möglichst jedem

Trainingsbereich Übungen auswählst, damit im Trainingsverlauf sichergestellt ist, dass alle Körperbereiche mit einbezogen werden, genauso wie die verschiedenen Trainingsarten. Wenn der Trainingstag beispielsweise Basistraining und Cavaletti vorsieht, dann kannst du natürlich alle Übungen des Tages mit deinem Hund absolvieren, wenn er dies gut schafft. Ist dies für ihn zu viel, wählst du dir einzelne Übungen aus beiden Bereichen aus. Verfährst du bei jedem Trainingstag so, sind alle Übungsbereiche abgedeckt und ein ausgewogenes Training garantiert, das zugleich den Bedürfnissen deines Hundes entspricht. So kannst du dir Schritt für Schritt die Übungen mit deinem Hund erarbeiten und zugleich Rücksicht auf die Tagesform deines Hundes nehmen. Funktionieren alle Übungen gut und schafft dein Hund die Übungen der einzelnen Tage ohne Probleme? Klasse, dann ist Zeit für das nächste Modul. Du kannst jedes Modul mit deinem Hund in seinem individuellen Tempo aufbauen. Es gibt keine Notwendigkeit, jede Woche ein neues Modul zu starten. Trainiert in eurem Tempo und wie dein Hund es kann.

Bedenke: Hundefitness ist ein Marathon und kein Sprint. Immer auch sollte Freude und Spaß am Training mit dabei sein!

Eine Sache, die mir auch noch ganz besonders am Herzen liegt, ist dass ich dir die Übungen mit Bildern veranschauliche. Neben Tessa und mir habe ich tatkräftige Unterstützung von tollen Mensch-Hund Teams gehabt – natürlich alles Seniorhunde. Falls mal eine Übung nicht ganz perfekt gezeigt ist, sei nicht zu streng mit den Menschen mit ihren Hunden, die mutig die Übungen „vorgeturnt" haben und bewerte sie nicht. Ich bin von Herzen dankbar, durch sie die Möglichkeit bekommen zu haben, die Übungen mit vielen verschiedenen Hunden zeigen zu dürfen. Es sind alles Menschen wie du und ich. Auch Tessa war bei den Fotoaufnahmen bereits 14 Jahre alt und natürlich bewegt sich ein älterer Hund anders als ein Hund von vier Jahren. Danke dir also für deine Nachsicht.

Bei 15 Übungsanleitungen findest du einen QR-Code. Dahinter verbergen sich Videoanleitungen zu den entsprechenden Übungen oder hier unter **www.hundebuchshop.com/Videos-zu-Fitness-fuer-Seniorhunde.htm**

Kurzer Exkurs zu den konditionellen Fähigkeiten:

Grundsätzlich kann man das Training in fünf verschiedene konditionelle Fähigkeiten einteilen: Kraft, Kondition, Beweglichkeit, Ausdauer und Schnelligkeit.

In unserem Seniorentraining lassen wir die Fähigkeit Schnelligkeit außen vor und ich gehe daher auch nicht weiter darauf ein.

Die Ausdauer trainieren wir eher indirekt. Eine bessere Ausdauer unserer älteren Hunde bedeutet, dass sie später ermüden und sich nach einer Belastung schneller erholen. Klassischerweise wird die Ausdauer über Joggen, Schwimmen oder am Fahrrad laufen trainiert. Diese Komponente fällt bei älteren Hunden eher weg und unser Ansatz ist hinsichtlich der Ausdauer nicht, dass unser Hund im Sport ausdauernder wird.

Doch über die regelmäßigen Trainingseinheiten sorgen wir dennoch dafür, dass sich die Grundlagenausdauer verbessert. Wir trainieren in einem ruhigen Tempo und mit niedriger Intensität. Dadurch bleiben wir im aeroben Bereich, was bedeutet, dass Sauerstoffaufnahme und -verbrauch ausgewogen sind. Insbesondere gelingt uns dies zum Beispiel mit Übungen wie dem Cavalettitraining. Wir stärken das Herz-Kreislauf-System, fördern die Durchblutung, regen den Stoffwechsel an, sorgen dafür, dass die Muskeln mit Energie versorgt und gekräftigt werden.

Unter Beweglichkeit versteht man die Fähigkeit, Bewegungen im natürlichen, physiologischen Ausmaß durchführen zu können. Die Beweglichkeit des Körpers wird durch Gelenke ermöglichst. So sind die einzelnen Wirbel gelenkig miteinander verbunden, die Pfoten bestehen aus vielen verschiedenen Gelenken und natürlich nicht zu vergessen die großen Gelenke, wie beispielsweise Knie, Ellbogen oder Hüfte. Auch wenn alle Gelenke unabhängig voneinander funktionieren, müssen wir den Körper immer auch als funktionelle Einheit betrachten. Ist ein Gelenk in seiner Funktion und somit Beweglichkeit beeinträchtigt, wirkt sich dies auf den gesamten Hundekörper aus. Beeinträchtigungen in der Beweglichkeit können zum Beispiel durch Arthrose entstehen, aber auch durch muskuläre Verspannungen, die die Beweglichkeit einschränken. Die Muskeln als Teil des aktiven Bewegungsapparates kann man als „Motor“ für die Bewegung betrachten. Bewegung und somit Beweglichkeit funktioniert im Zusammenspiel von passivem Bewegungsapparat (zum Beispiel Gelenke) und aktivem Bewegungsapparat (zum Beispiel Muskulatur). Über regelmäßige Übungen kann physiologische Beweglichkeit trainiert werden.

Als Kraft bezeichnet man die Fähigkeit des Nerv-Muskel-Systems,

- Widerstände zu halten. Das bedeutet statische Kraftarbeit.
- Widerständen entgegenzuwirken. Man spricht von exzentrischer Kraftarbeit.
- Widerstände zu überwinden. Dies bedeutet konzentrische Kraftarbeit.

Von statischer Kraftarbeit sprechen wir im Hundefitnesstraining zum Beispiel bei isometrischen Übungen. Hier erfolgt eine Anspannung der Muskulatur, ohne, dass es zu einer aktiven Gelenkbewegung oder Veränderung des Muskels in seiner Länge kommt.

Dynamische Kraftarbeit - also exzentrisch und konzentrisch - lässt sich wiederum in verschiedene Bereiche aufteilen.

- Kraftausdauer bedeutet, eine Kraftleistung über einen lang andauernden Zeitraum oder sich wiederholend erbringen zu können. Als Beispiel sei hier die Tiefenmuskulatur genannt, die eine wichtige Stütz- und Schutzfunktion hat.
- Die Maximalkraft, auch als Basiskraft bezeichnet, meint die größtmögliche Kraft, die das Nerv-Muskel-System aufwenden kann, um einen einmaligen, maximalen Widerstand zu überwinden.
- Die Schnellkraft ist die Fähigkeit, in maximal kurzer Zeit einen größtmöglichen Kraftimpuls aufzubringen. Diese Kraftform kommt beispielsweise bei einem Absprung zum Einsatz.
- Bei der Reaktivkraft geht es darum, auf schnelle Richtungswechsel oder unerwartete Widerstände mit schnellen und effektiven Bewegungen zu reagieren. Sie kann als ein Teil der Schnellkraft gesehen werden.
- Alle Komponenten der Kraft können durch das Hundefitnesstraining gestärkt werden.

Die Koordination als konditionelle Fähigkeit ermöglicht das Zusammenwirken von peripherem und zentralem Nervensystem (ZNS), den Sinnesorganen sowie der Skelettmuskulatur. Koordination ermöglicht, komplexe Bewegungen und Bewegungsabläufe präzise, effektiv, schnell und korrekt dimensioniert sowie aufeinander abgestimmt durchzuführen. Sie ermöglicht zudem, dass alle Muskeln, die für die jeweilige Bewegung benötigt werden, synchron aktiviert werden, um eine korrekte Bewegung durchzuführen.

Die Koordination zählt zu jenen Fähigkeiten, die im Alter nachlassen, kann allerdings aktiv trainiert werden.

Troubleshooting

Du hast Schwierigkeiten bei Übungen? Dein Hund weicht bei isometrischen Übungen aus, hüpft immer über Cavaletti, oder es gibt andere Schwierigkeiten beim Training? Ab Seite 239 findest du das Kapitel Troubleshooting mit möglichen Schwierigkeiten, die auftreten können und passenden Lösungsvorschlägen dazu.

Trainingsmodule

Legende

Was: Erklärt die Wirkung

Wie: Anleitung

Womit: Equipment

Einsteiger-Trainingsmodul für „wackelige" Hundesenioren

Aber was, wenn dein Hund aktuell wackeliger auf den Beinen ist und du nicht sicher bist, ob er den Einstieg mit dem ersten Modul bereits ohne Probleme bewältigen kann? Insbesondere nach Erkrankungen wie zum Beispiel einem Vestibularsyndrom oder nach längerer Immobilität sind Seniorhunde manchmal wackeliger unterwegs und haben in kurzer Zeit stark abgebaut. Hier ist in jedem Fall die Begleitung durch einen Hundephysiotherapeuten wichtig und sinnvoll. Doch auch Mobilisierung durch erste aktive Übungen ist unverzichtbar, damit betroffene Hunde wieder „ans Laufen" kommen und ihre Mobilität wiedergewinnen.

Auch wenn es für uns schwierig anzusehen ist, wenn unsere Seniorhunde eine Phase haben, in denen sie wackeliger auf den Beinen sind, haben wir in vielen Fällen die Möglichkeit, die Mobilität – auch in Kombination mit anderen Maßnahmen wie Massagen – deutlich zu verbessern.

Daher habe ich dir zusätzlich zu den sechs Modulen dieses Graue-Schnauzen-Einsteiger-Trainingsmodul speziell für eben solche Fälle zusammengestellt. So möchte ich sicherstellen, dass wir auch Seniorhunden, die sich vielleicht aktuell noch etwas schwertun, die Möglichkeit geben, in das Bewegungstraining einzusteigen und im Anschluss mit den sechs Modulen Seniorenfitness-Programm die nächsten Schritte zu machen.

Voraussetzung für dieses Einsteigermodul ist, dass dein Hund eigenständig stehen und gehen kann – selbst, wenn es wackelig ist. Du kannst bei den Übungen auch eine Tragehilfe zur Unterstützung anlegen, um deinem Hund mehr Sicherheit und Halt zu geben.

Das Training des Einsteigermoduls gliedert sich in ein kleines Warm up, das auch bereits einen Trainingseffekt bietet und je zwei aktive Übungen. Diese Übungen greifen wir in den späteren Trainingsmodulen auch nochmals auf, sodass dein Hund dann schon eine gute Basis und einen guten Einstieg in das weitere aufeinander aufbauende Training hat.

Zusätzlich gibt es ein kleines Outdoortraining, das du separat machst und zum Beispiel auf dem Spaziergang einbauen kannst. Die Übungen des Outdoortrainings sind kurz und du kannst sie selbst in sehr kurze Spaziergänge gut einbauen. Sie sind für alle vier Trainingstage identisch.

So schaffen wir zwei kurze Trainingseinheiten und stellen sicher, dass wir sehr gut mit der Energie deines Hundes haushalten.

Als Bonusübung kannst du auf dem Spaziergang zusätzlich noch das Trabtraining mit einbauen. Auch wirklich kurze Einheiten bringen den Kreislauf wieder „auf Trab“ und fördern auch die Kondition.

Wie bei allen Trainingsmodulen findest du in der Anzahl der Wiederholungen eine Spanne „von-bis“, da jeder Hund individuell ist. Achte darauf, deinen Hund nicht zu überfordern und starte langsam und bedacht ins Training. Es gilt: Klasse statt Masse!

In diesem Modul fördern wir mit wenigen Übungen die Mobilität deines Hundesenioren und unterstützen, dass er wieder sicherer auf seinen Pfoten unterwegs ist. Dafür kombinieren wir Übungen aus den verschiedenen Trainingsbereichen und stärken sanft die Muskulatur und Gelenkbeweglichkeit, mobilisieren die Wirbelsäule, trainieren aber auch die Nervenfunktion und die Koordination. Ein Ganzkörpertraining also, das deinem Hund eine gute Basis für die kommenden sechs Trainingsmodule bietet.

Warm up Übungen

Übung	Wiederholung	Dauer
Umrunden (Anleitung siehe Seite 123)	2-3	
Pfotegeben (Anleitung siehe Seite 128)	2-3	

Zusätzliche Tipps:

Zusätzlicher Tipp zum Umrunden: Wenn es für deinen Hund zu Beginn zu schwierig ist, dich zu umrunden, kannst du ihn auch in einem großzügigeren Kreis führen. Hier kannst du als räumliche Orientierung auch zum Beispiel Pylonen in Kreisform aufstellen.

Zusätzlicher Tipp zum Pfotegeben: Die Übung kann dein Hund auch im Liegen durchführen, wenn es ihm zu viel Mühe bereitet, bei der Übung zu sitzen.

Übungen Trainingstag 1 und 3

Übung	**Wiederholung**	**Dauer**
Cavalettitraining Basic (Anleitung siehe Seite 130)	1-4	
Freeze (Anleitung siehe Seite 212)	1-2	3-5 Sek.

Outdoortraining - alle Trainingstage

Übung	**Wiederholung**	**Dauer**
Schritttraining	1-3	10-15 Sek.
Bergauf-Bergab-Training	1-3	15-30 Sek.

Bonus	**Wiederholung**	**Dauer**
Trabtraining	1-3	5-20 Sek.

Zusätzliche Tipps:

Zusätzlicher Tipp zum Cavalettitraining Basic: Wenn es deinem Hund noch schwerfällt seine Pfoten anzuheben, kannst du zu Beginn die Cavalettistangen auch einfach auf den Boden legen.

Zusätzlicher Tipp zur Übung „Freeze“: Wenn es deinem Hund schwerfällt, während der Übung zu stehen, kann er sie zu Beginn auch in der Position Sitz oder Platz machen und du gibst entsprechend die leichten Druckimpulse.

Übungen Trainingstag 2 und 4

Übung	Wiederholung	Dauer
Propriozeptives Training (Anleitung siehe Seite 160)	1-3	
Vorne auf Handgelenkhöhe (Anleitung siehe Seite 133)	1-3	3-7 Sek.

Outdoortraining - alle Trainingstage

Übung	Wiederholung	Dauer
Schritttraining	1-3	10-15 Sek.
Bergauf-Bergab-Training	1-3	15-30 Sek.

Bonus	Wiederholung	Dauer
Trabtraining	1-3	5-20 Sek.

Schritttraining

Was:
Das Schritttraining ist eine wirkungsvolle Übung für deinen Hund, um seinen Körper und seine Bewegungen bei jedem Schritt bewusst wahrzunehmen, gesunde Bewegungsabläufe zu fördern und eine gleichmäßige Belastung aller vier Läufe zu trainieren. Zusätzlich unterstützt es die Mobilität nach einer längeren Immobilität.

Hier findest du eine Videoanleitung zum „Schritttraining".

Wie:
Das Schritttraining kannst du sehr gut in euren Spaziergang integrieren, aber auch im Garten oder je nach Platz im Haus durchführen. Hierfür führst du deinen Hund im Schritt neben dir. Du kannst ihn auch an eine Leine nehmen. Dein Hund sollte möglichst nicht auf dem Boden schnüffeln, sondern den Kopf in neutraler Position tragen und seine Schritte und Bewegungen bewusst durchführen. Achte darauf, dass er nicht in den Trab wechselt. Du gerätst sonst in ein Stop and Go, in dem dein Hund einige Schritte schneller läuft und am Ende der Leine dann Halt macht. Zu Beginn ist etwas Geduld gefragt, da das Schrittrraining für deinen Hund sehr

ungewohnt und anstrengend ist und viele Hunde auch erst lernen müssen, bewusst im Schritt zu laufen.

Bitte halte die Einheiten kurz und überlaste deinen Hund nicht, da ansonsten die Gefahr eines Muskelkaters besteht. Das Schritttraining ist anstrengender, als es aussieht und hat einen hohen Effekt.

Bergauf-Bergab-Training

Hier findest du eine Videoanleitung zum „Bergauf-Bergab-Training".

Was:
Das Bergauf-Bergab-Training ist ein gutes Krafttraining, das du in den Spaziergang integrieren kannst. Mit dem Bergauflaufen trainierst du die Muskulatur der Hinterläufe, die Rückenmuskulatur und die Bauchmuskulatur. Beim Bergablaufen werden die Vorderläufe, der Schultergürtel und die Muskulatur des Rumpfes trainiert. Es unterstützt deinen Hund auch dabei, einen Lauf, den er schont, vermehrt zu benutzen und wieder Vertrauen in sein Bein zu fassen. Auch Koordination und Körpergefühl deines Hundes werden gestärkt.

Wie:
Für das Bergauf-Bergab-Training führst du deinen Hund abwechselnd einen Hang hinauf und hinunter oder ihr bewegt euch im Zickzack am Hang. Dein Hund sollte dabei im Schritt laufen. Je langsamer er sich bewegt, desto größer ist der Trainingseffekt. Um sein Tempo und die Bewegungen gut zu steuern, kannst du ihn auch an der Leine führen. Eine sanfte Steigung, ein kleiner Hang, eine Uferböschung oder Ähnliches reichen übrigens schon aus.

Bonus-Trabtraining

Hier findest du eine Videoanleitung zum „Trabtraining".

Was:
Das Trabtraining eignet sich sehr gut, um Muskulatur, Kraft und Kondition deines Hundes zu trainieren. Im Trab wird die gesamte Muskulatur des Hundes beansprucht. Anders als im Schritt, wo die Rückenmuskulatur entspannt ist, wird sie im Trab angespannt, unterstützt die Vorder- und Hintergliedmaßen und sorgt für eine gute Körperspannung.

Wie:

Für das Trabtraining nimmst du deinen Hund an die Leine, damit du das Tempo bestimmst. Animiere ihn dann zu traben. Zwischendurch schnuppern und stehenbleiben sollte vermieden werden, denn nur über eine kontinuierliche Bewegung baut dein Hund Muskulatur, Kraft und Kondition auf. Im Trab ist der Rücken deines Hundes gestreckt und er trägt den Kopf mittel bis hoch. Trainiert am besten auf weichem Boden wie zum Beispiel im Wald oder auf Feldwegen. Das ist schonender für die Gelenke als harter Asphalt. Wichtig ist, dass du das Tempo deines Hundes mitgehst. Das bedeutet, dass es bei einem kleinen Hund wahrscheinlich reicht, wenn du im normalen Schritttempo nebenhergehst, bei einem großen Hund musst du die Einheiten mitjoggen. Bitte halte dich an die Trainingsempfehlung und überlaste deinen Hund nicht, da ansonsten die Gefahr eines Muskelkaters besteht.

Tipp:

Du kannst das Trabtraining mit dem Schritttraining im Wechsel kombinieren.

Beim Trabtraining ist es genauso wie beim Schritttraining wichtig, dass du das Tempo deines Hundes mitgehst.

Trainingsmodul 1

Im ersten Trainingsmodul bauen wir Bewegungen aus dem Alltag wie zum Beispiel den Steh-Sitz-Wechsel ins Training ein und mit dem Steh Training bauen wir eine sehr wichtige Basisübung auf. Weiterhin lernt ihr verschiedene Cavalettiübungen kennen, die sich hervorragend eignen, um die Beweglichkeit der Gelenke zu verbessern. Ergänzt wird das Modul durch isometrische Übungen und Gewichtsverlagerungen, mit denen wir die Muskulatur stärken und das ganz ohne aktive Gelenkbewegung. Eine sanfte Mobilisierung für den Rücken schaffen wir mit Stretching-Übungen. Auf geht's!

Warm up Übungen für alle Trainingstage

Übung	Wiederholung	Dauer
Cavalettitraining über die Beine	2-3	
Umrunden	2-3	

Cavalettitraining über die Beine

Was:
Wir trainieren die Gelenkbeweglichkeit und die Muskulatur aller vier Läufe. Mittels langsamer, bewusster Bewegungen fördern wir gesunde Bewegungsabläufe und stärken Balance und Koordination des gesamten Hundekörpers.

Wann nicht: Bei versteiften Gelenken

Wie:
Setze dich für das Cavalettitraining über die Beine mit gespreizten Beinen auf den Boden. Führe nun deinen Hund langsam über deine Beine. Ist die Übung neu für deinen Hund, kannst du eine Führhand nutzen, um ihn über deine Beine zu leiten. Auf der anderen Seite angekommen geht es wieder zurück über deine Beine. Je langsamer dein Hund sich bewegt, desto besser, denn so werden gesunde Bewegungsabläufe im Gehirn abgespeichert. Wenn dein Hund verstanden hat, worum es geht, kannst du das Gehen über deine Beine auch mit einem Wortsignal

verbinden. Belohne deinen Hund am besten nach einer Wiederholung, damit er nicht auf das Futter, sondern ganz auf seine Bewegung konzentriert ist.

Beim Cavaletti über die Beine kannst du variieren, indem du deinen Hund zum Beispiel mehr über die Unterschenkel laufen lässt oder in Knie- und Oberschenkelhöhe und so Abstand und Höhe veränderst.

Umrunden

Was:
Das Umrunden ist ein aktives Stretching der Rückenmuskulatur durch die Seitwärtsbeugung der Wirbelsäule. Zusätzlich werden Balance und Koordination sowie gleichmäßige Belastung beider Körperseiten gefördert.

Wann nicht: Instabilität der Wirbelsäule, zum Beispiel nach Wirbelsäulenoperationen vor Freigabe zum aktiven Bewegungstraining

Um Tessa Orientierung zu geben, unterstütze ich mit der Führhand.

Achte darauf, das Umrunden in beide Richtungen durchzuführen.

Wie:

Für das Umrunden befindet sich dein Hund in der Ausgangsposition „Steh" vor dir. Animiere ihn nun, im Kreis um deine Beine herum zu gehen. Du kannst ihn zum Beispiel mit deiner Hand führen. Wenn dein Hund hinter dir ist, kommt deine andere Hand zum Einsatz und du holst ihn hinter dir ab und führst ihn wieder vor dich. Lasse ihn dann in die andere Richtung im Kreis um deine Beine herumgehen. Du kannst auch im nächsten Schritt mit einem Signalwort aufbauen. Belohne deinen Hund am besten jeweils nach einer Wiederholung, damit er auf seine Bewegung konzentriert ist. Die Führhand kannst du sukzessive wieder abbauen, wenn dein Hund die Übung verstanden hat. So wird die Bewegung immer flüssiger.

Bei Bedarf kannst du den Radius, in dem du deinen Hund führst, etwas größer gestalten.

Tipp:

Es kann sein, dass das Umrunden deinem Hund in eine der beiden Richtungen leichter fällt. Auch Hunde haben eine Schokoladenseite. Über das kontinuierliche Training kannst du die schwächere Seite gut stärken.

Übungen Trainingstag 1 und 3

Basics

Übung	Wiederholung	Dauer
Steh-Training	2-4	
Steh-Sitz-Transfer	2-4	
Pfotegeben	2-4	

Cavalettitraining

Übung	Wiederholung	Dauer
Cavalettitraining Basic	2-4	
Cavalettitraining mit stimulierenden Untergründen	2-4	

Basics

Steh-Training

Was:
Das Steh-Training trainiert die Pfotenwahrnehmung und die Körperwahrnehmung und ist die Basis für gesunde Bewegungsabläufe. Das Steh ist eine wichtige Ausgangsposition für viele Übungen.

Hier findest du eine Videoanleitung zum „Steh-Training".

Wann nicht: Keine Einschränkung

Womit (optional): Eine feste, niedrige Erhöhung oder ein stimulierender Untergrund

Wie:
Ziel ist es, dass sich dein Hund mit möglichst korrekt positionierten Pfoten die Position Steh einnimmt und hält. Der Kopf sollte neutral in Verlängerung der Wirbelsäule getragen werden und die Wirbelsäule sollte eine gerade Linie bilden. Dies mag einfach klingen, ist für viele Hunde aber eine Herausforderung.

Für das Stehtraining habe ich zur Unterstützung der Pfotenposition eine feste Erhöhung genutzt.

Für die Übung führst du deinen Hund auf den Trainingsuntergrund. Als Hilfsmittel kannst du eine feste Erhöhung, Sensimats oder Targets nutzen. Eine feste Erhöhung bietet eine räumliche Begrenzung und hilft somit bei der Positionierung. Ein stimulierender Untergrund hilft über die Stimulation der Pfoten, dass sie besser wahrgenommen und positioniert werden.

Dein Hund soll nun die Position Steh einnehmen. Gib ihm ein wenig Zeit, seine Pfoten zu sortieren und auszurichten. Hilf nicht direkt nach, sondern lasse ihn die Position selbst erarbeiten. Steht er ruhig und möglichst korrekt, belohne dies. Wenn dein Hund sich sehr schwer tut, kannst du ihm auch helfen, indem du seine Pfoten korrekt positionierst. Gib ihm aber zunächst unbedingt Zeit, sich selbst zu versuchen. Im Verlauf des Trainings kannst du dann auch ein Wort- und Sichtsignal einbauen. Löse nach kurzer Zeit die Position auf, bevor du die Übung wiederholst. Ziel ist, dass dein Hund ruhig steht und sich von selbst in der Position seiner Pfoten ausrichtet und ausbalanciert. Dies funktioniert nur über regelmäßige Wiederholung der Übung, in Folge derer dein Hund sich seiner Pfotenposition immer bewusster wird und lernt, sie korrekt auszurichten.

Du kannst die Übung aber auch einfach ohne Hilfen wie Erhöhungen oder Targets machen.

Steh-Sitz-Transfer

Ich lasse Tessa zunächst vor mir in Ruhe das Steh einnehmen.
Dann erst gebe ich ihr das Signal, ins Sitz zu wechseln.

Was:
Die Übung ist ein effektives Kraft- und Beweglichkeitstraining für die Hinterhand und stärkt die Muskulatur des unteren Rückens.

Wann nicht: Schmerzen oder Instabilität des Hinterlaufs, zum Beispiel bei Frakturen vor Abschluss der Verknöcherungsphase, versteiften Gelenken, nach Knieoperationen vor der Freigabe zur Bewegung des Kniegelenks

Womit (optional): Eine feste, niedrige Erhöhung oder ein stimulierender Untergrund

Wie:
Dein Hund befindet sich in der Ausgangsposition Steh vor dir. Du stehst oder hockst vor ihm. Gib ihm nun das Signal, ins Sitz zu wechseln. Dabei sollte dein Hund möglichst gerade sitzen und nicht mit dem Po auf eine Seite rutschen oder einen Lauf bequem abwinkeln. Aus der Position Sitz gibst du deinem Hund das Signal, wieder ins Steh zu wechseln.

Auch hier kann eine feste Erhöhung genutzt werden. Wichtig: diese Erhöhung ist recht klein und macht den korrekten Positionswechsel zusätzlich anspruchsvoll. Zur Erleichterung der Pfotenpositionierung sollte eine ausreichend große Erhöhung gewählt werden.

Er sollte den Schwung möglichst aus den Hinterläufen nehmen und sich nicht über die Vorderläufe nach oben ziehen und auch möglichst nicht in eine Vorwärtsbewegung gehen, sondern auf der Stelle bleiben. So ist sichergestellt, dass wir gezielt die Muskulatur der Hinterläufe und des unteren Rückens und eine physiologische Belastung des Hundekörpers trainieren. Als kleine Hilfestellung kannst du, wenn du ihm das Signal für den Wechsel ins Steh, gibst eine kleine Bewegung rückwärts machen und so deinem Hund entsprechend Dynamik geben. Achte darauf, dass der Abstand zwischen dir und deinem Hund nicht zu groß ist, sonst motiviert ihn das im Umkehrschluss, eine deutliche Vorwärtsbewegung zu machen. Aus dem Steh könnt ihr in die nächste Wiederholung starten.

Ein präziser Positionswechsel vom Sitz ins Steh und umgekehrt ist für die meisten Hunde schwieriger als wir denken. Über kontinuierliche Wiederholungen schulen wir das Bewusstsein für korrekte Bewegungsabläufe.

Pfotegeben

Was:
Die Übung eignet sich hervorragend, um die Beweglichkeit des Ellbogens zu fördern und die Muskulatur des Vorderlaufs zu stärken. Zusätzlich trainierst du die Koordination deines Hundes, da er beim wechselweisen Pfotegeben sein Gleichgewicht verlagern muss.

Wann nicht: Schmerzen im Vorderlauf, bei versteiften Ellbogengelenken

Beim Pfotegeben kannst du in der Höhe, in der du dir die Pfote geben lässt, variieren.

Wir haben hier zur Unterstützung der korrekten Position eine niedrige Erhöhung hinzugenommen.

Wie:

Dein Hund sollte im ersten Schritt die Position Sitz möglichst korrekt einnehmen. Wenn dein Hund das Pfotegeben bereits kennt, lässt du dir nun abwechselnd beide Vorderpfoten in verschiedenen Höhen geben. Kennt dein Hund die Übung noch nicht, kannst du wie folgt vorgehen:
Wenn dein Hund sich im Sitz befindet, nimmst du ein Leckerli in eine Hand und hältst es in Höhe der Handgelenke deines Hundes vor ihn. Dein Hund wird nun Interesse an deiner Hand und dem darin versteckten Leckerli zeigen. Versucht er, es mit der Nase zu erlangen, ignorierst du dies. Wenn dein Hund mit der Pfote deine Hand berührt, lobst du ihn und gibst ihm das Leckerli. Wiederhole dies, bis dein Hund mit einer Pfote sicher auf deine geschlossene Hand tippt. Im nächsten Schritt hältst du deine geschlossene Hand mit dem Leckerli abwechselnd vor beide Läufe und motivierst ihn so, mit seinen Pfoten abwechselnd darauf zu tippen. Funktioniert auch das, bietest du ihm nicht mehr die geschlossene Hand mit dem Leckerli, sondern deine offene flache Hand, in die er seinen Vorderlauf legt. Du kannst die Übung nun auch mit einem Wortsignal verbinden.

Cavalettitraining

Cavalettitraining Basic

Womit: Cavalettistangen, alternativ zum Beispiel Besenstangen oder Äste

Was:
Beim Cavalettitraining trainieren wir die Gelenkbeweglichkeit und die Muskulatur aller vier Läufe. Langsame, bewusste Bewegungen fördern einen gesunden Bewegungsablauf und verbessern Balance und Koordination.

Wann nicht: Bei versteiften Gelenken

Tessa übersteigt die Cavaletti konzentriert und hebt dank des guten Körpergefühls die Läufe präzise an.

Wie:
Du benötigst vier bis fünf Cavaletti, die du in einer Reihe mit etwa einer Rückenlänge deines Hundes bis einer Hundelänge Abstand aufstellst. Die Stangen sollten maximal Handgelenkhöhe des Hundes haben (Achtung: Das Handgelenk beim Hund ist nicht das direkt über der Pfote liegende, sondern das nächsthöhere!). So kann dein Hund bequem darübersteigen und wird nicht zum Springen verleitet. Mit einer Anzahl von vier bis fünf Hindernissen erreichen wir, dass dein Hund in eine flüssige Bewegung kommt. Führe deinen Hund nun im Schritttempo über die Cavaletti. Falls er aufgeregt ist, kannst du zunächst mit zwei Hindernissen beginnen, da du so das Tempo automatisch etwas drosselst. Auch über eine Führhand kannst du das Tempo etwas steuern.

Langsame Bewegungen sind wichtig, um gesunde Bewegungsabläufe zu trainieren.

Aufbau: Cavaletti in gleichen Abständen

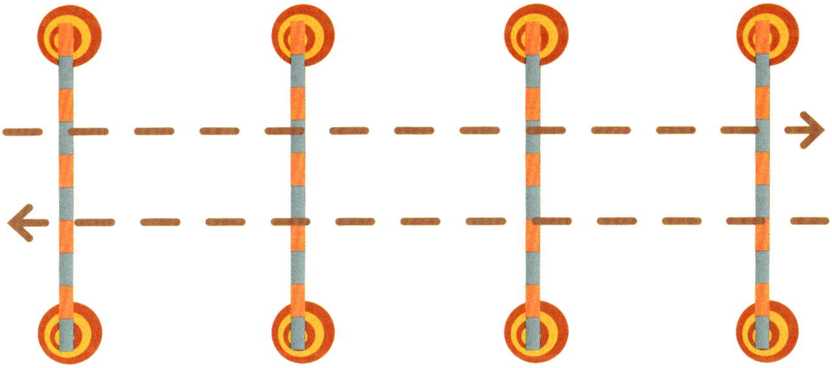

Ist dein Hund noch nicht mit dem Cavalettitraining vertraut, kannst du die Übung aufbauen, indem du ein Leckerli immer hinter die nächste Cavalettistange rollst und ihn so dazu motivierst, über die Hürde zu steigen. Er sollte sich auch hier möglichst langsam im Schritttempo bewegen. Lobe ihn jedes Mal, wenn er über eine Hürde steigt. Ich empfehle dir, ihn nicht mit einem Leckerli über die Cavaletti zu locken, da er so seinen Fokus nicht mehr auf seinen Bewegungen hat. Wenn dein Hund begriffen hat, wie die Übung funktioniert, kannst du das Rollen der Leckerlis hinter die jeweils nächste Cavalettistange weglassen und ein Wortsignal aufbauen. Belohne deinen Hund dann immer nur noch nach einem Durchgang. Du kannst auch hier unterstützend mit der Führhand arbeiten. Diese kannst du sukzessive wieder abbauen, wenn dein Hund sicher in der Durchführung der Übung ist.

Cavalettitraining mit stimulierenden Untergründen

Womit: Cavalettistangen, alternativ zum Beispiel Besenstangen oder Äste, Sensimats oder alternativ zum Beispiel Kokosmatten oder Gummifußmatten

Was:
Bei der Übung werden die Gelenkbeweglichkeit und die Muskulatur aller vier Läufe trainiert. Die langsamen und bewussten Bewegungen fördern physiologische Bewegungsabläufe, Koordination und Balance. Durch die stimulierenden Untergründe zwischen den einzelnen Cavaletti stärken wir zusätzlich intensiv die Nervenfunktion.

Wann nicht: Bei versteiften Gelenken. Dein Hund sollte die Basisvariante des Cavalettitrainings kennen.

Die stimulierenden Untergründe verstärken die Körperwahrnehmung und stimulieren die Nerven.

Sie helfen den Hunden auch, sich fokussiert und bewusst zu bewegen.

Aufbau: Cavalettistangen mit stimulierenden Untergründen dazwischen

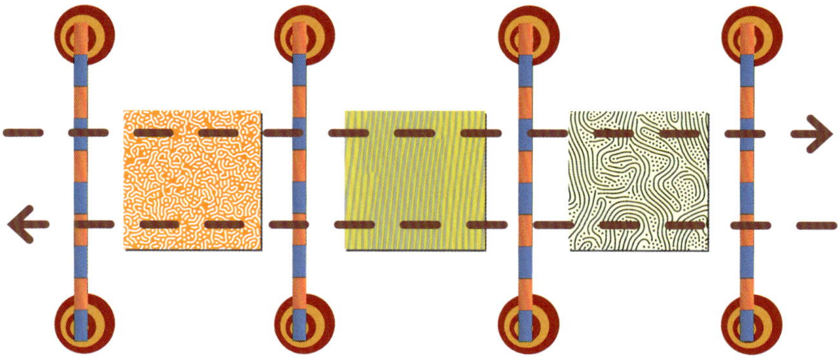

Wie:
Für die Übung baust du vier bis fünf Cavaletti mit etwa einer Hundelänge oder Rückenlänge Abstand und maximal Handgelenkhöhe auf. Zwischen den Hindernissen positionierst du stimulierende Untergründe wie Targets mit Noppen, Kokosfußmatten oder ähnliches. Dein Hund soll nun im Schritttempo über die Cavaletti steigen und über die stimulierenden Untergründe laufen. Achte auf möglichst bewusste Bewegungen. Bei Bedarf kannst du eine Führhand nutzen, um ihn besser in einer langsamen Vorwärtsbewegung zu führen. Diese kannst du sukzessive wieder abbauen, wenn dein Hund die Übung verstanden hat.

Übungen Trainingstag 2 und 4

Isometrisches Training & Gewichtsverlagerung

Übung	Wiederholung	Dauer
Vorne auf - Handgelenkhöhe	2-4	5-10 Sek.
Hinten auf - Sprunggelenkhöhe	2-4	5-10 Sek.
Isometrisches Training diagonal	2-4	3-7 Sek.
Isometrisches Training vorne	2-4	3-7 Sek.

Stretching & Slalom

Übung	Wiederholung	Dauer
Rückenstretching	2-3	3-5 Sek.
Nase tief	2-4	5-10 Sek.

Isometrisches Training & Gewichtsverlagerungen

Vorne auf - Handgelenkhöhe

Womit: Eine handgelenkhohe, feste Erhöhung wie zum Beispiel ein kleiner Hocker oder Bücher, auf der dein Hund mit den Vorderläufen stehen kann. Sie sollte rutschfest sein.

Was:
Die Übung stärkt das Vertrauen in die Hinterhand und macht diese bewusst, fördert die Koordination, das Gleichgewicht und ein gutes Körpergefühl. Auch die Muskulatur der Hinterhand und des unteren Rückens werden leicht trainiert.

Wann nicht: Instabilität der Hinterhand zum Beispiel Frakturen vor Abschluss der Verknöcherungsphase, nach einer Operation in der Hinterhand vor Freigabe zum Bewegungstraining

Wie:

Dein Hund ist in der Ausgangsposition Steh. Führe ihn nun mit den Vorderpfoten auf die handgelenkhohe Erhöhung. Die Position soll er für einige Sekunden halten. Löse die Position dann wieder auf, bevor ihr die nächste Wiederholung macht.

Die Pfoten sollten möglichst korrekt ausgerichtet sein.

In dieser Variante haben wir mit einer etwas höheren Erhöhung gearbeitet und so mehr Lastenaufnahme auf der Hinterhand.

Aufbauen kannst du die Übung wie folgt: Stelle die Erhöhung vor deinen Hund, hocke oder stelle dich auf die andere Seite der Erhöhung. Wenn er die Erhöhung anschaut, daran schnüffelt, mit der Pfote darauf tippt, dann belohnst du ihn. Ziel ist es, dass dein Hund Schritt für Schritt mit seinen beiden Vorderpfoten auf dem Hindernis steht und die Position hält. Bitte lasse deinen Hund seine Pfoten selbständig auf die Erhöhung stellen und schiebe oder ziehe ihn nicht hinauf. Wenn dies funktioniert, kannst du dies auch mit einem Sicht- und Wortsignal verbinden. Achte auf eine möglichste korrekte Ausrichtung der Vorder- und Hinterpfoten.

Wir schaffen mit der Übung eine schöne Bewusstmachung der Hinterhand. Bitte achte auf eine korrekte Belohnungsposition. Josies Kopfhaltung ist hier optimal.

Hinten auf – Sprunggelenkhöhe

Womit: Sprunggelenkhohe feste Erhöhung wie zum Beispiel ein kleiner Hocker oder Bücher, worauf dein Hund mit den Hinterläufen stehen kann

Was:
Das Vertrauen in die Vorderhand und ihre bewusste Wahrnehmung, die Koordination, das Gleichgewicht und ein gutes Körpergefühl werden trainiert. Zusätzlich bietet die Übung ein leichtes Krafttraining für die Vorderhand, den Schultergürtel und den oberen Rücken.

Wann nicht: Instabilität der Vorderhand, zum Beispiel Frakturen vor Abschluss der Verknöcherungsphase, nach einer Operation in der Vorderhand vor Freigabe zum Bewegungstraining

Wie:
Für die Übung benötigst du eine etwa sprunggelenkhohe, rutschfeste Erhöhung. Dein Hund soll sich nur mit den Hinterpfoten auf die Erhöhung stellen und die Position einige Sekunden halten, bevor du sie wieder auflöst. Die Vorderläufe stehen auf dem Boden, sodass eine Schräge von hinten nach vorne entsteht. Wenn dein Hund die Übung noch nicht kennt, führst du ihn auf die Erhöhung. Bitte schiebe oder ziehe ihn nicht auf die Erhöhung. Mit der Vorderhand tritt er dann vorne wieder herunter, sodass nur die Hinterläufe auf der Erhöhung verbleiben. Du kannst ihn hier auch durch Locken motivieren. Später kannst du ein Wort- oder Sichtsignal aufbauen. Achte auf eine möglichst korrekte Pfotenposition aller vier Läufe.

Tessas Pfotenposition ist sehr gut. Um mehr Gewichtsverlagerung auf die Vorderhand zu bekommen, wäre eine minimal niedrigere Kopfhaltung schöner.

Auch wenn die Gewichtsverlagerung auf die Vorderhand nicht stark ist, so stärken wir dennoch intensiv die Wahrnehmung der Vorderhand. Die Kopfhaltung dürfte hier auch etwas niedriger sein. Optimalerweise in Verlängerung der Wirbelsäule.

Isometrisches Training diagonal

Was:
Stärkung der Rumpfmuskulatur und der Stabilisatoren. Gleichzeitig werden Körpergefühl, Balance und Koordination trainiert.

Wann nicht: Keine Einschränkung

Womit (optional): Targets, Sensimats oder eine niedrige feste Erhöhung für die Pfotenpositionierung

Hier findest du eine Videoanleitung zum „Isometrischen Training diagonal".

Wie:
Für die Übung befindet sich dein Hund in der Ausgangsposition Steh. Er sollte die Position so korrekt wie möglich einnehmen. Braucht er hier noch Hilfe, nutze eines der oben genannten Hilfsmittel. Je nach Größe deines Hundes hockst du dich vor ihn oder nimmst eine andere Position ein, bei der du Schulter und Oberschenkel deines Hundes zur selben Zeit erreichst. Achte darauf, dass es auch für deinen Hund angenehm ist. Lege nun eine Hand auf eine Schulter deines Hundes, die andere auf den diagonal gegenüberliegenden Oberschenkel. Übe mit beiden Händen abwechselnd einen leichten, gleichmäßigen Druck aus. Du wirst merken, dass dein Hund seine Muskulatur anspannt. Halte den Druck für wenige Sekunden. Reduziere den Druck dann langsam wieder. Jetzt wechselst du und legst deine andere Hand auf die andere Schulter deines Hundes und die zweite Hand auf den diagonal gegenüberliegenden Oberschenkel und wiederholst die Übung. Achte darauf, dass du einen feinen Druck ausübst, den du sanft wieder nachlässt.

Du legst die Hände abwechselnd auf Schulter und Hüfte und gibst wechselseitig leichten Druck.

Isometrisches Training vorne

Die Hände werden zunächst seitlich auf die Schultern gelegt und dort leichter Druck ausgeübt.

Danach üben wir leichten Druck im Brustbereich aus, als würden wir den Hund von uns wegschieben.

Was:
Stärkung der Muskulatur von Brust, Vorderläufen, Schultern und Rumpf. Gleichzeitig werden Körpergefühl, Balance und Koordination trainiert.

Wann nicht: Keine Einschränkung

Womit (optional): Targets, Sensimats oder eine niedrige feste Erhöhung für die Pfotenpositionierung

Hier haben wir zur Unterstützung der Pfotenposition eine feste Erhöhung hinzugenommen.

Der Druck sollte immer mit Bedacht gegeben werden, um Ausweichbewegungen zu vermeiden.

Wie:
Bei der Übung befindet sich dein Hund in der Ausgangsposition Steh. Achte auf eine möglichst korrekte Ausrichtung seiner Pfoten. Braucht dein Hund hier noch Hilfe, nutze eines der oben genannten Hilfsmittel. Hocke oder stelle dich – je nach Größe deines Hundes – vor deinen Hund. Lege deine Hände seitlich auf die Schultern deines Hundes. Übe mit der einen Hand leichten, gleichbleibenden Druck auf die Schulter aus, bis du merkst, dass dein Hund die Muskeln anspannt. Halte diese Position wenige Sekunden, ohne nachzufedern oder den Druck zu erhöhen. Lasse langsam wieder locker und übe dann mit der anderen Hand einen leichten Druck auf die andere Schulter aus, bis du spürst, dass dein Hund die Muskeln anspannt. Halte wieder wenige Sekunden und lasse dann langsam locker. Nun legst du deine Hände nebeneinander auf die Brust deines Hundes und übst einen leichten Druck aus, als würdest du ihn von dir wegschieben. Halte den Druck wenige Sekunden, bevor du ihn langsam wegnimmst. Wenn du einen kleinen Hund hast, nimmst du für den Druck auf die Brust nur eine Hand. Bitte achte darauf, dass du keinen zu starken Druck ausübst und damit eine Ausweichbewegung provozierst, da so der Effekt der Übung hinfällig wäre. Wenig Druck reicht völlig aus, da wir hierdurch erreichen, dass der Hund gegenhält und seine Muskulatur anspannt.

Stretching & Slalom

Rückenstretching

Was:
Steigerung der Elastizität und Beweglichkeit von Muskulatur, Sehnen und Bändern im Bereich des Halses, Nackens und Rückens. Das ist wichtig, weil sie die Wirbelsäule unterstützen und Stabilität geben. Auch Koordination und Gleichgewicht werden gefördert.

Wann nicht: Instabilität und Schmerzen in der Wirbelsäule, zum Beispiel nach einer Operation vor Freigabe zum Bewegungstraining

Womit (optional): Targets, Sensimats oder eine niedrige feste Erhöhung für die Pfotenpositionierung

Wie:
Dein Hund befindet sich in der Ausgangsposition Steh. Achte auf eine möglichst korrekte Pfotenposition. Tut dein Hund sich hier noch schwer, unterstütze ihn gern mit einem der oben genannten Hilfsmittel. Du stellst dich in Höhe der Hüfte deines Hundes über ihn. Ihr blickt in dieselbe Richtung. Alternativ kannst du dich auch vor ihn stellen oder hocken – so, wie es für deinen Hund am angenehmsten ist.

Für Samson ist es eine angenehmere Variante, wenn Silvia über ihm steht und ihn von dort aus in die Seitwärtsbeugung führt.

Ich empfehle nur so weit zu führen, dass die Vorderpfoten in der Position bleiben.

Führe nun ein Leckerli von der Nase deines Hundes langsam linksherum in einem Bogen in Richtung seines Oberschenkels. Um an das Leckerli zu kommen, muss er die Wirbelsäule seitlich beugen. Halte die Position wenige Sekunden. Führe das Leckerli zurück, bis dein Hund in der Ausgangsposition ist und belohne ihn. Führe die Bewegung dann rechtsherum in Richtung deines Oberschenkels durch.

Es ist möglich, dass dein Hund zu Beginn des Trainings noch etwas steif im Rücken ist. Es geht bei der Übung keinesfalls darum, dass er gleich in die maximale Seitwärtsbeugung geht, sondern dass die Beugung langsam gesteigert wird, so wie dein Hund es ohne Schwierigkeiten kann. Dein Hund sollte mit seinen Vorderläufen in der Seitwärtsbeugung möglichst auf der Position bleiben. Führe die Beugung also immer nur so weit aus, wie er dies leisten kann. Vielen Hunden hilft es, mit den Vorderpfoten auf einem Target zu stehen, um die Position zu halten. Dein Hund darf sich gern zur Unterstützung an deinen Beinen anlehnen. Es ist normal, dass das Stretching zu einer Seite besser funktioniert als zur anderen.

Tipp:

Wenn dein Hund den Nasentouch kennt, kannst du diesen auch statt des Leckerlis nutzen, um die Position zu halten.

Nase tief

Womit: Erhöhung, auf der dein Hund liegen kann wie zum Beispiel Hundematte, Sofa, Bett

Was:
Mit der Übung „Nase tief“ stretchen wir die gesamte Wirbelsäule, aber insbesondere die Halswirbelsäule und fördern die Beweglichkeit der Wirbelsäule.

Hier findest du eine Videoanleitung zur Übung „Nase tief“.

Wann nicht: Beim Caninen Wobbler-Syndrom

Achte darauf, dass dein Hund nicht mit dem Po auf die Seite rutscht und nicht mit den Hinterläufen nach vorne robbt.

Wie:
Für die Übung befindet sich dein Hund auf einer Erhöhung. Er soll nun die Position Platz einnehmen und dabei nicht mit dem Po auf eine Seite rutschen. Seine Pfoten dürfen gern leicht vorne über die Erhöhung hängen. Nun führst du ein Leckerli vor der Nase deines Hundes nach unten zwischen seine Vorderpfoten, sodass er nach unten in Richtung Boden schaut. Halte diese Position wenige Sekunden, bevor du sie wieder auflöst. Die gewünschte Position des Kopfes zwischen den Pfoten kannst du im Verlauf des Trainings dann auch mit einem Wort- und Sichtsignal verbinden. Wenn dein Hund den Nasentouch kennt, kannst du auch diesen nutzen.

Hier sehen wir sehr schon, wie Kutte seinen Hals lang macht und so seinen Nacken stretcht.

Trainingsmodul 2

Weiter geht es mit dem zweiten Trainingsmodul. Auch hier nutzen wir wieder verschiedene Alltagsbewegungen, die unsere Hunde täglich machen und bauen sie ins Training ein. Dazu gehört zum Beispiel der Sitz-Platz-Wechsel. Wir verbessern auch weiter mit einer abgewandelten Variante des Steh-Trainings die Position Steh, die Ausgangsposition für viele Übungen ist, aber zugleich auch das Körperbewusstsein verbessert. Du und dein Hund lernen weitere Cavalettivarianten kennen, die auf dem bereits Erlernten des ersten Trainingsmoduls aufbauen. Wir ergänzen dies mit Übungen, mit denen wir sanft die Koordination und Motorik verbessern und unter „Stretching & Slalom" erwarten euch aktive Übungen, die Wirbelsäule und ihre Muskulatur sanft mobilisieren. Auf geht's! Habt viel Freude beim Training!

Warm up Übungen für alle Trainingstage

Übung	Wiederholung	Dauer
Cavalettitraining Basic (Anleitung siehe Seite 130)	2-3	
Rückenstretching (Anleitung siehe Seite 138)	2-3	3-5 Sek.

Kleine Erinnerung für dich: Beim Cavalettitraining Basic stehen die Cavaletti in einem bequemen Abstand und sind handgelenkhoch.

Übungen Trainingstag 1 und 3

Basics

Übung	Wiederholung	Dauer
Steh-Training auf getrennten Erhöhungen	2-4	
Sitz-Platz-Transfer	2-4	
Steh-Platz-Transfer	2-4	

Cavalettitraining

Übung	Wiederholung	Dauer
Cavalettitraining mit unterschiedlichen Abständen	2-5	
Cross-Cavaletti	2-5	
Cavalettitraining mit stimmulierenden Untergründen (Anleitung siehe Seite 131)	2-5	

Basics

Steh-Training auf getrennten Erhöhungen

Womit: Zwei niedrige feste Erhöhungen, auf denen dein Hund jeweils mit der Vorder- und Hinterhand stehen kann.

Was:
Das Steh-Training auf getrennten Erhöhungen trainiert die Pfotenwahrnehmung, das Körpergefühl und die Körperwahrnehmung. Die getrennten Erhöhungen intensivieren den Anspruch hinsichtlich der Positionierung der Pfoten und der bewussten Wahrnehmung von vorne und hinten.

Wann nicht: Dein Hund sollte die Grundübung Steh-Training sicher beherrschen. Falls nicht, trainiere diese zunächst weiter.

Wie:

Ziel ist es bei der Übung, dass sich dein Hund ruhig, ausbalanciert und mit möglichst korrekt positionierten Pfoten in der Position Steh mit den Vorderpfoten auf einer Erhöhung und den Hinterpfoten auf einer zweiten Erhöhung befindet. Der Kopf sollte in Verlängerung der Wirbelsäule getragen werden und die Wirbelsäule sollte eine gerade Linie bilden.

Das Steh-Training auf getrennten Erhöhungen sieht nach wenig aus, ist allerdings anspruchsvoll. Achte auf eine möglichst korrekte Pfotenposition.

Lege zwei getrennte, feste Erhöhungen aus. Achte darauf, sie so zu legen, dass dein Hund jeweils mit Vorder- und Hinterpfoten auf einer Erhöhung etwa mittig stehen kann. Dein Hund soll nun die Position Steh auf den getrennten Erhöhungen einnehmen. Gib ihm ein wenig Zeit, seine Pfoten zu sortieren und sich auszurichten. Die Vorder- und Hinterhand auf getrennten Erhöhungen zu positionieren ist anspruchsvoll. Hilf nicht nach, sondern lasse ihn die Position selbst erarbeiten.

Eine gute Belohnungsposition und ausreichend Raum für den Hund sind wichtig.

Gib deinem Hund dabei erst einmal Zeit, seine Pfoten selbst auszurichten.

Steht er ruhig und möglichst korrekt, belohne dies. Im Verlauf des Trainings kannst du dann auch ein Wort- und Sichtsignal einbauen. Löse dann die Übung auf, bevor du eine neue Wiederholung startest. Wenn dein Hund sich sehr schwer damit tut, die Pfoten korrekt auszurichten, kannst du ihm dabei helfen, indem du sie ausrichtest. Gib ihm aber zunächst ausreichend Zeit, es selbst zu probieren.

Wir starten im Sitz.

Von dort aus geht es ins Platz. Die Hinterhand bleibt dabei fest in der Position.

Es ist wichtig, dass der Hund genügend Raum bekommt …

… um sich dann auch korrekt ins Platz bewegen zu können.

Sitz-Platz-Transfer

Was:
Der Sitz-Platz-Transfer ist ein Krafttraining für die Vorderläufe, Brustmuskeln und Schultern. Auch die Gelenkbeweglichkeit wird gefördert. Indirekt wird auch der Rücken trainiert.

Wann nicht: Versteifte Gelenke

Womit (optional): Target oder stimulierender Untergrund unter der Hinterhand

Wie:
Für die Übung nimmt dein Hund die Grundposition Sitz ein. Dabei sollte er gerade sitzen und nicht auf die Seite gerutscht sein. Du stehst oder hockst vor deinem Hund. Gib ihm nun das Signal, aus dem Sitz ins Platz zu wechseln. Du kannst das Wortsignal auch noch mit einer Handbewegung oder einem Leckerli, das du vor seiner Nase nach unten führst, unterstützen. Belohne ihn, wenn er sich im Platz befindet. Aus der Position Platz bringst du ihn nun wieder ins Sitz und wiederholst die Übung. Dein Hund sollte mit der Hinterhand möglichst in seiner Position bleiben und die Bewegung rein aus der Vorderhand kommen. Indem du nah vor ihm stehst, kannst du ihn dabei unterstützen. Wenn es deinem Hund schwerfällt, mit den Hinterpfoten auf einer Position zu bleiben, kann ein Target unter den Hinterpfoten helfen.

Steh-Platz-Transfer

Was:
Der Steh-Platz-Transfer trainiert sehr effektiv die Muskulatur aller vier Läufe und des Rückens. Zusätzlich fördern wir intensiv die Gelenkbeweglichkeit, das Körpergefühl und eine gute Balance. Die Übung erfordert eine hohe Körperspannung und bietet ein perfektes Ganzkörpertraining.

Wann nicht: Instabilität oder Schmerzen von Wirbelsäule oder Gelenken, zum Beispiel nach Operationen vor Freigabe zum Bewegungstraining, versteifte Gelenke

Womit (optional): Targets, Sensimats oder eine niedrige feste Erhöhung für die Pfotenpositionierung

Wie:
Für die Übung befindet sich dein Hund in der Ausgangsposition Steh. Seine Pfoten sollten möglichst korrekt positioniert sein. Um deinen Hund bei einer korrekten Ausführung zu unterstützen, kannst du zum Beispiel eine räumliche Begrenzung in Form einer festen Erhöhung oder auch Targets nutzen. Nun soll dein Hund vom Steh ins Platz wechseln. Im Platz sollte dein Hund gerade liegen und nicht mit dem Po auf die Seite rutschen. Wenn er noch kein Signal für den Positionswechsel kennt, kannst du zu Beginn ein Leckerli nehmen und dies dicht vor seiner Nase nach unten führen. Sukzessive kannst du das dann mit einem Wortsignal oder/und Sichtsignal verbinden. Vom Platz geht es denn wieder ins Steh, und zwar ohne, dass dein Hund sich zunächst hinsetzt. Kennt er hierfür ein Signal, kannst du dies nutzen. Alternativ kannst du ein Leckerli von seiner Nase aus zügig nach oben führen.

Zunächst nehmen wir die Position Steh ein.

Von da aus geht es gerade herunter ins Platz. Die Bewegung darf ruhig langsam und bewusst sein.

Die Pfotenposition ist hier nicht ganz ausgewogen. Man könnte eine räumliche Begrenzung oder Targets hinzunehmen.

Dein Hund sollte bei der Übung mit seinen vier Pfoten möglichst auf der Stelle bleiben, ohne nach vorne zu gehen. Wenn du recht nah vor deinem Hund stehst, unterstützt du dies. Besonders zu Beginn wird dies eventuell nicht sofort gelingen. Gib ihm etwas Zeit, an seiner Körperspannung und Muskulatur zu arbeiten.

Im Platz bleibt Kutte sehr schön in Position, ohne mit dem Po auf die Seite zu rutschen.

Cavalettitraining

Cavalettitraining mit unterschiedlichen Abständen

Womit: Cavalettistangen, alternativ zum Beispiel Besenstangen oder Äste

Was:
Bei der Übung trainieren wir die Gelenkbeweglichkeit und die Muskulatur aller vier Läufe und fördern physiologische Bewegungsabläufe. Der koordinative Anspruch ist durch die unterschiedlichen Abstände erhöht und dein Hund muss seine Pfoten sehr bewusst setzen.

Wann nicht: Bei versteiften Gelenken. Dein Hund sollte die Basisvariante des Cavalettitrainings beherrschen.

Wie:
Für die Übung baust du vier bis fünf Cavaletti in einer Reihe mit unterschiedlichen Abständen und in Handgelenkhöhe auf. Die Abstände sollten so gewählt sein, dass dein Hund sie gut absolvieren kann. Führe deinen Hund nun im Schritt Tempo über die Hürden. Durch die unterschiedlichen Abstände der Cavaletti muss dein Hund seine Pfoten sehr präzise setzen. Bei Bedarf kannst du eine Führhand nutzen, um ihn besser in einer langsamen Vorwärtsbewegung zu führen. Die Führhand kannst du sukzessive wieder abbauen, wenn dein Hund die Übung verstanden hat.

Durch die unterschiedlichen Abstände müssen die Pfoten präziser gesetzt werden.

Es ist wichtig, dass die Abstände so gewählt sind, dass eine flüssige Vorwärtsbewegung möglich ist.

Aufbau: Cavaletti in unterschiedlichen Abständen

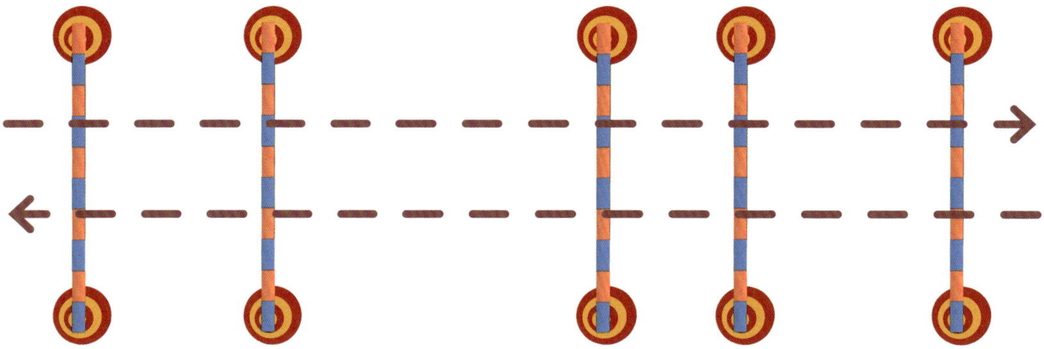

Cross-Cavaletti

Womit: Cavalettistangen, alternativ zum Beispiel Besenstangen oder Äste

Was:
Intensives Training von Muskulatur, Beweglichkeit und motorischen Fähigkeiten. Durch die kreuzförmige Anordnung der Cavaletti fördern wir zudem eine intensive seitliche Flexion der Wirbelsäule und wechselseitige Belastung beider Körperseiten.

Wann nicht: Bei versteiften Gelenken. Dein Hund sollte die Basisvariante des Cavalettitrainings bereites beherrschen.

Wie:
Für das Cross-Cavaletti baust du vier Hürden in einer Kreuzform auf. Die Stangen sollten etwa handgelenkhoch angeordnet sein, sodass dein Hund sie gut übersteigen kann. Führe deinen Hund im Schritttempo über die in Kreuzform angeordneten Stangen in beide Richtungen. Du kannst hier sehr gut für die Orientierung deines Hundes mit einer Führhand arbeiten. Diese kannst du sukzessive wieder abbauen, wenn dein Hund die Übung verstanden hat.

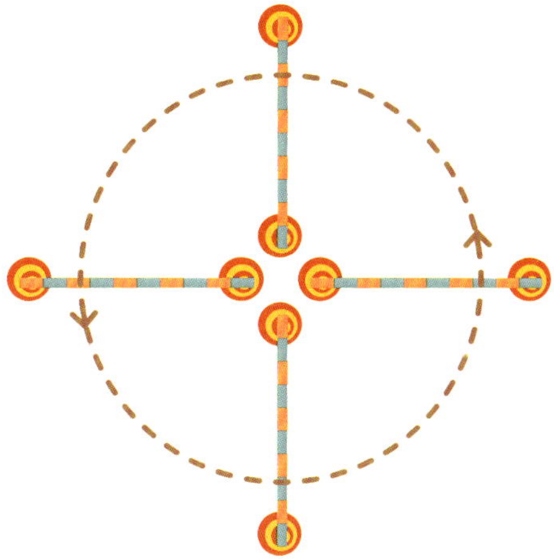

Aufbau: Cross-Cavaletti

Auch wenn sie einfach erscheint, ist sie motorisch anspruchsvoll und trainiert viele Körperbereiche.

Die enge seitliche Beugung in Kombination mit dem Hürdenlaufen erfordert etwas Übung.

Übungen Trainingstag 2 und 4

Koordination

Übung	Wiederholung	Dauer
Hindernisparcours	2-5	
Step vor	2-4	
Dog Limbo	2-4	

Stretching & Slalom

Übung	Wiederholung	Dauer
Slalomtraining durch die Beine	2-4	
Belly Dance	2-3	3-7 Sek.

Koordination

Hindernisparcours

Womit: Vorschläge siehe rechte Seite: Ideen für verwendete Hindernisse

Was:
Die Übung fördert die Propriozeption (Körperwahrnehmung), Koordination, Gleichgewicht und motorische Fähigkeiten. Auch die Muskulatur und Gelenkbeweglichkeit werden gestärkt.

Wann nicht: Nach Gelenkoperationen vor Freigabe zum Bewegungstraining

Wie:
Für die Übung baust du einen kleinen Parcours aus verschiedenen Hindernissen auf. Führe deinen Hund nun langsam über den Parcours. Er soll ihn langsam und bewusst absolvieren und die Hindernisse bewusst wahrnehmen. Seine koordinativen und motorischen Fähigkeiten werden dabei gestärkt. Versuche ihn möglichst nach einem Durchgang zu belohnen und nicht, wenn er sich auf dem Parcours befindet, da sein Fokus ansonsten von seiner Bewegung weggelenkt wird. Wenn dein Hund schnell aufgeregt und nervös ist, kannst du auch eine Führhand zur

Beim Hindernisparcours kannst du durch immer wieder andere und anders angeordnete Hindernisse neue Trainingsimpulse geben.

Auch durch Form des Parcours und Anordnung der Hindernisse verändert sich die Dynamik der Bewegung.

Orientierung nutzen. Diese kannst du sukzessive wieder abbauen, wenn dein Hund die Übung verstanden hat.

Je nachdem, ob du drinnen oder draußen trainierst, kannst du verschiedenste und immer wieder auch wechselnde Hindernisse nutzen, damit sich bei deinem Hund kein Gewohnheitseffekt einstellt.

Ideen für verwendete Hindernisse:

Drinnen oder draußen:

- Targets mit Noppen oder Sensimats zur Stimulation
- Fußmatte/Kokosmatte
- verschiedene Balancekissen
- Airex Pads (dies sind eckige Kissen aus Schaumstoff, die leicht nachgiebig sind)
- eine feste Erhöhung wie zum Beispiel einen Stepper
- Pylonen zum Umrunden oder alternativ ein anderer Gegenstand zum Umrunden
- Cavaletti, Besenstiele oder Äste zum Drübersteigen
- Leiter auf dem Boden
- ein kleiner, leerer Karton zum Durchsteigen
- Kissen

Achte bei der Auswahl der Hindernisse darauf, dass dein Hund sich nicht verletzen kann und dass sie seiner Körpergröße angemessen sind. Die Hindernisse sollen leicht zu absolvieren sein, damit dein Hund sich auf langsame und bewusste Bewegungen konzentrieren kann.

Dog Limbo

Womit: Eine Cavalettistange und zwei Erhöhungen wie zum Beispiel Pylonen, alternativ und auch je nach Größe deines Hundes kannst du zum Beispiel auf Besenstangen oder Äste und als Erhöhungen auf Stühle als Auflage für die Erhöhungen zurückgreifen.

Was:
Stretching der Muskeln der Vorderläufe, Hinterläufe und des Rückens, Training der Gelenkbeweglichkeit der Vorder- und Hinterläufe, perfekt auch als Warm up Übung.

Wann nicht: Instabilität von Gelenken oder der Wirbelsäule, zum Beispiel nach Frakturen vor Abschluss der Heilungsphase oder Rückenerkrankungen nach einer Operation vor Freigabe zum Bewegungstraining, versteifte Gelenke (Arthrodese)

Wie:
Baue für die Übung zwei Pylonen und eine Stange oder alternativ zwei Gegenstände aus dem Haushalt und zum Beispiel eine Besenstange so auf, dass dein Hund darunter durchpasst,

Die Stange sollte so positioniert sein, dass dein Hund sich nur leicht ducken muss.

sich aber leicht ducken muss. Die Höhe sollte so gewählt sein, dass er nicht kriechen muss, sondern sich nur leicht ducken und strecken muss.

Für die Durchführung befindet sich dein Hund in der Ausgangsposition Steh vor dem Hindernis. Führe ihn nun beispielsweise mit einem Leckerli dicht vor seiner Nase unter der Stange durch. Die Übung kostet manche Hunde etwas Überwindung. Sei geduldig und lobe deinen Hund ausgiebig, sobald er die ersten Schritte macht, unter der Stange hindurchzugehen. Wenn dein Hund verstanden hat, was er bei der Übung machen soll, kannst du ein Zeichen- und Wortsignal aufbauen und ihn jeweils mit einem Leckerli belohnen, wenn er unter der Stange durchgekrochen ist.

Tipp:

Für Fortgeschrittene: Wenn dein Hund vertraut mit der Übung ist und sie sicher absolviert, versuche einmal mehrere Hindernisse hintereinander aufzubauen, unter denen er durchgeht. Dabei sollte der Abstand zwischen den Hindernissen so gewählt sein, dass er sich nach jedem Hindernis aufrichten kann.

Step vor

Womit: Eine niedrige feste Erhöhung, auf die dein Hund mit allen vier Pfoten passt, zum Beispiel ein Stepper.
Optional: Targets oder Sensimats für die Pfotenpositionierung

Was:
Bewusste Wahrnehmung und Nutzung sowie Beweglichkeit der Vorderhand, Stärkung der Muskulatur der Vorderhand

Hier findest du eine Videoanleitung zur Übung „Step vor".

Wann nicht: Ellbogendysplasie und OCD der Schulter postoperativ vor dem Ziehen der Fäden und Freigabe zum Bewegungstraining

Wie:
Für die Übung sollte dein Hund auf einer niedrigen festen Erhöhung stehen, auf der er bequem mit allen vier Läufen Platz hat. Sie sollte maximal Handgelenkhöhe haben.

Zunächst sollte er die korrekte Ausgangsposition Steh einnehmen. Animiere ihn dann, nur mit seinen Vorderpfoten langsam und bewusst von der Erhöhung herunterzusteigen. Dabei sollte er möglichst gerade vorwärts heruntersteigen. Im nächsten Schritt soll er dann wieder rückwärts auf die Erhöhung zurücksteigen und die Position Steh wieder einnehmen.

Tessa positioniert sich recht weit vorne auf der Erhöhung im Steh.

Ich motiviere sie dann, langsam mit den Vorderläufen von der Erhöhung zu steigen.

Wenn dein Hund die Übung noch nicht kennt, kannst du beispielsweise ein Leckerli langsam vor seiner Nase wegführen. Sobald er eine kleine Vorwärtsbewegung macht, lobst und belohnst du ihn. Die Übung braucht möglicherweise etwas Zeit im Aufbau, weil es für Hunde anspruchsvoll ist, die Vorderhand so bewusst anzusteuern. Im Verlauf des Trainings wird dein Hund die Bewegung vor und zurück sicherer machen können. Bereits das Erarbeiten der Bewegung hat einen sehr großen Effekt, weil dein Hund lernt, die Vorderhand bewusst einzusetzen. Wenn dein Hund die Übung kennt, kannst du das Leckerli zur Führung abbauen und ein Wort- oder Sichtsignal aufbauen

Eine niedrige feste Erhöhung ist völlig ausreichend für diese Übung.
Es geht rein um die Bewegung mit den Vorderpfoten runter von der Erhöhung und im Anschluss einen Schritt rückwärts wieder hinauf.

Stretching & Slalom

Slalom durch die Beine

Was:

Beim Slalom durch die Beine trainieren wir eine gleichmäßige Belastung aller vier Läufe sowie Balance und Koordination. Gleichzeitig fördern wir eine Seitwärtsbeugung der Wirbelsäule; die Muskulatur des Rückens und aller vier Läufe wird gestärkt.

Die Übung ist koordinativ anspruchsvoll, auch wenn sie auf den ersten Blick sehr leicht erscheint.

Wann nicht: Instabilität in der Wirbelsäule, zum Beispiel nach einer Operation vor Freigabe zum Bewegungstraining

Wie:

Für diese Übung stellst du dich mit gegrätschten Beinen hin und animierst deinen Hund, zwischen deinen Beinen hindurchzugehen und dann außen um deine Beine herum. Du kannst ihn für den Aufbau der Übung auch mit einem Leckerli locken. Führe die Übung immer in beide Richtungen durch, damit dein Hund seine Wirbelsäule in beide Richtungen stretcht. Hat dein Hund die Übung verstanden, lässt du das Leckerli weg und kannst dann nur noch deine Hand zur Führung nutzen sowie

Es ist wichtig, den Slalom durch die Beine …

… immer in beide Richtungen durchzuführen.

ein Wortsignal aufbauen und ihn immer dann belohnen, wenn er eine ganze Acht gelaufen ist, damit der Bewegungsablauf möglichst flüssig ist.

Tipp:

Wenn dein Hund die Übung sicher beherrscht, kannst du ihr noch mehr Anspruch verleihen, indem du langsam Schritte vorwärts gehst, während dein Hund Achten läuft. Klappt auch dies gut, kannst du mit ihm ebenfalls trainieren, dass er Achten läuft, während du einige Schritte rückwärts gehst.

Belly Dance

Was:
Stretching von Nacken-, Schulter- sowie Rückenmuskulatur, Entlastung der Rückenmuskulatur, Training der Vorderhand- und Bauchmuskulatur, Stärkung der Balance

Wann nicht: Erkrankungen der Halswirbelsäule

Womit (optional): Target oder Sensimat unter der Vorderhand für die Pfotenpositionierung

Beim Belly Dance ist etwas Timing gefragt, damit dein Hund deiner Hand folgt und unter seinen Bauch schaut.

Wie:
Für die Übung befindet sich dein Hund in der Ausgangsposition Steh. Hocke dich vor oder neben ihn und führe eine Hand mit einem Leckerli dicht vor seiner Nase nach unten und dann unter seinen Bauch – am besten von hinten zwischen seine Vorderbeine. Dein Hund wird seinen Kopf leicht unter den Bauch recken, um zu schauen, was unter seinem Bauch passiert. Halte diese Position wenige Sekunden und führe deine Hand mit dem Leckerli dann wieder in die Ausgangsposition zurück und belohne deinen Hund. Bei der Übung sollte dein Hund möglichst auf der Stelle stehen bleiben und einen schönen Rundrücken machen. Macht es ihm Probleme, seine Pfotenposition zu halten, kann hier ein Target unter den Vorderpfoten oder unter allen vier Pfoten hilfreich sein.

Trainingsmodul 3

Auch im dritten Trainingsmodul dürfen die Basics wie das Steh-Training nicht fehlen. Warum wir dies immer wieder aufgreifen? Über kontinuierliche Wiederholungen – auch in Varianten – verfestigen wir die richtigen Positionen und Bewegungsabläufe im Gehirn. Auch neue Cavalettivarianten dürfen nicht fehlen, da sie uns immer ein tolles Ganzkörpertraining bieten und Beweglichkeit, Muskulatur und auch motorische Fähigkeiten trainieren. In diesem Modul verbessern wir mit dem Cavalettitraining zusätzlich noch die Mobilität der Wirbelsäule, die auch in den Übungen aus „Stretching & Slalom" im Fokus steht. Mit den verschiedenen isometrischen Übungen und Gewichtsverlagerungen schaffen wir es, den gesamten Körper deines Hundes zu trainieren, ohne dass hier eine aktive Gelenkbewegung nötig ist. Ich wünsche dir und deinem Hund viel Freude beim Training!

Warm up Übungen für alle Trainingstage

Übung	Wiederholung	Dauer
Nase tief (Anleitung siehe Seite 140)	2-3	5-7 Sek.
Steh-Sitz-Transfer (Anleitung siehe Seite 127)	2-3	

Kleiner Reminder zur Übung Nase tief: Ziel der Übung ist es, dass dein Hund seinen Hals schön lang leicht nach unten streckt. Hier ist ein wenig Feingefühl in der Führung gefragt.

Übungen Trainingstag 1 und 3

Basics

Übung	**Wiederholung**	**Dauer**
Steh-Training mit getrennten Erhöhungen - Vorderhand erhöht	2-4	
Steh-Sitz-Transfer	2-4	
Propriozeptives Training	2-5	

Cavalettitraining

Übung	**Wiederholung**	**Dauer**
Cavalettitraining mit unterschiedlichen Höhen	2-5	
Cavalettitraining im Kreis	2-5	
Cavalettitraining S-Form	2-5	

Basics

Steh-Training mit getrennten Erhöhungen - Vorderhand erhöht

Womit: Zwei Erhöhungen, auf die dein Hund jeweils bequem mit zwei Pfoten passt. Eine davon etwas höher, zum Beispiel Tritt, Stepper oder Bücher.
Optional: Target oder Sensimats für die Pfotenpositionierung

Was:
Die Übung trainiert intensiv die Pfotenwahrnehmung, das Körpergefühl und die Körperwahrnehmung deines Hundes. Die getrennten Erhöhungen für Vorder- und Hinterhand intensivieren den Anspruch hinsichtlich der Positionierung seiner Pfoten und deren Wahrnehmung. Durch die erhöhte Vorderhand stärken wir zusätzlich leicht die Muskulatur des unteren Rückens und der Hinterhand.

Wann nicht: Dein Hund sollte die Grundübung Steh-Training sicher beherrschen. Falls nicht, trainiere diese zunächst weiter.

Es ist immer auch wichtig, dem Hund einen Moment in dieser Position zu geben, um seinen Körper wahrzunehmen.

Wie:

Ziel der Übung ist, dass dein Hund mit korrekt positionierten Pfoten jeweils mit der Vorder- und der Hinterhand auf einer festen Erhöhung steht. Der Kopf sollte in Verlängerung der Wirbelsäule getragen werden und die Wirbelsäule sollte eine gerade Linie bilden.

Lege für die Übung zwei getrennte, feste Erhöhungen aus. Der Abstand sollte so gewählt sein, dass dein Hund sich im neutralen Steh darauf befinden kann und Vorder- und Hinterpfoten sich etwa mittig befinden. Die Erhöhung der Vorderhand sollte etwas höher sein als die der Hinterhand. Dein Hund soll nun die Position Steh auf den getrennten Erhöhungen einnehmen. Gib ihm die Möglichkeit, seine Pfoten in Ruhe auszurichten und seine Position zu finden. Steht er ruhig und möglichst korrekt, belohne dies. Löse dann die Übung auf, bevor du eine neue Wiederholung startest.

Hier sieht man sehr schön, wie wichtig neben der Pfotenposition auch die Belohnungsposition des Menschen ist.

Propriozeptives Training

Womit: siehe Auflistung nächste Seite

Wir haben hier unterschiedlichste stimulierende Untergründe angeordnet, über die ich Tessa führe.

Was:

Das propriozeptive Training stärkt intensiv die Wahrnehmung des Körpers und seiner Position im Raum. Auch Körpergefühl, Motorik sowie Koordination und Balance werden gefördert. Zusätzlich werden die Pfoten stimuliert und somit die Nervenfunktion verbessert.

Wann nicht: Keine Einschränkung

Wichtig ist, dass es für die Hundepfoten niemals unangenehm ist.

Hundepfoten sind ganz unterschiedlich empfindlich. Hier gilt es zu schauen, womit dein Hund sich wohlfühlt.

Wie:

Zunächst baust du einen kleinen Parcours aus verschiedenen stimulierenden Untergründen auf. Anregungen dafür findest du untenstehend. Dann führst du deinen Hund langsam über die verschiedenen stimulierenden Untergründe. Dein Hund soll die unterschiedlichen Untergründe und Materialien bewusst wahrnehmen. Du kannst die Übung sowohl im Haus als auch draußen durchführen und immer wieder wechselnde Materialien nutzen, damit sich bei deinem Hund kein Gewohnheitseffekt einstellt.

Ideen für verwendete Materialien:

Im Haus:

- Targets mit Noppen
- Airex Pads
- Gummifußmatten
- Badematten
- Badewannenmatten
- Kokosmatte
- Noppenfolie
- Schale mit Korken
- Schale mit Papierkugeln
- Kissen
- Handtuch

Draußen:

- Sand
- umgepflügtes Feld
- Waldboden
- Kies
- Tannenzapfen, Eicheln, etc.
- Pfütze
- hohes Gras
- Wurzeln
- Laub

Achte bei der Auswahl der Materialien darauf, dass dein Hund sich nicht verletzt und sie seiner Körpergröße angemessen sind. Sie sollten ihm auch nicht unangenehm an den Pfoten sein. Unsere Hunde sind da ganz unterschiedlich empfindlich. Die Aufgabe ist, dass dein Hund langsam und sehr bewusst über die Materialien läuft. Vermeide es dabei nach Möglichkeit, deinen Hund mit Leckerlis zu locken oder dass er nach oben zu dir schaut. Er sollte ganz bei der Wahrnehmung der Untergründe sein.

Für den Fall, dass dein Hund aufgeregt ist, kannst du eine Führhand nutzen, um ihm Orientierung zu geben und das Tempo zu steuern. Die Führhand kannst du sukzessive wieder abbauen, wenn dein Hund die Übung verstanden hat und sich langsam und ruhig über den Parcours bewegt.

Auf Spaziergängen können wir wunderbar nutzen, was die Natur uns bietet, um die Propriozeption zu fördern, wie hier das Laufen im hohen Gras.

Cavalettitraining

Cavalettitraining mit unterschiedlichen Höhen

Womit: Cavalettistangen, alternativ zum Beispiel Besenstangen oder Äste

Unterschiedlichen Höhen erfordern eine unterschiedlich starke Gelenkbeugung und fördern intensiv die Gelenkbeweglichkeit.

Langsames Übersteigen der Hürden ist unverzichtbar, um Sprünge zu vermeiden.

Was:
Mit der Übung trainieren wir durch bewusste und langsame Bewegungen die Gelenkbeweglichkeit und Muskulatur sowie motorische und koordinative Fähigkeiten des Hundes. Der motorisch-koordinative Anspruch ist durch die unterschiedlichen Höhen der Hindernisse anspruchsvoll und dein Hund muss seine Pfoten sehr bewusst anheben, um die Höhe korrekt abzuschätzen.

Wann nicht: Bei versteiften Gelenken. Dein Hund sollte die Basisvariante des Cavalettitrainings beherrschen.

Die Höhen sollten so gewählt sein, dass sie für den Hund gut machbar sind, um eine flüssige Bewegung sicherzustellen.

Wie:

Für die Übung baust du vier bis fünf Cavaletti mit gleichen Abständen, aber unterschiedlichen Höhen auf. Achte dabei darauf, die Höhe so zu wählen, dass dein Hund nicht zum Springen verleitet wird. Führe deinen Hund nun im Schritttempo über die Hürden. Durch die unterschiedlich hohen Cavaletti ist der koordinative Anspruch der Übung für deinen Hund recht hoch, da er das Anheben der Pfoten durch die unterschiedlich hohen Hürden sehr bewusst steuern muss. Bei Bedarf kannst du eine Führhand nutzen, um sein Tempo zu steuern. Diese kannst du sukzessive wieder abbauen, wenn dein Hund die Übung verstanden hat.

Aufbau: Cavaletti in unterschiedlichen Höhen

Cavaletti im Kreis

Womit: Cavalettistangen, alternativ zum Beispiel Besenstangen oder Äste

Was:
Beim Cavalettitraining im Kreis werden die Gelenkbeweglichkeit und die Muskulatur aller vier Läufe trainiert. Mittels langsamer, bewusster Bewegungen werden ein gesunder Bewegungsablauf, Balance und Koordination des gesamten Hundekörpers gefördert. Durch die kreisförmig angeordneten Cavaletti fördern wir zudem eine intensive seitliche Flexion der Wirbelsäule und eine wechselseitige Belastung beider Körperseiten.

Wann nicht: Bei versteiften Gelenken. Dein Hund sollte die Basisvariante des Cavalettitrainings bereits beherrschen.

Wie:
Für das Cavalettitraining im Kreis benötigst du fünf bis sechs Hürden, die du in einer Kreisform aufbaust. Die Stangen sollten maximal Handgelenkhöhe haben, sodass dein Hund bequem darübersteigen kann. Auch die Abstände sollten für ihn gut machbar sein. Eine Rückenlänge ist für die meisten Hunde gut passend. Nun führst du deinen Hund im Schritttempo über die im Kreis angeordneten Stangen in beide Richtungen. Du kannst hier sehr gut für die Orientierung deines Hundes mit einer Führhand arbeiten. Diese kannst du sukzessive wieder abbauen, wenn dein Hund die Übung verstanden hat.

Je nach Platz und Größe des Hundes kann man den Kreis größer oder kleiner gestalten.

Achte darauf, immer in beide Richtungen zu laufen.

Aufbau: Cavaletti im Kreis

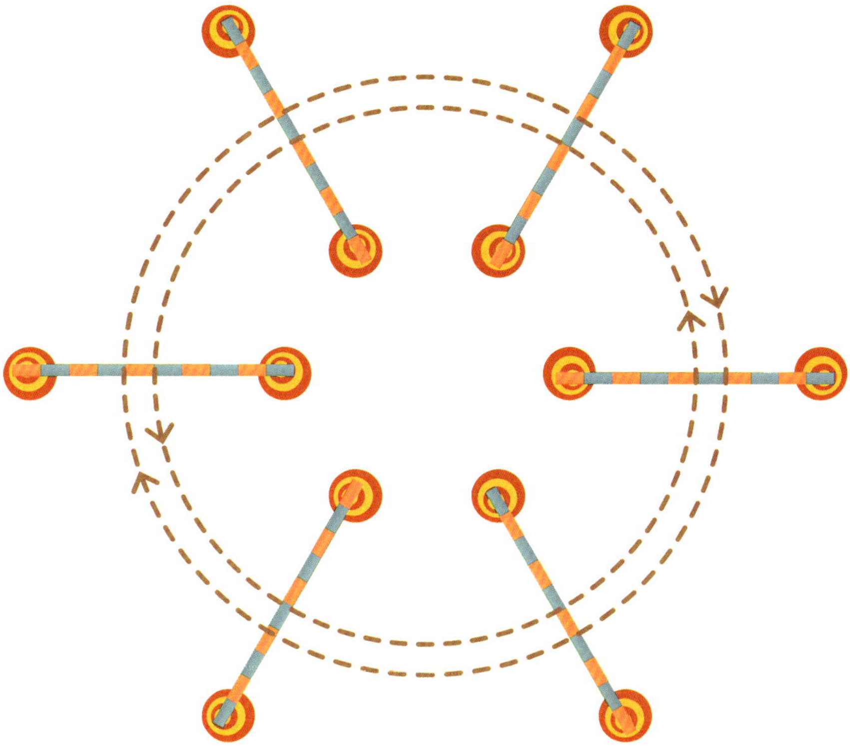

Cavaletti S-Form

Womit: Cavalettistangen, alternativ zum Beispiel Besenstangen oder Äste

Was:
Beim Cavalettitraining in S-Form werden die Gelenkbeweglichkeit und die Muskulatur aller vier Läufe trainiert. Mittels langsamer, bewusster Bewegungen werden ein gesunder Bewegungsablauf, Balance und Koordination des gesamten Hundekörpers gefördert. Durch die in S-Form angeordneten Cavaletti fördern wir zudem eine intensive seitliche Flexion der Wirbelsäule und die Motorik des Hundes.

Hier findest du eine Videoanleitung zur Übung „Cavaletti S-Form".

Cavaletti in S-Form zu laufen bedeutet viel Bewegung und motorischen Anspruch auf kleinem Raum.

Wann nicht: Bei versteiften Gelenken. Dein Hund sollte die Basisvariante des Cavalettitrainings bereites beherrschen.

Wie:
Für das Cavalettitraining in S-Form benötigst du fünf Cavaletti, die du in Form eines eckigen Buchstabens S auslegst (s. Grafik). Die Stangen sollten maximal Handgelenkhöhe haben, sodass dein Hund bequem darübersteigen kann. Nun führst du deinen Hund im Schritt Tempo über die in S-Form angeordneten Stangen in beide Richtungen. Du kannst hier sehr gut für die Orientierung deines Hundes mit einer Führhand arbeiten. Diese kannst du sukzessive wieder abbauen, wenn dein Hund die Übung verstanden hat.

Bei großen Hunden kann es nötig sein, die Cavaletti mit mehr Abstand aufzustellen.

Auch wenn die Übung neu für Hunde ist, kann mehr Stangenabstand hilfreich sein, da sie motorisch sehr anspruchvoll ist.

Aufbau: Cavaletti in S-Form

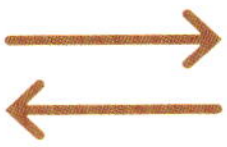

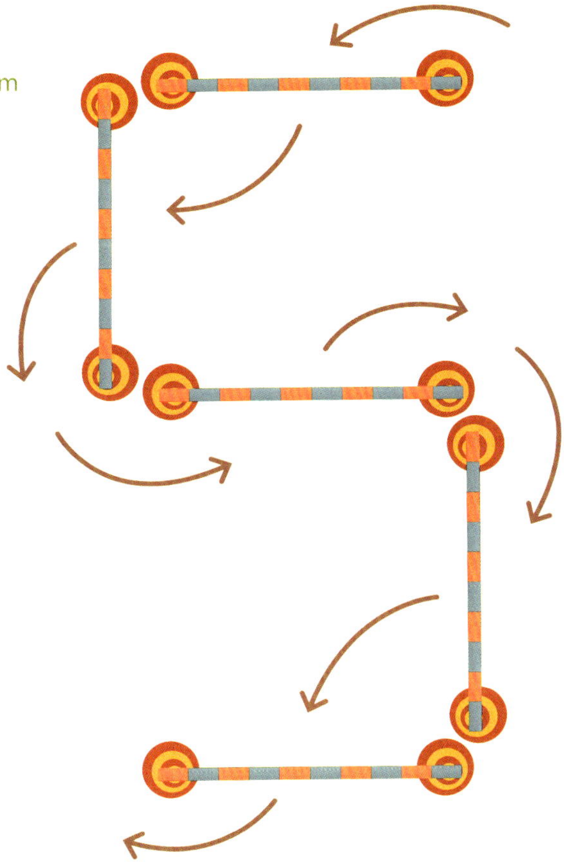

Übungen Trainingstag 2 und 4

Isometrisches Training & Gewichtsverlagerung

Übung	Wiederholung	Dauer
Pfote anheben	2-3	3-7 Sek.
Isometrisches Training diagonal (Anleitung siehe Seite 136)	2-4	3-7 Sek.
Isometrisches Training hinten	2-4	3-7 Sek.
Vorne auf - Ellbogenhöhe	2-4	5-10 Sek.

Stretching & Slalom

Übung	Wiederholung	Dauer
Doggy Twist	2-5	
Slalomtraining	2-5	
Nose up	2-3	3-7 Sek.

Isometrisches Training & Gewichtsverlagerungen

Pfote anheben

Was:
Bei der Übung handelt es sich um eine isometrische Übung. Sie bietet ein effektives Muskeltraining für den gesamten Körper deines Hundes, ohne dass eine aktive Gelenkbewegung nötig ist. Zusätzlich trainierst du Körpergefühl, Koordination und Balance deines Hundes. Beim Anheben des Laufs kräftigst du durch die Gewichtsverlagerung die Muskulatur der übrigen drei Läufe und dein Hund muss die Verlagerung seines Körperschwerpunktes ausbalancieren.

Wann nicht: Keine Einschränkung

Womit (optional): Eine feste Erhöhung, Targets oder Sensimats für die Pfotenpositionierung

Es ist wichtig, die Pfoten langsam anzuheben.

Wie:

Für die Übung befindet sich dein Hund in der Ausgangsposition Steh. Seine Pfoten sollten möglichst korrekt positioniert sein. Hocke dich vor oder neben deinen Hund. Hebe nun langsam einen Vorderlauf (oberhalb der Pfote) ein wenig an und halte ihn wenige Sekunden in der Position. Setze die Pfote wieder ab und greife den anderen Vorderlauf und hebe das Bein ebenfalls leicht an und halte die Position. Nun hockst du dich hinter deinen stehenden Hund oder bleibst neben ihm.

Durch das sanfte Halten geben wir unseren Hunden die Möglichkeit, sich auszubalancieren.

Durch das Anheben aller vier Pfoten nacheinander…

Hebe den einen Hinterlauf oberhalb der Pfote an und halte ihn wenige Sekunden und heben dann den anderen Hinterlauf an. Die Übung ist sehr anspruchsvoll und anstrengend für deinen Hund, auch wenn sie sehr einfach aussieht. Achte darauf, dass du die Läufe deines Hundes wirklich langsam und mit Bedacht anhebst, damit er ausreichend Zeit hat, sein Gewicht zu verlagern.

…erreichen wir, dass der Hund sein Gewicht verlagert.

Isometrisches Training hinten

Was:
Stärkung der Muskulatur der Hinterläufe und des unteren Rückens. Gleichzeitig werden Körpergefühl, Balance und Koordination trainiert.

Die Hände liegen seitlich auf den Oberschenkeln und du gibst abwechselnd Druckimpulse.

In Schritt zwei greifst du die Oberschenkel von hinten, als würdest du deinen Hund zu dir hinziehen.

Wann nicht: Keine Einschränkung

Womit (optional): Eine feste Erhöhung, Targets oder Sensimats für die Pfotenpositionierung

Wie:
Für die Übung befindet sich dein Hund in der Ausgangsposition Steh. Seine Pfoten sollten so korrekt wie möglich positioniert sein. Du hockst oder stellst dich hinter ihn. Lege nun deine Hände seitlich auf seine Oberschenkel. Übe mit der einen Hand leichten, gleichbleibenden Druck auf den Oberschenkel aus, bis du spürst, dass dein Hund die Muskeln anspannt. Diese Position hältst du wenige

Im nächsten Schritt liegen die Hände auf dem unteren Rücken / der Kruppe und du gibst einen leichten Druckimpuls.

Sekunden, ohne nachzufedern oder den Druck zu erhöhen. Dann lässt du langsam wieder los und übst mit der anderen Hand einen leichten Druck auf den anderen Oberschenkel aus, bis du auch hier spürst, dass dein Hund die Muskulatur anspannt. Halte die Position wieder wenige Sekunden.

Im nächsten Schritt umfasst du die Oberschenkel deines Hundes vorne. Ziehe minimal in deine Richtung, als würdest du deinen Hund zu dir ziehen wollen, bis du spürst, dass er gegenzuhalten beginnt. Halte wenige Sekunden, bevor du langsam lockerlässt.

Im letzten Schritt legst du deine Hände auf den unteren Rücken/die Kruppe deines Hundes, als würdest du ihn in den Sitz „drücken" wollen. Hast du einen kleinen Hund, nimmst du nur eine Hand. Übe einen leichten Druck aus, bis du spürst, dass dein Hund gegenhält. Halte kurz, bevor du den Druck langsam wegnimmst.

Vorne auf - Ellbogengelenkhöhe

Womit: Ellbogengelenkhohe, feste Erhöhung, wie zum Beispiel ein kleiner Hocker, Tritt oder Stepper, worauf dein Hund mit den Vorderläufen stehen kann

Was:
Intensives Krafttraining für die Hinterhand und den unteren Rücken. Das Vertrauen in die Hinterhand, das Gleichgewicht und ein gutes Körpergefühl werden gefördert.

Wann nicht: Bei einer Instabilität der Hinterhand, zum Beispiel Frakturen vor Abschluss der Verknöcherungsphase, nach einer Operation in der Hinterhand vor Freigabe zum Bewegungstraining. Das Vorne auf als Basisübung sollte dein Hund beherrschen. Falls nicht, trainiere zunächst diese Übung mit ihm.

Achte auf eine gute Belohnungsposition für eine optimale Lastenverschiebung auf die Hinterhand.

Durch die Gewichtsverlagerung trainieren wir die Hinterhand und den unteren Rücken.

Wie:
Für die Übung benötigst du eine etwa ellbogenhohe, rutschfeste Erhöhung, auf der dein Hund bequem mit den Vorderläufen stehen kann. Zur Durchführung der Übung befindet sich dein Hund in der Ausgangsposition Steh. Führe ihn nun mit den Vorderpfoten auf die Erhöhung. Er sollte seine vier Pfoten möglichst korrekt positionieren und die Position soll er dann für wenige Sekunden halten. Löse die Übung wieder auf, bevor ihr die nächste Wiederholung macht.

Für Samson ist die Übung zugleich eine schöne Entlastung seiner überlasteten Vorderhand.

Stretching

Doggy Twist

Was:
Sanfte Seitwärtsbeugung der Wirbelsäule sowie aktives Stretching der Rückenmuskulatur, wechselseitige Belastung beider Körperseiten

Wann nicht: Instabilität der Wirbelsäule nach einer Operation vor Freigabe zum Bewegungstraining

Wie:

Für die Übung ist dein Hund Ausgangsposition Steh vor dir und ihr seid mit Blick zueinander. Kennt er die Übung noch nicht, nimmst du ein Leckerli in die Hand und führst es vor seiner Nase weg in einer Kreisbewegung und animierst ihn so, sich im Uhrzeigersinn um die eigene Achse zu drehen, bis er sich wieder gerade vor dir in der Ausgangsposition Steh befindet. Nun führst du dieselbe Bewegung von seiner Nase weg entgegen dem Uhrzeigersinn durch. So animierst du ihn, sich in die andere Richtung um die eigene Achse zu drehen, bis er sich wieder gerade in der Ausgangsposition Steh vor dir befindet. Achte darauf, dass du deine Hand in einer Höhe führst, die sicherstellt, dass dein Hund sich in der Bewegung weder nach oben recken noch nach unten bücken muss und die Kopfposition möglichst neutral ist.

Wenn dein Hund die Übung verstanden hat, empfehle ich dir, das Leckerli zur Führung wegzulassen und nur mit der Hand zu führen. Zusätzlich kannst du ein Wortsignal aufbauen und deinen Hund nur noch nach einer Wiederholung belohnen. Auch die Führhand kannst du später entsprechend weglassen.

Wir starten in der Ausgangsposition Steh.

Dann geht es rechts- und linksherum in eine Drehung um die eigene Achse.

Kutte schafft eine sehr schöne, enge Drehung. Es ist aber nicht schlimm, wenn dein Hund sich in einem größeren Radius dreht.

Slalomtraining

Womit: Pylonen oder alternativ zum Beispiel Eimer oder Blumentöpfe. Ich empfehle nach Möglichkeit runde Hindernisse, da diese für eine bessere Seitwärtsbeugung sorgen.

Was:
Wir fördern eine gleichmäßige Belastung aller vier Läufe, gesunde Bewegungsabläufe sowie Balance und Koordination. Gleichzeitig wird die Seitwärtsbeugung der Wirbelsäule trainiert und die Muskulatur des Rückens und der Läufe gestärkt.

Wann nicht: Nach Rückenoperationen vor Freigabe zum Bewegungstraining

Wie:
Stelle für die Übung vier bis fünf Pylonen mit etwa einer Rückenlänge bis Hundelänge Abstand in einer geraden Linie auf. Die Anzahl der Hindernisse ist optimal, um deinen Hund in einen Bewegungsfluss zu bringen. Es geht nun darum, dass dein Hund die Hindernisse in einer Vorwärtsbewegung langsam abwechselnd links- und rechtsherum in beide Richtungen in einer Slalombewegung durchläuft. Durch das langsame Tempo speichert das Gehirn gesunde Bewegungsabläufe ab.

Achte darauf, die Abstände zwischen den Pylonen so zu gestalten, dass dein Hund sie gut absolvieren kann.

Bei Smilla haben wir die Abstände etwas großzügiger gewählt, sodass mehr Dynamik entsteht.

Wenn dein Hund die Übung noch nicht kennt, kannst du zunächst zum Beispiel Leckerlis nutzen, die du so auf den Boden rollst, dass er dazu animiert wird, sich in der Slalombewegung um die Pylonen zu bewegen. Hat dein Hund verstanden, was du von ihm möchtest, lässt du die Leckerlis weg und führst ihn mit deiner Hand. Du kannst auch ein Wortsignal mit der Übung verbinden. Ich empfehle dir, deinen Hund nun immer am Ende einer Wiederholung zu belohnen. So ist er auf seine Bewegungen und das Umrunden der Hindernisse konzentriert und nicht durch ein Leckerli abgelenkt.

Falls dein Hund bei der Übung sehr aufgeregt ist, empfehle ich dir, zunächst mit nur zwei Hindernissen zu beginnen. Alternativ kannst du ihm deine Hand als Führung und Orientierung bieten. Diese kannst du nach und nach wieder abbauen, wenn dein Hund die Übung verstanden hat.

Nose up

Was:
Stretching der Muskeln von Vorderläufen, Nacken, Schultern und Rücken. Zudem haben wir ein leichtes Training der Hinterhandmuskulatur und fördern die Koordination.

Wann nicht: Erkrankungen und Schmerzen in der Halswirbelsäule wie zum Beispiel Canines Wobbler-Syndrom

Mögliche Hilfsmittel: Eine feste Erhöhung, Targets oder Sensimats für die Pfotenpositionierung

Hier findest du eine Videoanleitung zur Übung „Nose up".

Wie:
Für die Übung befindet sich dein Hund in der Ausgangsposition Steh. Seine Pfoten soll er möglichst korrekt positionieren. Hocke oder stelle dich vor oder neben deinen Hund. Halte nun ein Leckerli nah vor seine Nase und führe es langsam nach oben (maximal 90 Grad im Uhrzeigersinn). Diese Position sollte dein Hund wenige Sekunden halten, bevor du deine Hand wieder in die Ausgangsposition zurückführst. Dann belohnst du deinen Hund. Es ist nicht ungewöhnlich, dass dein Hund seine Nase nicht 90 Grad nach oben recken kann. Du wirst im Trainingsverlauf feststellen, dass er seine Nase immer weiter nach oben bringen kann. Bestehe aber nicht darauf. Das Bewegungsausmaß ist für jeden Hund individuell und auch abhängig von seiner Anatomie. Wenn dein Hund mit Ausweichbewegungen wie Hinsetzen oder Rückwärtsgehen reagiert, solltest du das Leckerli weniger hoch führen.

Roger nimmt zunächst die Position Steh ein.

Dann wird das Leckerli langsam nach oben geführt und man sieht, wie mehr Last auf die Hinterhand gegeben wird.

Fällt es deinem Hund schwer, auf der Stelle stehen zu bleiben, biete ihm ein Target unter den Vorderläufen oder lege vor seine Vorderpfoten eine Begrenzung, die ihn daran hindert, nach vorne zu gehen.

Tipp:

Wenn du nicht mit einem Leckerchen arbeiten möchtest und dein Hund den Nasentouch kennt, kannst du deine Hand auch nach oben führen und deinem Hund das Signal zum Nasentouch geben.

Trainingsmodul 4

Halbzeit – die ersten drei Trainingsmodule liegen hinter euch. Sicher bemerkst du bereits Veränderungen bei deinem Hund. Halte diese gern auch als Notizen und Videos fest. Im Alltag gehen besonders die kleinen Veränderungen sonst unter. Im vierten Trainingsmodul erwarten dich und deinen Hund neben wichtigen Basisübungen in anspruchsvollen Varianten wie das Pfotegeben für Fortgeschrittene wieder eine Reihe spannender und abwechslungsreicher Cavalettiübungen, die durch ihre Kombination miteinander schon ein kleines Ganzkörpertraining schaffen. Der Trainingsteil „Koordination" fällt in diesem Modul mit zwei Übungen klein aus, denn die beiden Übungen haben es in sich und sind anspruchsvoll für deinen Hund. Die Übung „Rückwärtsgehen" habe ich als Bonus markiert, da sie sehr anspruchsvoll ist. Wenn dein Hund die Übung körperlich gut leisten kann, kannst du diese gern mit ihm aufbauen, ansonsten kannst du sie auch auslassen. Ein großer Fokus liegt bei „Stretching & Slalom", damit wir noch einmal intensiv wirklich den ganzen Körper deines Hundes sanft mobilisieren. Auch hier findest du eine Übung als Bonus markiert. Das „Stand by me" ist für manche Hunde schwer durchzuführen. Wenn sie für dein Hund zu schwierig erscheint, kannst du sie auslassen. Das Training wird für deinen Hund dadurch nicht minder wirkungsvoll. Also, los geht es! Habt viel Freude bei eurem Training.

Warm up Übungen für alle Trainingstage

Übung	Wiederholung	Dauer
Sitz-Platz-Transfer (Anleitung siehe Seite 144)	2-3	
Doggy Twist (Anleitung siehe Seite 172)	2-3	

Übungen Trainingstag 1 und 3

Basics

Übung	Wiederholung	Dauer
Steh-Training auf getrennten Erhöhungen - Hinterhand erhöht	2-4	
Pfotegeben für Fortgeschrittene	2-4	
Hindernisparcours (Anleitung siehe Seite 150)	2-5	

Cavalettitraining

Übung	Wiederholung	Dauer
Cavalettitraining mit unterschiedlichen Höhen & Abständen	2-5	
Cavalettitraining im Kreis für Fortgeschrittene	2-5	
Cavalettitraining mit Erhöhungen	2-5	
Cavaletti-Mikado	2-5	

Basics

Steh-Training auf getrennten Erhöhungen - Hinterhand erhöht

Womit: Zwei Erhöhungen, auf die dein Hund jeweils bequem mit zwei Pfoten passt wie zum Beispiel ein Tritt, ein Stepper oder ein dickes Buch – je nach Größe deines Hundes. Eine der beiden (die für die Hinterhand) sollte etwas höher sein. Bitte achte immer auf Rutschfestigkeit.
Optional: Targets oder Sensimats für die Pfotenpositionierung

Was:
Die Übung trainiert intensiv die Pfotenwahrnehmung, das Körpergefühl und die Körperwahrnehmung deines Hundes. Die getrennten Erhöhungen intensivieren den Anspruch hinsichtlich der Positionierung der Pfoten und der bewussten Wahrnehmung von vorne und hinten. Durch die erhöhte Hinterhand werden der obere Rücken, der Schultergürtel und die Vorderhand zugleich muskulär leicht gestärkt.

Wann nicht: Dein Hund sollte die Grundübung Steh-Training sicher beherrschen. Falls nicht, trainiere diese zunächst weiter.

Wie:
Ziel der Übung ist, dass sich dein Hund ruhig, ausbalanciert und mit möglichst korrekt positionierten Pfoten in der Position Steh befindet. Der Kopf sollte in Verlängerung der Wirbelsäule getragen werden und die Wirbelsäule sollte eine gerade Linie bilden.

Tessa ist gerade auf die Erhöhungen gestiegen und ich gebe ihr noch einen Moment, um die Pfoten auszurichten.

Lege für die Übung zwei getrennte, feste Erhöhungen in einem Abstand aus, der es deinem Hund ermöglicht, mit der Vorder- und Hinterhand in neutraler Position darauf zu stehen. Die Erhöhung der Hinterhand sollte etwas höher sein als die der Vorderhand. Dein Hund soll nun die Position Steh auf den getrennten Erhöhungen einnehmen und wenige Sekunden halten. Gib deinem Hund ein wenig Zeit, seine Pfoten zu sortieren und auszurichten. Steht er ruhig und möglichst korrekt, belohne dies. Im Verlauf des Trainings kannst du dann auch ein Wort- und Sichtsignal einbauen. Löse dann die Übung auf, bevor du eine neue Wiederholung startest.

Wir haben Roger zur Unterstützung noch stimulierende Untergründe auf die Erhöhungen gelegt. Sehr schön wird hier auf die Belohnungsposition geachtet.

Pfotegeben für Fortgeschrittene

Womit: Ein größerer flexibler Untergrund, auf dem dein Hund mit allen vier Pfoten sitzen kann, wie ein Balance Pad. Alternativ zwei Balance Pads – eins für die Hinterhand und eins für die Vorderhand, Kissen oder Matratze.

Was:
Die Übung trainiert intensiv die Muskulatur der Vorderhand und Beweglichkeit des Ellbogens. Zusätzlich wird die Koordination verbessert, da der Hund beim wechselweisen Pfotegeben sein Gewicht verlagert. Durch den nachgiebigen Untergrund kommt es auch zu einem Training der Muskulatur im unteren Rücken und der Hinterhand.

Wann nicht: Schmerzen im Vorderlauf, bei versteiften Ellbogengelenken

Wie:
Für die Übung benötigst du ein Balance Pad oder ähnlichen flexiblen Untergrund, auf das dein Hund mit allen vier Pfoten im Sitz passt. Wähle die Flexibilität des Untergrundes nach dem Trainingsstatus deines Hundes. Ich empfehle dir, immer mit einem weniger nachgiebigen Untergrund zu starten und im Trainingsverlauf weichere Untergründe zu wählen. Dein Hund sollte die Übung immer sicher durchführen können und nicht durch einen zu nachgiebigen Untergrund aus dem Konzept gebracht werden.

Dein Hund startet die Übung in der Position Sitz auf einem flexiblen Untergrund. Dabei sollte er nicht mit dem Po auf die Seite rutschen. Nun lässt du dir abwechselnd beide Vorderpfoten geben. Du hast hier auch sehr schön die Möglichkeit, in der Höhe zu variieren, in der du dir die Pfoten geben lässt. Zwischen dem Wechsel der Pfoten sollte dein Hund ausreichend Zeit haben, sich auszubalancieren.

Simba sitzt hier auf einer nur wenig nachgiebigen Erhöhung, da er noch unerfahren mit der Übung ist.

Cavalettitraining

Cavalettitraining mit unterschiedlichen Abständen und Höhen

Womit: Cavalettistangen, alternativ zum Beispiel Besenstangen oder Äste

Was:
Beim Cavalettitraining mit unterschiedlichen Abständen und Höhen haben wir einen sehr hohen motorisch-koordinativen Anspruch, da sowohl die Schritte sehr bewusst platziert als auch die Pfoten sehr bewusst angehoben werden müssen. Zugleich werden Muskulatur und Gelenkbeweglichkeit sowie gesunde Bewegungsabläufe trainiert.

Wann nicht: Bei versteiften Gelenken. Dein Hund sollte die Basisvariante des Cavalettitrainings und unterschiedliche Höhen und Abstände als getrennte Varianten bereits beherrschen.

Wie:
Für das Cavalettitraining mit unterschiedlichen Abständen und Höhen baust du vier bis fünf Cavaletti mit unterschiedlichen Höhen und Abständen auf. Achte bitte dabei darauf, dass dein Hund sie gut absolvieren kann und nicht zum Springen verleitet wird. Führe ihn dann langsam über die Cavaletti. Ist dein Hund aufgeregt, kannst du ihn mit einer Führhand langsam darüberführen. Diese kannst du sukzessive wieder abbauen, wenn dein Hund die Übung verstanden hat.

Die Kombination aus unterschiedlichen Höhen und Abständen ist motorisch anspruchsvoll.

Aufbau: Cavaletti in unterschiedlichen Höhen und Abständen

Bandit ist trotz unterschiedlicher Höhen und Abstände kaum zu bremsen.

Cavaletti im Kreis für Fortgeschrittene

Womit: Cavalettistangen, alternativ zum Beispiel Besenstangen oder Äste

Was:
Beim Cavaletti im Kreis für Fortgeschrittene werden die Gelenkbeweglichkeit und die Muskulatur aller vier Läufe trainiert, sowie physiologische Bewegungsabläufe und Körpergefühl. Durch die kreisförmig angeordneten Cavaletti fördern wir zudem eine intensive seitliche Flexion der Wirbelsäule und eine wechselseitige Belastung beider Körperseiten. Der koordinativ-motorische Anspruch ist durch die unterschiedlichen Höhen der Cavalettistangen erhöht.

Wann nicht: Bei versteiften Gelenken. Dein Hund sollte die Basisvariante des Cavalettitrainings bereites beherrschen.

Wie:
Für das Cavaletti im Kreis für Fortgeschrittene benötigst du fünf bis sechs Hürden, die du in einer Kreisform aufbaust. Die Stangen ordnest du in unterschiedlichen Höhen an, aber immer so, dass dein Hund nicht dazu verleitet wird zu springen. Nun führst du deinen Hund im Schritttempo über die im Kreis angeordneten Stangen in beide Richtungen. Er sollte hier nicht in den Trab übergehen, da die langsamen bewussten Bewegungen für die Übung wichtig sind. Du kannst hier sehr gut für die Orientierung deines Hundes mit einer Führhand arbeiten. Diese kannst du sukzessive wieder abbauen, wenn dein Hund die Übung verstanden hat.

Bei dieser Variante des Cavaletti im Kreis steigern wir den Anspruch durch unterschiedlich hohe Hürden.

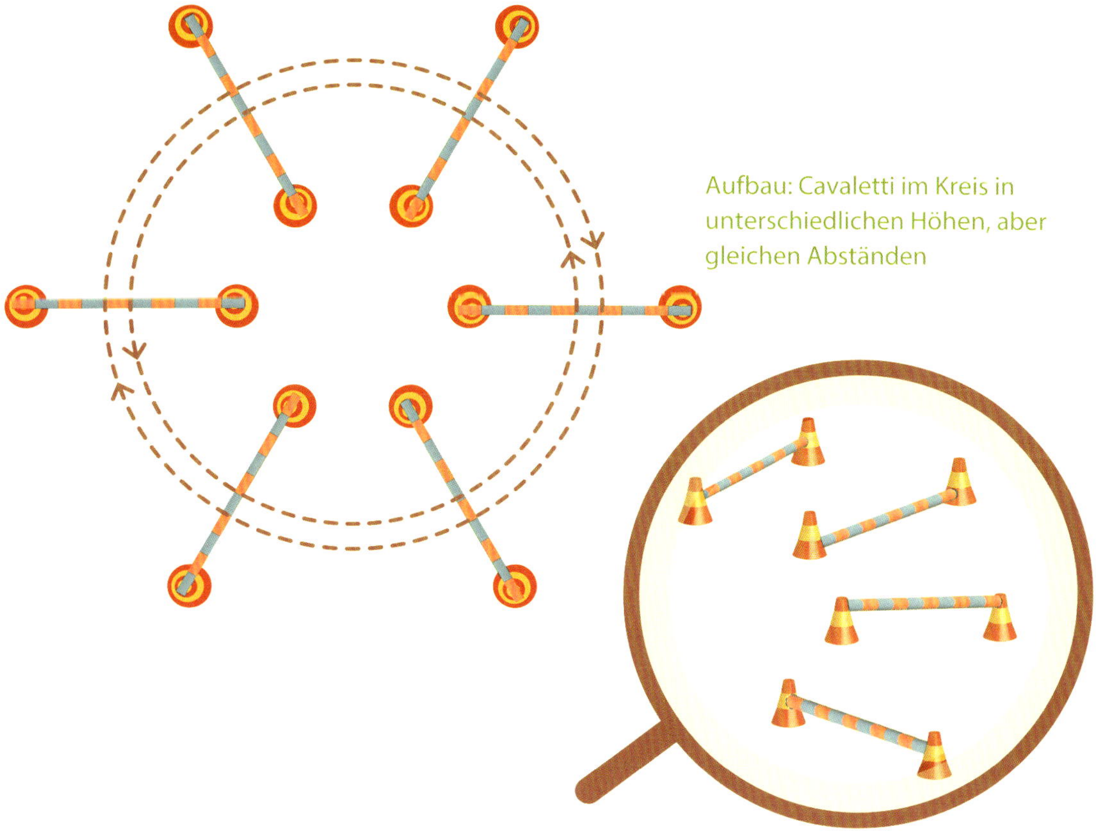

Aufbau: Cavaletti im Kreis in unterschiedlichen Höhen, aber gleichen Abständen

Roger nimmt die hohe Cavalettistangen auch ohne Hinzuschauen gut wahr.

Cavalettitraining mit Erhöhungen

Womit:
Cavalettistangen, alternativ zum Beispiel Besenstangen oder Äste, niedrige feste bis leicht nachgiebige Erhöhungen.

Was:
Die Übung stärkt Muskulatur und Gelenkbeweglichkeit aller vier Läufe. Durch die zwischen den Cavaletti positionierten Erhöhungen ist der motorische Anspruch nochmals intensiver und zugleich werden beim Herauf- und Herabsteigen jeweils die Vorder- und Hinterhand bewusster gemacht.

Wann nicht: Bei versteiften Gelenken. Dein Hund sollte die Basisvariante des Cavalettitrainings bereits beherrschen.

Wie:
Für die Übung baust du vier bis fünf Cavaletti in einer Reihe mit etwa einer Rückenläge Abstand auf Handgelenkhöhe auf. Zwischen den Hindernissen positionierst du feste bis leicht nachgiebige Erhöhungen. Ziel ist es, dass dein Hund nun langsam im Schritttempo über die Hürden steigt und zusätzlich die Erhöhungen in der Vorwärtsbewegung hinauf- und hinuntersteigt. Achte auf möglichst bewusste Bewegungen. Bei Bedarf kannst du eine Führhand nutzen, um ihn besser in einer langsamen Vorwärtsbewegung zu führen. Diese kannst du sukzessive wieder abbauen, wenn dein Hund die Übung verstanden hat.

Die Erhöhungen zwischen den Cavaletti erhöhen den koordinativen Anspruch.

Aufbau: Cavaletti in gleichen Abständen mit unterschiedlichen Erhöhungen dazwischen

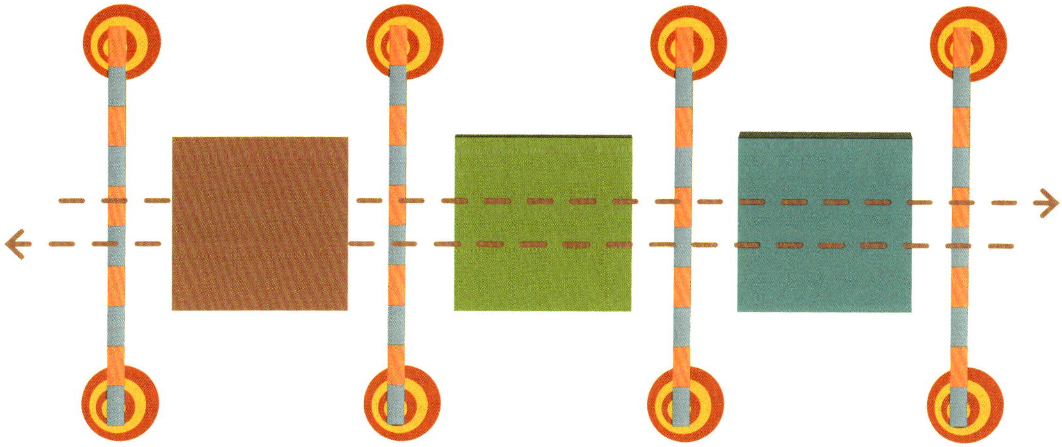

Man sieht hier sehr schön, wie bewusst Smilla ihre Pfoten setzt.

Cavaletti-Mikado

Womit: Cavalettistangen, alternativ zum Beispiel Besenstangen oder Äste

Was:
Beim Cavaletti-Mikado trainieren wir durch die individuelle Anordnung der Stangen intensiv Motorik und Koordination und zusätzlich die Gelenkbeweglichkeit und Muskulatur aller vier Läufe. Auch gesunde Bewegungsabläufe werden gefördert.

Wann nicht: Bei versteiften Gelenken. Dein Hund sollte die Basisvariante des Cavalettitrainings bereites beherrschen.

Wie:
Für die Übung ordnet du verschiedene Stangen beliebig auf dem Boden an, als wären es Mikadostangen. Nun führst du deinen Hund aus verschiedenen Richtungen langsam über die Stangen. Zu seiner Unterstützung kannst du sehr gut mit einer Führhand arbeiten. Diese kannst du sukzessive wieder abbauen, wenn dein Hund die Übung verstanden hat. Durch die individuell angeordneten Stangen muss dein Hund jeden Schritt sehr bewusst setzen. Langsame Bewegungen sind daher sehr wichtig.

Die willkürliche Anordnung der Cavaletti bietet immer wieder neue Herausforderungen.

Aufbau: Cavalettistangen beliebig anordnen – wie Mikado

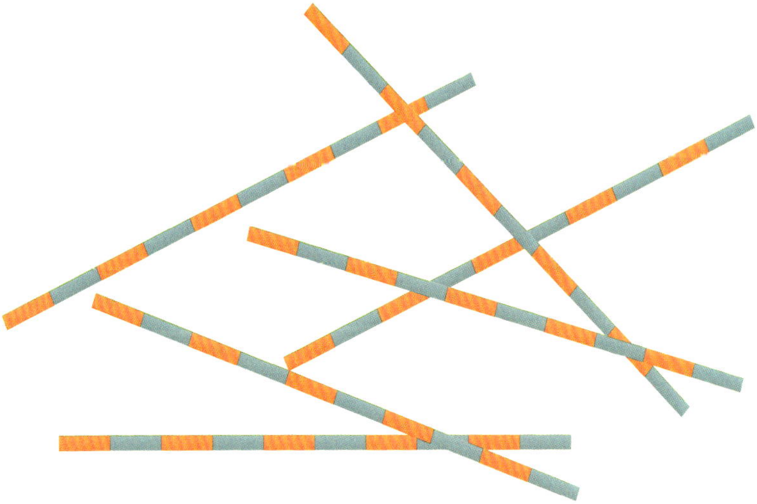

Je nach Größe und koordinativen Fähigkeiten des Hundes kann man die Cavalettistangen passend anordnen.

Übungen Trainingstag 2 und 4

Koordination

Übung	Wiederholung	Dauer
Statisches Balancetraining	2-4	10-20 Sek.
Rückwärtsgehen (Bonus)	2-4	

Stretching & Slalom

Übung	Wiederholung	Dauer
Stretching in alle Himmelsrichtungen	2-3	3-7 Sek.
Slalomtraining im Kreis	2-5	
Verbeugen	2-5	
Stand by me (Bonus)	2-4	3-7 Sek.

Koordination

Statisches Balancetraining

Womit: Balance Pads, Airex Pads (eckige, leicht nachgiebige Schaumstoffkissen), alternativ Kissen aus dem Haushalt, (Luft-)Matratze oder ähnliches

Was:
Mit dem statischen Balancetraining förderst du die Koordination, das Gleichgewicht und ein gutes Körpergefühl deines Hundes. Zugleich fördert die Übung das Vertrauen in den Körper und stärkt die Muskulatur.

Wann nicht: Akute Verletzungen oder nach Operationen vor Freigabe zum Bewegungstraining, in der Ruhigstellungsphase

Hier übt Tessa das statische Balancetraining nur mit der Vorderhand aus.

Wie:
Das statische Balancetraining führst du mit nachgiebigen Untergründen wie Balance Pads oder Airex Pads durch. Alternativ kannst du auch eine Matratze, ein Kissen aus dem Haushalt, eine Luftmatratze mit einer Decke darüber oder andere nachgiebige Materialien nutzen. Je erfahrener und trainierter dein Hund ist, desto weicher darf der Untergrund sein. Führst du die Übung also zum ersten Mal mit deinem Hund durch, wähle einen weniger nachgiebigen Untergrund.

Stelle oder hocke dich vor deinen Hund. Führe ihn auf den nachgiebigen Untergrund, sodass er mit allen vier Pfoten darauf steht und sich ausbalanciert. Falls du keinen flexiblen Untergrund in der passenden Größe hast, kannst du auch einen für die Vorderhand und einen für die Hinterhand nehmen. Hier kannst du dann auch mit der Nachgiebigkeit variieren, zum Beispiel einen weniger nachgiebigen Untergrund unter der Vorderhand und einen nachgiebigeren für die Hinterhand, je nachdem, wie es für deinen Hund passt. Dein Hund sollte die Position auf dem nachgiebigen Untergrund halten und sich ausbalancieren. Beobachte gut, ob dein Hund sich gut ausbalancieren kann. Er sollte nicht in eine verkrampfte Haltung gehen. Löse die Übung dann auch und lasse deinen Hund sich kurz lockern, bevor ihr die nächste Wiederholung macht.

Hier arbeiten wir mit unterschiedlich weichen Untergründen unter der Vorder- und Hinterhand.

Rückwärtsgehen

Was:
Beim Rückwärtsgehen machen wir insbesondere die Hinterhand bewusst. Gleichzeitig fördern wir motorisch-koordinative Fähigkeiten. Die Übung eignet sich sehr gut, deinen Hund dabei zu unterstützen, einen Lauf, den er schont, besser zu belasten. Auch die Muskulatur der Hinterhand wird gestärkt.

Hier findest du eine Videoanleitung zur Übung „Rückwärtsgehen".

Wann nicht: Versteifte Gelenke, Instabilität in den Hinter- oder Vorderläufen, zum Beispiel durch Frakturen vor Abschluss der Verknöcherungsphase

Womit (optional): Targets oder Sensimats

Wir beginnen im Steh und Tessa ist recht nah vor mir.

Ich gebe ihr dann unser Zeichen für das Rückwärtsgehen und sie geht einige Schritte rückwärts.

Wie:
Für die Übung befindet sich dein Hund in der Ausgangsposition Steh. Dein Hund soll nun langsam einige Schritte möglichst gerade rückwärts gehen. Dann lässt du ihn wieder vorwärts auf dich zukommen, bevor ihr aus der Ausgangsposition Steh in die nächste Wiederholung startet. Falls dein Hund das

Im Anschluss lasse ich sie wieder ein paar Schritt vorwärts auf mich zukommen.

Rückwärtsgehen noch nicht kennt, gibt es verschiedene Varianten, es aufzubauen. Eine Möglichkeit stelle ich dir hier vor. Wichtig ist, dass du deinen Hund nicht bedrängst und dass du deinem Hund die Möglichkeit gibst, die Übung in Ruhe zu erlernen, da sie durchaus anspruchsvoll ist.

Rückwärtsgehen – Aufbau mit Targets: Lasse deinen Hund mit seinen Vorderpfoten auf ein Target treten. Dann animierst du ihn, rückwärts mit den Pfoten vom Target herunterzutreten und belohnst dies. Ich empfehle dir, sofort ein Handsignal mit aufzubauen. Wiederhole den Ablauf, bis dein Hund ihn sicher beherrscht. Im nächsten Schritt lässt du ihn nicht mehr auf das Target treten, sondern nutzt nur noch das Handsignal. Klappt auch dies gut, baust du ein Wortsignal auf, wenn dein Hund rückwärts geht.

Wenn dein Hund dazu neigt, sich seitwärts wegzudrehen, hilft es, das Rückwärtsgehen zum Beispiel an einer Wand zu trainieren, die eine Körperseite räumlich begrenzt.

Deinen Hund beim Rückwärtsgehen zu führen, ohne ihn zu bedrängen, hat einen enormen Einfluss auf seine Bewegungen.

Stretching & Slalom

Stretching in alle Himmelsrichtungen

Was:
Sanftes Stretching von Muskulatur, Sehnen und Bändern von Hals, Nacken und Rücken. Das ist wichtig, weil sie die Wirbelsäule unterstützen und Stabilität geben. Du steigerst die Beweglichkeit deines Hundes und zugleich trainierst du Koordination und Körpergefühl.

Hier wird Rogers Kopf in Richtung seines Knies geführt.

Wann nicht: Instabilität und Schmerzen in der Wirbelsäule, zum Beispiel nach einer Operation vor Freigabe zum Bewegungstraining.

Womit (optional): Eine feste Erhöhung, Targets oder Sensimats für die Pfotenpositionierung

Nun geht es in der Waagerechten in Richtung Schulter.

Wie:
Für diese Stretching-Variante befindet sich dein Hund in der Ausgangsposition Steh. Seine Pfoten sollte er möglichst korrekt positioniert haben. Du stehst oder hockst vor ihm. Nun führst du ein Leckerli von seiner Nase weg, sodass er seine Wirbelsäule seitwärts oder auch nach oben oder unten in

Auch ein Stretching lang nach vorne ist möglich. Aber auch hier gilt es auf die Pfotenposition zu achten.

verschiedene Positionen und Winkel beugen muss. So kannst du Leckerli zum Beispiel in Richtung der Hüfte, aber auch weiter runter in Richtung seines Knies oder der Hinterpfoten führen, oder auch etwas enger seitwärts in Richtung Ellbogen. Halte die Position jeweils für wenige Sekunden. Wichtig ist, dass du die Beugungen nur so weit führst, wie dein Hund es gut leisten kann. Er sollte seine vier Pfoten in der Position Steh belassen können. Um deinen Hundim Halten der Pfotenposition zu unterstützen, kannst du zum Beispiel Targets oder auch eine niedrige feste Erhöhung nutzen.

Tipp:

Wenn dein Hund den Nasentouch kennt, kannst du diesen auch statt des Leckerlis nutzen, um die Position zu halten.

Alternativ kannst du dich auch über deinen Hund stellen, wenn er sich wohl damit fühlt. Er darf sich gern zur Unterstützung an deinen Beinen anlehnen.

Slalomtraining im Kreis

Womit: Pylonen oder alternativ zum Beispiel Eimer oder Blumentöpfe. Runde Hindernisse sind grundsätzlich die beste Wahl, da sie die Seitwärtsbeugung gut unterstützen.

Was:
Beim Slalomtraining im Kreis werden eine gleichmäßige Belastung aller vier Läufe, ein gesunder Bewegungsablauf sowie Balance und Koordination trainiert. Gleichzeitig wird die Seitwärtsbeugung der Wirbelsäule intensiviert und die Muskulatur des Rückens und der Läufe gestärkt.

Wann nicht: Nach Rückenoperationen vor Freigabe zum Bewegungstraining. Dein Hund sollte die Basisvariante des Slalomtrainings bereits beherrschen.

Wie:
Für das Slalomtraining im Kreis stellst du vier bis sechs Hindernisse wie zum Beispiel Pylonen in gleichen Abständen zueinander im Kreis auf.

Bei der Übung geht es darum, dass dein Hund die im Kreis angeordneten Pylonen in einer Vorwärtsbewegung langsam abwechselnd links- und rechtsherum umrundet. Das langsame Tempo ist wichtig, damit die korrekten Bewegungsabläufe vom Gehirn abgespeichert werden. Durch die Anordnung der Pylonen in Kreisform ist der koordinative Anspruch der Übung hoch, da dein Hund sich zusätzlich zur Slalombewegung noch im Kreis bewegen muss. Wenn dein Hund dazu neigt, zu schnell zu werden,, dann führe ihn mit deiner Hand. Diese kannst du sukzessive wieder abbauen, wenn dein Hund die Übung verstanden hat.

Auch bei dieser Übung gilt es, sie in beide Richtungen zu machen.

Je größer der Kreis, desto mehr Dynamik in der Bewegung ist möglich.

Verbeugen

Hier findest du eine Videoanleitung zur Übung „Verbeugen".

Was:

Mit der Übung trainierst du die Beweglichkeit der Vordergliedmaßen und der Brustwirbelsäule deines Hundes und zusätzlich wird die Muskulatur der Vorderläufe, der Schultern und des Rückens gestretcht. Auch die Tiefenmuskulatur wird beansprucht und die Koordination verbessert.

Wann nicht: Keine Einschränkung

Wie:

Für die Übung nimmt dein Hund die Ausgangsposition Steh ein. Nun soll er mit dem Vorderkörper in die Tiefstellung gehen, so, als würde er eine Spielaufforderung machen. Falls dein Hund die Übung noch nicht kennst, kannst du sie aufbauen, indem du ein Leckerli vor der Nase deines Hundes nach unten in Richtung seiner Vorderläufe führst.

Tessa nimmt zunächst die Position Steh ein. Ich unterstütze sie hier mit stimulierenden Untergründen.

Dann geht sie in eine schöne Verbeugung.

Sobald er seine Vorderläufe ein wenig beugt, belohnst du ihn – du kannst hier auch mit Markerwort/Clicker arbeiten. Du führst dann sofort das nächste Leckerli wieder nach oben, sodass er wieder in der Ausgangsposition ist. Wiederhole diese Bewegung mehrmals mit ihm und führe ihn in kleinen Schritten weiter nach unten. Sein Po sollte dabei oben bleiben.

Wenn dein Hund sich zu Beginn damit schwertut, den Po oben zu halten, kannst du als Hilfe eine Hand unter seinen Bauch halten.

Wenn dein Hund die Übung verinnerlicht hat, kannst du das Leckerli zur Führung weglassen und ein Hand- und Wortsignal aufbauen. Du belohnst ihn dann erst nach jeder Wiederholung. Den Anspruch der Übung kannst du steigern, indem du die Dauer steigerst, in der dein Hund in der verbeugten Position bleibt.

Wenn die Position einen Moment gehalten wird, bietet sie ein sehr angenehmes Stretching.

Stand by me

Was:

Die Übung bietet ein effektives Stretching der Muskulatur der Vorderhand inklusive der Schultern sowie des Rückens und der Hüfte. Zugleich wird die Muskulatur der Hinterbeine und des unteren Rückens gestärkt. Dein Hund lernt sich mit der Übung sehr gut auszubalancieren.

Wann nicht: Instabilität, zum Beispiel nach Operationen vor Freigabe zum Bewegungstraining und Schmerzen im unteren Rücken oder in den Hinterläufen

Wie:

Für die Übung befindet sich dein Hund in der Ausgangsposition Steh oder Sitz. Hier kannst du frei wählen, was für deinen Hund passender ist. Du stehst vor deinem Hund und ihr schaut euch an. Animiere nun deinen Hund zum Beispiel mithilfe eines Leckerlis, sich an dir hochzustellen. Ziel ist es, dass sich dein Hund sich möglichst mit gestreckten Vorderläufen an dir aufstellt. So ist der Stretchingeffekt am größten. In der Position soll er für einen Moment verbleiben, bevor du ihm das Signal gibst, wieder zurück in die Ausgangsposition zu gehen. Dann belohnst du ihn. Wenn dein Hund die Übung verstanden hat, empfehle ich dir, das Leckerli sukzessive wegzulassen und mit einem Sicht- und Wortsignal arbeiten und ihn entsprechend nach jeder Wiederholung zu belohnen.

Wenn du nicht möchtest, dass dein Hund sich an dir hochstellt, kann er sich alternativ auch an einer Mauer, einem Baum oder ähnlichem hochstellen.

Tessa genießt das Stretching sehr, zugleich stärken wir Rücken und Hinterhand.

Wenn du nicht möchtest, dass dein Hund sich an dir aufstellt, kann er die Übung auch zum Beispiel an einer Mauer oder ähnlichem durchführen.

Trainingsmodul 5

Wir starten in das fünfte Trainingsmodul – dein Hund und du seid nun wirklich schon sehr erfahren im Training. Klasse, dass ihr so dranbleibt. In diesem Trainingsplan gibt es natürlich auch wieder „Basics“ und du solltest dir auch unbedingt die Zeit nehmen, die Übungen mit deinem Hund zu machen. Es gilt, das Gehirn immer wieder daran zu erinnern, wie gesunde Bewegungsabläufe sein sollten und selbst bei jungen Hunden schleichen sich immer wieder gern Schonhaltungen ein. Ich bin mir sicher, dass euch auch die verschiedenen Cavalettivarianten wieder viel Freude machen werden und in sich bieten sie bereits ein kleines Ganzkörpertraining inklusive Mobilisierung der Wirbelsäule. Ergänzt wird dies durch weitere mobilisierende Übungen aus dem Übungsbereich „Stretching & Slalom“. Ruhe, Fokus und ganz viel Konzentration schaffen wir mit verschiedenen isometrischen Übungen und Gewichtsverlagerungen, die in Kombination miteinander äußerst effektiv die Muskulatur des gesamten Hundekörpers trainieren. Los geht's! Habt viel Freude bei diesem Trainingsmodul!

Warm up Übungen für alle Trainingstage

Übung	Wiederholung	Dauer
Slalomtraining (Anleitung siehe Buch Seite 174)	2-3	
Cavalettitraining mit unterschiedlichen Abständen & Höhen (Anleitung siehe Buch Seite 182)	2-3	

Übungen Trainingstag 1 und 3

Basics

Übung	**Wiederholung**	**Dauer**
Steh-Training für Fortgeschrittene	2-4	
Sitz Platz Transfer für Fortgeschrittene	2-4	
Propriozeptives Training (Anleitung siehe Buch Seite 160)	2-5	

Cavalettitraining

Übung	**Wiederholung**	**Dauer**
Cavalettitraining Slalom	2-5	
Cavalettitraining Vorderhand	2-5	
Cavalettitraining mit stimmulierenden Untergründen (Anleitung siehe Buch Seite 131)	2-5	
Cavaletti-Acht	2-5	

Basics

Steh-Training für Fortgeschrittene

Womit: Ein flexibler Untergrund, auf dem dein Hund mit allen vier Pfoten stehen kann, wie Balance Pad, alternativ zwei Balance Pads – eines für die Vorderhand und eines für die Hinterhand, Kissen oder Matratze.

Was:
Das Steh-Training für Fortgeschrittene trainiert intensiv die Pfotenwahrnehmung, das Körpergefühl und die Körperwahrnehmung deines Hundes. Durch den nachgiebigen Untergrund wird der Anspruch der Übung, die Pfoten korrekt auszurichten, intensiviert und dein Hund muss sich zugleich ausbalancieren. Auch seine Muskulatur wird trainiert.

Wann nicht: Wenn dein Hund die Basisübung Steh noch nicht sicher beherrscht, greife zuerst auf diese zurück.

Wie:

Ziel ist beim Steh-Training für Fortgeschrittene, dass dein Hund ruhig, ausbalanciert und mit allen vier Läufen – und möglichst korrekt positionierten Pfoten – in der Position Steh auf einem nachgiebigen Untergrund steht. Der Kopf sollte in Verlängerung der Wirbelsäule getragen werden und die Wirbelsäule sollte eine gerade Linie bilden.

Führe deinen Hund für die Übung auf einen flexiblen Trainingsuntergrund, auf dem er mit allen vier Läufen stehen kann. Gib ihm ein wenig Zeit, seine Pfoten zu sortieren, sich auszurichten und seine Position zu erarbeiten. Steht er ruhig und möglichst korrekt, belohne dies. Löse dann die Übung auf, bevor du eine neue Wiederholung startest.

Hier führen wir die Übung auf einem nur leicht nachgiebigen Untergrund durch.

Tipp:

Hast du keinen Untergrund in dieser Größe zur Verfügung, kannst du auch jeweils einen nachgiebigen Untergrund für die Hinterhand und einen für die Vorderhand nehmen. Zu Beginn empfehle ich einen weniger nachgiebigen Untergrund. Ist dein Hund darauf sicher in der Durchführung der Übung, kannst du einen weicheren Untergrund wählen.

Hier sind als Beispiel nachgiebigere Pads gewählt und Tessa tut sich sichtlich schwerer.

Roger bekommt erst einmal Zeit, seine Pfoten selbständig auszurichten.

Sitz-Platz-Transfer für Fortgeschrittene

Womit: Flexibler Untergrund, auf dem dein Hund mit allen vier Pfoten sitzen und liegen kann, wie Balance Pad, alternativ zwei Balance Pads – eins für die Vorder- und eins für die Hinterhand, Kissen oder Matratze.

Was:
Der Sitz-Platz-Transfer für Fortgeschrittene ist ein intensives Krafttraining für die Vorderläufe, Brustmuskeln und Schultern. Auch die Gelenkbeweglichkeit der Vorderhand wird verbessert. Indirekt wird auch der Rücken trainiert.

Wann nicht: Versteifte Gelenke. Dein Hund sollte die Basisübung des Sitz-Platz-Transfer sicher beherrschen.

Wie:
Für die Übung nimmt dein Hund die Ausgangsposition Sitz mit allen vier Läufen auf einem flexiblen Untergrund ein. Achte darauf, dass er gerade sitzt und nicht mit dem Po auf die Seite rutscht. Du stehst oder hockst vor deinem Hund. Gib ihm nun das Signal, ins Platz zu wechseln. Wenn er sich im Platz befindet, belohnst du ihn. Im Platz sollte er möglichst gerade bleiben und sich nicht auf die Seite rutschen lassen. Gib ihm dann das Signal, vom Platz wieder ins Sitz zu wechseln. Dein Hund sollte beim Positionswechsel vom Platz ins Sitz mit der Hinterhand möglichst in seiner Position bleiben und die Bewegung sollte rein aus der Vorderhand kommen.

Tipp:

Hast du keinen flexiblen Untergrund in diesr Größe, kannst du auch jeweils einen nachgiebigen Untergrund für die Hinterhand und einen für die Vorderhand nehmen. Zu Beginn empfehle ich einen weniger nachgiebigen Untergrund. Ist dein Hund darauf sicher in der Durchführung der Übung, kannst du einen weicheren Untergrund wählen.

Wir starten in der Ausgangsposition Sitz und achten darauf, dass der Hund nicht mit dem Po auf die Seite rutscht.

Auch im Platz sollte die Position möglichst korrekt sein. Wir haben hier einen weniger weichen Untergrund gewählt.

Cavalettitraining Slalom

Womit: Cavalettistangen, alternativ zum Beispiel Besenstangen oder Äste

Was:
Beim Cavalettitraining Slalom trainieren wir die Gelenkbeweglichkeit und die Muskulatur aller vier Läufe, fördern physiologische Bewegungsabläufe und motorische Fähigkeiten. Zusätzlich stärken wir durch die Slalombewegung die individuelle Belastung beider Körperseiten, erreichen eine Seitwärtsbeugung der Wirbelsäule und erhöhen den koordinativen Anspruch.

Wann nicht: Bei versteiften Gelenken. Dein Hund sollte die Basisvariante des Cavalettitrainings bereits beherrschen.

Die Übung bietet eine Kombination aus Slalom und Cavaletti und erfordert viel Geschick.

Wie:
Für das Cavalettitraining Slalom benötigst du mindestens zwei Hürden, gerne auch mehr, die du in einer Längsreihe aneinander stehend aufbaust. Die Stangen sollten maximal Handgelenkhöhe haben. Ziel ist es, dass dein Hund nun langsam im Schritttempo in einer Slalombewegung über die Hürden steigt. Wenn dein Hund sehr aufgeregt ist, kannst du auch zunächst nur mit zwei Hindernissen beginnen, da du so das Tempo automatisch etwas drosselst. Die Übung ist motorisch und koordinativ sehr anspruchsvoll, da zum Übersteigen der Cavaletti noch ergänzend die Slalombewegung kommt. Bei Bedarf kannst du eine Führhand nutzen, um ihn besser in einer langsamen Vorwärtsbewegung zu führen. Diese kannst du sukzessive wieder abbauen, wenn dein Hund die Übung verstanden hat.

Seit-vorwärts über Cavaletti zu steigen trainiert den Körper sehr vielseitig.

Auch bei dieser Übung ist es wichtig, den Hund langsam zu führen.

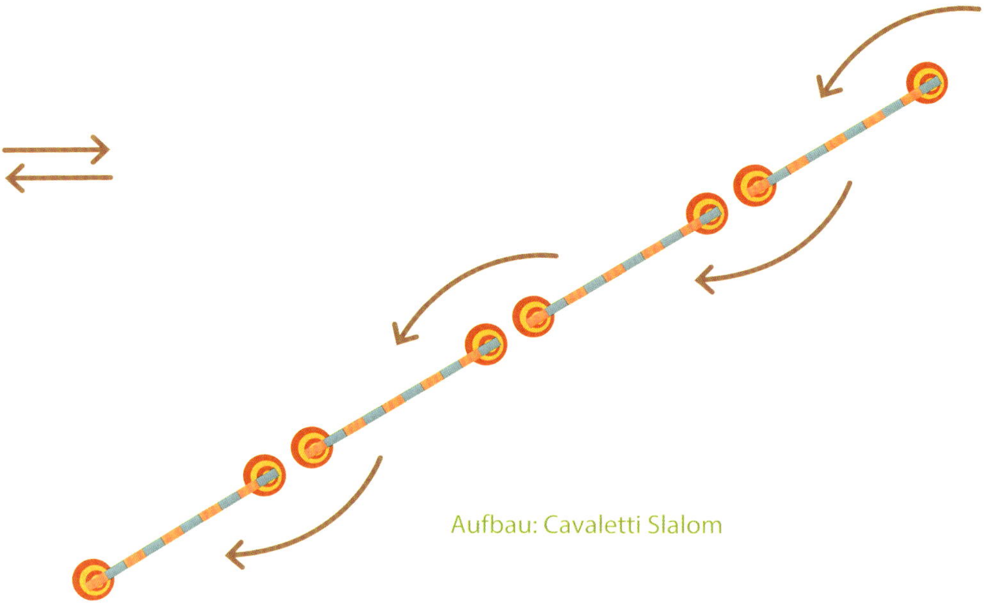

Aufbau: Cavaletti Slalom

Cavaletti Vorderhand

Womit: Cavalettistange, alternativ zum Beispiel Besenstange oder Ast
Optional: Targets oder Sensimats für die Pfotenwahrnehmung

Im ersten Schritt steht Tessa hinter der Hürde. Als Hilfsmittel für die Positionierung nutze ich stimulierende Untergründe.

Was:
Bei der Übung Cavaletti Vorderhand werden insbesondere die Gelenkbeweglichkeit und die Muskulatur der Vorderhand trainiert. Mittels langsamer, bewusster Vor- und Rückwärtsbewegungen der beiden Vorderläufe über die Hürde werden Bewusstsein, Bewegungsablauf, Motorik, Balance und Koordination der Vorderhand intensiv gefördert. Die individuelle Ansteuerung der Vorderhand wird gestärkt.

Wann nicht: Bei versteiften Gelenken

Nun motiviere ich sie, nur mit den Vorderläufen über die Hürde zu steigen.

Nun geht es rückwärts wieder mit den Vorderpfoten über die Hürde zurück in die Ausgangsposition Steh.

Wie:

Für die Übung Cavaletti Vorderhand benötigst du nur eine Stange, die etwa handgelenkhoch ist, sodass dein Hund sie gut übersteigen kann. Dein Hund steht auf der einen Seite vor der Hürde in der Ausgangsposition Steh. Du stehst oder hockst auf der anderen Seite der Hürde. Dein Hund soll nun nur mit den beiden Vorderläufen abwechselnd nach vorne über die Cavalettistange steigen und im nächsten Schritt wieder zurück. Es geht nur um einen Schritt nach vorne und wieder zurück.

Wenn dein Hund diese Übung noch nicht kennt, kannst du ihn im ersten Schritt mit einem Leckerli vor seiner Nase, das du von ihm wegbewegst, über die Hürde locken. Um ihn zum Rückwärtsgehen zu bewegen, führst du im nächsten Schritt ein Leckerli langsam auf seine Nase zu, sodass er automatisch einen Schritt zurückgeht.

Wenn dein Hund verstanden hat, was er machen soll, kannst du schrittweise auch ein Sicht- oder Wortsignal aufbauen und ihn entsprechend nach einer Wiederholung belohnen.

Als zusätzliche Hilfe kannst du auch Targets oder Sensimats einsetzen, damit dein Hund bewusster die Position seiner Pfoten wahrnimmt.

Roger zeigt hier sehr viel Dynamik bei der Übung.

Cavaletti-Acht

Womit: Cavalettistange, alternativ zum Beispiel Besenstange oder Ast

Was:
Bei der Übung Cavaletti-Acht werden die Gelenkbeweglichkeit und die Muskulatur aller vier Läufe trainiert, gesunde Bewegungsabläufe gefördert und koordinative und motorische Fähigkeiten verbessert. Zudem fördern wir die Seitwärtsbeugung der Wirbelsäule und wechselseitige Belastung beider Körperseiten.

Wann nicht: Bei versteiften Gelenken

Wie:
Für die Übung Cavaletti-Acht benötigst du nur eine Hürde, die etwa handgelenkhoch ist, sodass dein Hund sie gut übersteigen kann. Nun führst du deinen Hund in Form einer Acht über die Stange. Achte darauf, dass du ihn in beide Richtungen führst. Du kannst hier sehr gut für die Orientierung deines Hundes mit einer Führhand arbeiten. Diese kannst du sukzessive wieder abbauen, wenn dein Hund die Übung verstanden hat. Die Übung ist durch die Kombination aus einer engen Slalombewegung und dem gleichzeitigen Übersteigen der Hürde sehr anspruchsvoll.

Tessa gelingt es, die Achten recht eng über die Cavaletti zu laufen.

Je nachdem, wie beweglich der Hund ist, kann man die Achten größer oder kleiner gestalten.

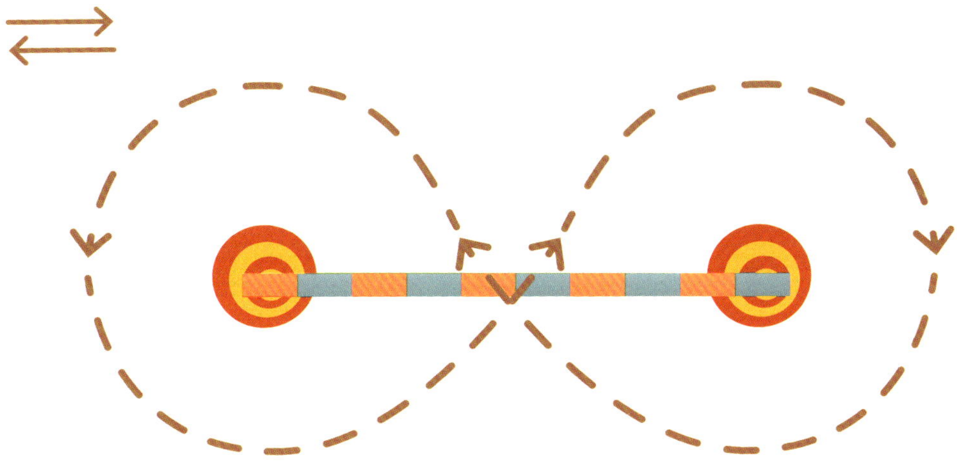

Aufbau: Cavaletti-Acht

Übungen Trainingstag 2 und 4

Isometrisches Training & Gewichtsverlagerung

Übung	Wiederholung	Dauer
Hinten auf - Kniehöhe	2-4	5-10 Sek.
Freeze	2-3	3-7 Sek.
Isometrisches Training vorn-hinten	2-4	3-7 Sek.
Vorne auf - flexibler Untergrund	2-4	5-10 Sek.

Stretching & Slalom

Übung	Wiederholung	Dauer
Nackenstretching	2-3	3-7 Sek.
Slalomtraining mit Erhöhungen	2-5	
Cavaletti umrunden	2-5	

Isometrisches Training und Gewichtsverlagerungen

Hinten auf - Kniehöhe

Womit: Kniehohe feste Erhöhung wie zum Beispiel ein kleiner Hocker, Tritt oder Stepper, auf dem dein Hund mit den Hinterläufen stehen kann
Optional: Targets oder Sensimats für die Pfotenpositionierung

Wichtig:

Für die korrekte Position deines Hundes ist es wichtig, dass du auf die richtige Belohnungsposition achtest. Diese sollte so tief sein, dass dein Hund seinen Kopf in der Verlängerung seiner Wirbelsäule halten kann und nicht nach oben schauen muss, um das Leckerli zu nehmen.

Was:
Intensives Krafttraining für die Vorderhand, den Schultergürtel und den oberen Rücken. Auch das Vertrauen in die Vorderhand, die Koordination, das Gleichgewicht und ein gutes Körpergefühl werden trainiert.

Wann nicht: Instabilität der Vorderhand, zum Beispiel Frakturen vor Abschluss der Verknöcherungsphase, nach einer Operation in der Vorderhand vor Freigabe zum Bewegungstraining

Wie:
Für die Übung benötigst du eine etwa kniehohe, rutschfeste Erhöhung. Dein Hund soll sich nun nur mit der Hinterhand auf die Erhöhung stellen und die Position für einige Sekunden halten, bevor du sie wieder auflöst. Dabei sollten alle vier Pfoten möglichst korrekt positioniert sein. Führe deinen Hund dazu auf die Erhöhung, mit der Vorderhand tritt er dann vorne wieder herunter, sodass die Hinterläufe auf der Erhöhung verbleiben.

Die Übung ist ein intensives Krafttraining für die Vorderhand. Hier führe ich Tessas Kopf gerade noch etwas niedriger.

Wenn dein Hund die Übung nicht kennt, kannst du ihn zum Beispiel mit einem Leckerli führen. Danach kannst du dies durch ein Wort- oder Sichtsignal ersetzen.

Achte darauf, dass die Belohnungsposition entsprechend tief ist, sodass der Kopf in Verlängerung der Wirbelsäule gehalten wird.

Freeze

Was:
Die Übung Freeze stärkt die Tiefenmuskulatur deines Hundes und fördert die Koordination, das Gleichgewicht und die Propriozeption.

Wann nicht: Keine Einschränkung

Womit (optional): Eine niedrige feste Erhöhung, Targets oder Sensimats für die Pfotenpositionierung

Wie:
Dein Hund befindet sich für die Übung in der Ausgangsposition Steh. Seine Pfoten sollten möglichst korrekt positioniert sein. Nun setzt du mit deiner flachen Hand leichte Druckimpulse jeweils für wenige Sekunden an verschiedenen Stellen seines Körpers, wie zum Beispiel an der Schulter, dem Knie, am Rumpf, auf der Kruppe, am Sprunggelenk oder an der Hüfte. Du kannst hier frei jeden Punkt des Hundekörpers wählen. Dein Hund wird entsprechend gegenhalten, die Muskulatur anspannen und sich ausbalancieren. Der Druck sollte minimal sein und von dir in der Stärke gehalten werden, sobald du eine Muskelanspannung spürst.

Du kannst deinen Hund dabei unterstützen, seine Position zu halten, wenn er auf einer niedrigen festen Erhöhung steht oder mit seinen Pfoten auf Targets steht.

Du gibst sanfte Druckimpulse an verschiedenen Stellen des Körpers, wie hier beispielhaft an der Schulter gezeigt.

Isometrisches Training vorn-hinten

Was:
Stärkung der Rumpfmuskulatur und der Stabilisatoren. Gleichzeitig werden Körpergefühl, Balance und Koordination trainiert.

Wann nicht: Keine Einschränkung

Womit (optional): Eine niedrige Erhöhung, Targets oder Sensimats für die Pfotenpositionierung

Wie:
Für die Durchführung der Übung befindet sich dein Hund in der Ausgangsposition Steh. Achte darauf, dass er diese möglichst korrekt einnimmt. Unterstützend kannst du stimulierende Untergründe unter die Pfoten legen oder eine niedrige feste Erhöhung einsetzen. Du stellst oder hockst dich zunächst vor deinen Hund. Lege beide Hände auf seine Brust und übe einen leichten, gleichbleibenden Druck aus. Halte die Position wenige Sekunden, bevor du langsam wieder lockerlässt. Wenn dein Hund klein ist, reicht es aus, wenn du hier nur eine Hand nimmst, die du mittig auf seiner Brust platzierst.

Zunächst geben wir einen sanften Druckimpuls auf den Brustbereich des Hundes.

Stelle oder hocke dich nun hinter deinen Hund. Lege deine Hände von hinten auf seine Oberschenkel und übe mit beiden Händen gleichzeitig einen leichten, gleichmäßigen Druck aus, so, als würdest du ihn von dir wegschieben wollen, bis du spürst, dass dein Hund seine Muskulatur anspannt. Halte auch hier wieder wenige Sekunden den Druck und reduziere ihn dann langsam wieder.

Dann hocken wir uns hinter den Hund und geben einen leichten Druck von hinten auf die Oberschenkel, als würden wir den Hund von uns wegschieben wollen.

Vorne auf - flexibler Untergrund

Womit:
Balance Pad oder Airex Pad, alternativ Kissen oder ähnliches, worauf dein Hund mit den Vorderpfoten stehen kann

Was:
Leichtes Krafttraining für die Hinterhand und den unteren Rücken. Durch den flexiblen Untergrund wird auch die Vorderhand intensiv gestärkt. Auch das Vertrauen in die Hinterhand, die Koordination, das Gleichgewicht und ein gutes Körpergefühl werden trainiert.

Hier findest du eine Videoanleitung zur Übung „Vorne auf - flexibler Untergrund".

Wann nicht: Instabilität der Hinterhand, zum Beispiel Frakturen vor Abschluss der Verknöcherungsphase, nach einer Operation in der Hinterhand vor Freigabe zum Bewegungstraining

Toller Effekt der Übung: Bewusstere Wahrnehmung der Hinterhand und zugleich Krafttraining für die Vorderhand.

Wie:
Für das Vorne auf auf einem flexiblen Untergrund benötigst du eine flexible Erhöhung wie ein Balance Pad, auf dem dein Hund bequem mit den Vorderläufen stehen kann. Für die Übung führst du deinen Hund mit den Vorderpfoten auf die Erhöhung. Die Position soll er dann einen Moment halten. Bei der Übung solltest du darauf achten, dass dein Hund seine Vorder- und Hinterpfoten möglichst korrekt ausrichtet. Löse die Position dann wieder auf, bevor ihr die nächste Wiederholung macht.

Da Hannibal bei der Übung bereits erfahren ist, nehmen wir sehr nachgiebige Balance Pads.

Stretching & Slalom

Nackenstretching

Was:
Mit der Übung hältst du Muskulatur, Sehnen und Bänder von Hals und Nacken elastisch und förderst die Beweglichkeit in diesem Körperbereich. Zusätzlich trainierst du mit Koordination und Gleichgewicht deines Hundes.

Wann nicht: Instabilität der Halswirbelsäule, zum Beispiel beim Caninen Wobbler-Syndrom

Womit (optional): Targets oder Sensimats für die Pfotenpositionierung

Wie:
Für das Nackenstretching befindet sich dein Hund in der Ausgangsposition Steh. Seine Pfoten sollten möglichst korrekt positioniert sein. Stelle oder hocke dich vor ihn. Nun führst du ein Leckerli vor seiner Nase langsam jeweils nach links, rechts, oben und unten. Um an das Leckerli zu kommen, wird dein Hund der Bewegung deiner Hand folgen. Halte die Positionen jeweils wenige Sekunden, führe deine Hand dann wieder in die Ausgangsposition und belohne deinen Hund. Falls du bemerkst, dass dein Hund zu Beginn des Trainings etwas steif in seiner Bewegung ist oder eine Bewegung in die eine Richtung besser klappt als in die andere, ist dies ganz normal. Es geht nicht darum, dass er direkt in die maximale Beugung oder Streckung geht, sondern dass er diese langsam steigert. Er sollte bei der Übung mit den Pfoten möglichst in der Position bleiben. Manche Hunde mögen es lieber, wenn man über ihnen steht. In diesem Fall empfehle ich dir, von dort aus ein Leckerli zu führen.

Cash stretcht seinen Nacken hier nach oben …

… nach unten …

… und auch nach links und rechts und hält dabei seine Pfotenposition sehr gut.

Slalomtraining mit Erhöhungen

Womit: Pylonen oder alternativ zum Beispiel Steine, Eimer, Blumentöpfe – hier sind runde Hindernisse besonders gut, da sie die Seitwärtsbeugung besonders gut unterstützen. Niedrige, feste Erhöhungen zum Übersteigen.

Was:
Beim Slalomtraining mit Erhöhungen wird die Seitwärtsbeugung der Wirbelsäule intensiviert und die Muskulatur des Rückens und der Läufe gestärkt. Durch die Erhöhungen zwischen den Pylonen wird die Motorik zusätzlich gefördert. Weiterhin trainieren wir eine gleichmäßige Belastung aller vier Läufe, gesunde Bewegungsabläufe sowie Balance und Koordination.

Wann nicht: Nach Rückenoperationen vor Freigabe zum Bewegungstraining

Neben der Slalombewegung muss der Hund hier noch Höhenunterschiede absolvieren.

Wie:
Für das Slalomtraining mit Erhöhungen stellst du vier bis fünf Pylonen in einer geraden Linie auf. Dazwischen positionierst du Erhöhungen. Bei der Übung geht es darum, dass dein Hund die Pylonen in einer Vorwärtsbewegung langsam abwechselnd links und rechtsherum umrundet. Auf die zwischen ihnen platzierten Erhöhungen soll er in der Vorwärtsbewegung entsprechend auf- und absteigen. Dein Hund sollte sich langsam im Schritt vorwärtsbewegen, damit er seine Bewegungen und Schritte möglichst bewusst wahrnimmt. Achte darauf, dass dein Hund die Hindernisse in beide Richtungen umrundet.

Wenn dein Hund dazu neigt, zu schnell zu werden, dann führe ihn mit deiner Hand. Diese kannst du sukzessive wieder abbauen, wenn er die Übung verstanden hat. Alternativ empfehle ich dir, zunächst mit nur zwei Hindernissen zu beginnen.

Durch die Erhöhungen zwischen den Pylonen steigern wir den koordinativen Anspruch.

Cavaletti umrunden

Womit: Cavalettistangen, alternativ zum Beispiel Besenstangen oder Äste

Was:
Beim Umrunden der Cavaletti wird die Flexibilität der Wirbelsäule in einer großzügigen seitlichen Beugung gefördert. Zugleich stärken wir die gleichmäßige Belastung beider Körperseiten. Mittels langsamer, bewusster Bewegungen werden ein gesunder Bewegungsablauf, motorische Fähigkeiten, Balance und Koordination des gesamten Hundekörpers gefördert.

Wann nicht: Dein Hund sollte die Basisvariante des Slalomtrainings beherrschen.

Wie:
Für diese Übung benötigst du vier bis fünf Cavaletti, die du in einer Reihe mit etwa einer Rückenlänge bis Hundelänge Abstand aufbaust. Ziel ist es nun, dass dein Hund langsam im Schritt die Hindernisse in Slalomform umrundet. Bei Bedarf kannst du auch eine Führhand nutzen, um ihn besser in einer langsamen Vorwärtsbewegung zu führen. Diese kannst du sukzessive wieder abbauen, wenn dein Hund die Übung verstanden hat.

Beim Umrunden der Cavaletti erreichen wir eine Seitwärtsbeugung der Wirbelsäule.

Darüber, wie nah die Cavaletti beieinanderstehen, steigern wir die Schwierigkeit.

Mit dieser Übung kann man eine schöne, große Slalombewegung erreichen, wie Josie hier toll zeigt.

Aufbau: Cavaletti umrunden

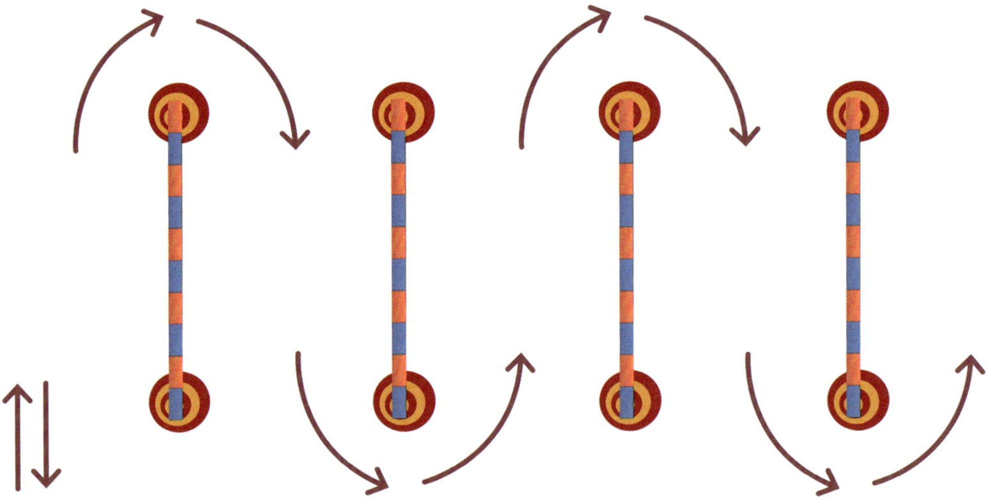

Trainingsmodul 6

Im sechsten Trainingsmodul erwarten dich und deinen Hund nochmals tolle Varianten der Basisübung Steh als Auffrischung und Anstoß für weiteren Trainingsfortschritt. Auch den Hindernisparcours greifen wir nochmal auf. Eine Übung, die ich sehr gern mag und die man ganz wunderbar immer wieder anders gestalten kann – ganz so, wie die körperlichen Bedürfnisse und Fähigkeiten des Hundes sind. Auch neue Cavalettivarianten dürfen nicht fehlen, denn hiermit schaffen wir es auch im sechsten Trainingsmodul wieder, ein kleines, aber feines Ganzkörpertraining zu gestalten, die Gelenkbeweglichkeit zu verbessern und die Kraft zu stärken, inklusive sanfter Mobilisierung der Wirbelsäule. Das ergänzen wir im Übungsteil „Stretching & Slalom" noch durch vier verschiedene aktive Mobilisierungsübungen, die den gesamten Körper in seiner Beweglichkeit verbessern. Zudem erwarten dich Koordinationsübungen, die sehr anspruchsvoll sind und die es in Ruhe und Schritt für Schritt zu erarbeiten gilt. Die Übungen Balance-Parcours und Elefantentrick sind sehr schwierig und ich habe sie daher bewusst als „Bonus" markiert. Du kannst sie zusätzlich mit ins Training aufnehmen, wenn sie für deinen Hund körperlich machbar sind. Wenn du dich entscheidest, die Übungen auszulassen, ist das Training für deinen Hund jedoch keinesfalls weniger wirkungsvoll. Denk daran: Der Weg ist das Ziel, auch im Training. Ich wünsche dir und deinem Hund viel Freude beim Training.

Warm up Übungen für alle Trainingstage

Übung	Wiederholung	Dauer
Rückenstretching (Anleitung siehe Seite 138)	2-3	3-5 Sek.
Cross-Cavaletti (Anleitung siehe Seite 149)	2-3	

Übungen Trainingstag 1 und 3

Basics

Übung	Wiederholung	Dauer
Steh-Training mit getrennten Erhöhungen - Vorderhand erhöht (Anleitung siehe Seite 158)	2-4	
Steh-Training mit getrennten Erhöhungen - Hinterhand erhöht (Anleitung siehe Seite 179)	2-4	
Hindernisparcours (Anleitung siehe Seite 150)	2-5	

Cavalettitraining

Übung	Wiederholung	Dauer
Cavalettitraining Slalom für Fortgeschrittene	2-5	
Cavalettitraining Hinterhand	2-5	
Cavalettitraining mit Balance Pads	2-5	
Cavalettitraining Around	2-5	

Cavalettitraining

Cavalettitraining Slalom für Fortgeschrittene

Womit: Cavalettistangen, alternativ zum Beispiel Besenstangen, Äste

Was:
Beim Cavalettitraining Slalom für Fortgeschrittene werden die Gelenkbeweglichkeit und die Muskulatur aller vier Läufe trainiert. Zusätzlich stärken wir die individuelle Belastung beider Körperseiten und eine sanfte Seitwärtsbeugung der Wirbelsäule durch die Slalombewegung. Wir fördern zudem gesunde Bewegungsabläufe, Balance und Koordination des gesamten Hundekörpers.

Wann nicht: Bei versteiften Gelenken. Dein Hund sollte die Basisvariante des Cavalettitrainings bereits beherrschen.

Beim Cavaletti Slalom für Fortgeschrittene werden die Hürden nicht nur seitwärts überschritten, sondern weitere auch in der Vorwärtsbewegung.

Eine langsame Führung des Hundes und bewusste, präzise Bewegungen sind hier sehr wichtig.

Wie:

Für das Cavalettitraining Slalom für Fortgeschrittene benötigst du fünf bis sechs Hürden. Drei Hürden baust du in einer Längsreihe aneinander stehend auf. Drei weitere Cavalettistangen positionierst du jeweils seitlich, ein bis zwei auf der einen Seite, eine auf der anderen Seite, sodass dein Hund diese in der normalen Vorwärtsbewegung absolvieren kann. Die Stangen sollten maximal Handgelenkhöhe haben. Er sollte bequem darübersteigen können, damit er zum Springen verleitet wird. Führe deinen Hund nun langsam über die Cavaletti. Die Übung ist motorisch und koordinativ sehr anspruchsvoll, da zum kombinierten Übersteigen der Cavaletti in der Vorwärts- und Seitwärtsbewegung noch ergänzend die Slalombewegung kommt. Bei Bedarf kannst du eine Führhand nutzen, um deinen Hund besser in einer langsamen Vorwärtsbewegung zu führen. Diese kannst du sukzessive wieder abbauen, wenn er die Übung verstanden hat.

Aufbau: Cavalettitraining Slalom für Fortgeschrittene

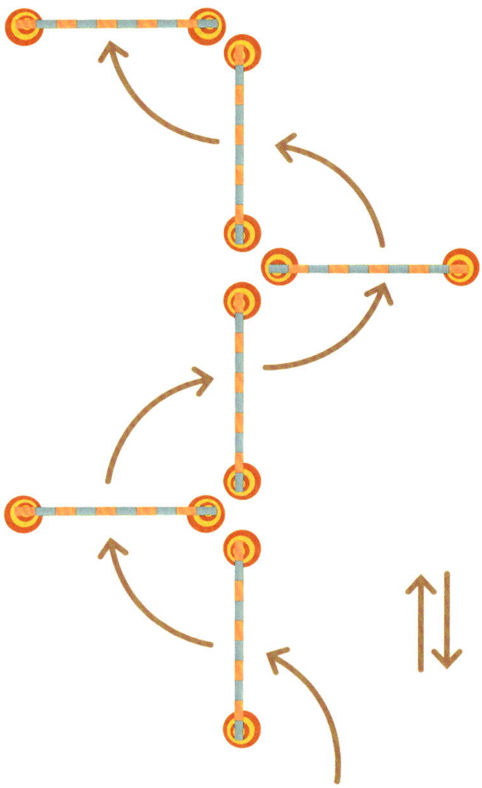

Cavalettitraining Hinterhand

Womit: Cavalettistange, alternativ zum Beispiel Besenstange oder Ast.
Optional: Targets oder Sensimats für die Pfotenwahrnehmung

Bandit nimmt die Ausgangsposition ein. Die Vorderhand befindet sich vor der Hürde.

Was:
Bei der Übung Cavaletti Hinterhand werden insbesondere die Gelenkbeweglichkeit und die Muskulatur der Hinterhand sowie deren motorischen Fähigkeiten trainiert. Eine bewusste und individuelle Ansteuerung der Hinterhand wird gefördert. Mittels langsamer, bewusster Vor- und Rückwärtsbewegungen der beiden Hinterläufe über die Hürde werden Bewusstsein, Bewegungsablauf, Balance und Koordination der Hinterhand intensiv trainiert.

Wann nicht: Bei versteiften Gelenken

Nun geht es nur mit den Hinterläufen vorwärts über die Hürde.

Nun geht es rückwärts wieder mit der Hinterhand über die Stange. Als Hilfe nutzen wir Sensimats.

Wie:
Für die Übung Cavaletti Hinterhand benötigst du eine Hürde, die etwa handgelenkhoch ist, sodass dein Hund sie gut übersteigen kann. Dein Hund steht auf der einen Seite vor der Hürde in der Position Steh. Du stehst oder hockst auf der anderen Seite der Hürde. Lasse ihn nun mit den Vorderläufen zunächst über die Hürde steigen. Das ist eure Ausgangsposition. Animiere deinen Hund nun, mit den Hinterläufen einen Schritt nach vorne über die Cavalettistange auf dich zu zu machen. Im nächsten Schritt soll er nun wieder einen Schritt rückwärts nur mit der Hinterhand über die Stange machen. Belohne ihn, um dann mit der nächsten Wiederholung zu starten. Es geht nur um einen Schritt mit beiden Hinterläufen nach vorne und wieder zurück.

Wenn dein Hund diese Übung noch nicht kennt, kannst du ihn im ersten Schritt mit einem Leckerli vor seiner Nase, das du von ihm wegbewegst, über die Hürde locken. Um ihn zum Rückwärtsgehen zu bewegen, führst du im nächsten Schritt ein Leckerli langsam auf seine Nase zu, sodass er automatisch einen Schritt zurückgeht. Wenn dein Hund verstanden hat, was er machen soll, kannst du schrittweise auch ein Sicht- oder Wortsignal aufbauen und ihn entsprechend nach einer Wiederholung belohnen.

Zusätzlich kannst du einen stimulierenden Untergrund, zum Beispiel in Form eines Targets mit Noppen, unterlegen und es deinem Hund so erleichtern, seine Hinterhand besser wahrzunehmen.

Cavalettitraining mit Balance Pads

Womit: Cavalettistangen, alternativ zum Beispiel Besenstangen oder Äste, Balance Pads oder alternativ beispielsweise Kissen

Was:
Beim Cavalettitraining mit Balance Pads werden die Gelenkbeweglichkeit und die Muskulatur aller vier Läufe trainiert. Durch die zwischen den Cavaletti positionierten Balance Pads ist der motorische Anspruch nochmals intensiver und zugleich werden beim Laufen über die Balance Pads die Vorder- und Hinterhand intensiv muskulär trainiert und koordinativ stark gefördert.

Wann nicht: Bei versteiften Gelenken. Dein Hund sollte die Basisvariante des Cavalettitrainings bereits beherrschen.

Wie:
Für das Cavalettitraining mit Balance Pads benötigst du vier bis fünf Hürden, die du in einer Reihe mit etwa einer Rücken- bis Hundelänge Abstand aufbaust. Die Stangen sollten etwa Handgelenkhöhe haben. Zwischen den Hindernissen positionierst du nachgiebige Erhöhungen wie

Bei dieser Cavalettivariante kombinieren wir das klassische Cavaletti mit Balancetraining und schaffen so ein wirkungsvolles Training.

Balance Pads oder Airex Pads. Je nachdem, wie erfahren dein Hund bereits mit flexiblen Untergründen ist, nimmst du weniger oder stärker nachgiebige Pads. Alternativ kannst du auch Kissen oder ähnliches nehmen. Führe deinen Hund nun langsam über die Cavaletti und die flexiblen Untergründe, über die er in der Vorwärtsbewegung hinauf und hinunter steigt. Achte auf möglichst bewusste Bewegungen. Bei Bedarf kannst du auch eine Führhand nutzen, um ihn besser in einer langsamen Vorwärtsbewegung zu leiten. Diese kannst du sukzessive wieder abbauen, wenn dein Hund die Übung verstanden hat.

Wichtig ist, dass die Bewegungen langsam und bewusst sind und der Hund genügend Raum hat, um auch auf festem Boden aufzufußen.

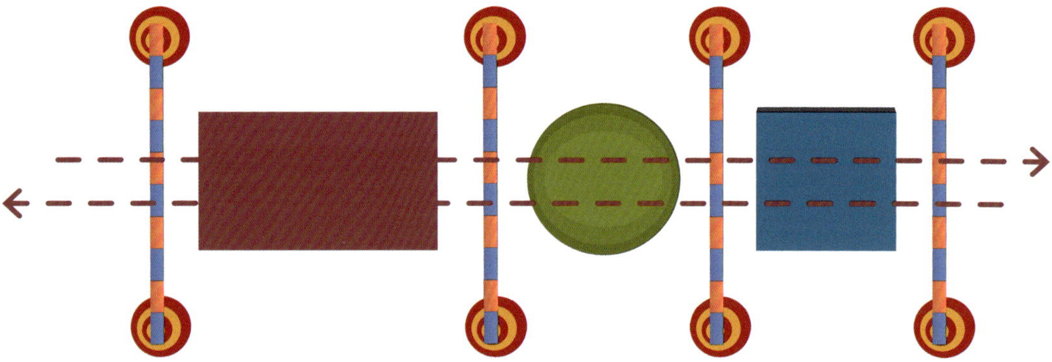

Aufbau: Cavaletti in Rücken-Hundelänge Abstand mit verschiedenen Balance Pads

Cavalettitraining Around

Womit: Cavalettistangen, alternativ zum Beispiel Besenstangen oder Äste

Was:
Beim Cavalettitraining Around werden die Gelenkbeweglichkeit und die Muskulatur aller vier Läufe trainiert. Mittels langsamer, bewusster Bewegungen wird ein gesunder Bewegungsablauf gefördert. Durch die schräge Anordnung der Stangen werden Motorik, Balance und Koordination des Hundes sehr intensiv gefördert.

Wann nicht: Bei versteiften Gelenken. Dein Hund sollte die Basisvariante des Cavalettitrainings bereites beherrschen.

Wie:
Für das Cavalettitraining Around benötigst du acht Hürden, wobei du sechs Stangen so aufbaust, dass du in der Mitte die Pylone aufstellst, in die du eine Hürde jeweils rechts und links mit dem einen Ende einlegst, sodass sie schräg auf den Boden aufliegt. Jeweils vor Kopf positionierst du jeweils die beiden anderen Hürden, die du auch nur auf einer Seite in die Pylone einlegst und die andere Seite liegt direkt auf den Boden auf.

So erhältst du einen Cavalettiparcours, den dein Hund in einer ovalen Form umlaufen kann und die schräg gestellten Cavaletti im Schritt übersteigt. Du kannst hier sehr gut für die Orientierung deines Hundes mit einer Führhand arbeiten. Diese kannst du sukzessive auch wieder abbauen, wenn dein Hund die Übung verstanden hat.

Bei dieser Übung ist der besondere Anspruch, dass dein Hund durch die schrägen Stangen rechten und linken Lauf unterschiedlich hoch anheben muss.

Wichtig ist auch hier, dass die Cavalettivariante in beide Richtungen absolviert wird.

Aufbau: Cavalettitraining Around

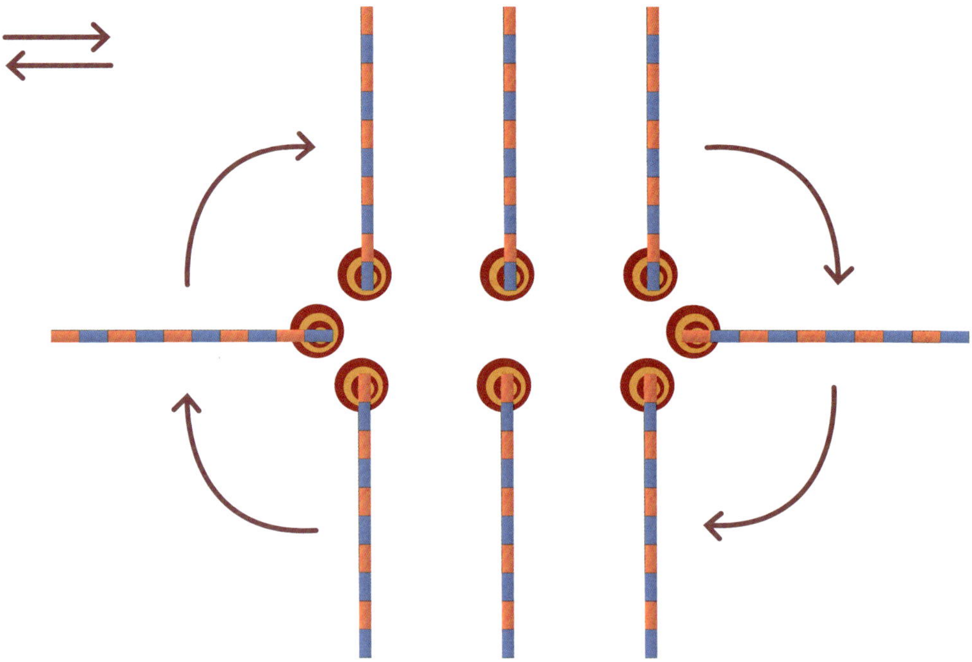

Übungen Trainingstag 2 und 4

Koordination

Übung	Wiederholung	Dauer
Back Step	2-4	
Balanceparcours (Bonus)	2-4	
Elefantentrick (Bonus)	2-4	

Stretching & Slalom

Übung	Wiederholung	Dauer
Verbeugen auf getrennten Erhöhungen	2-5	
Sit Pretty	2-4	3-7 Sek.
Rechts-Links Umrunden	2-5	
Slalomtraining mit unterschiedlichen Abständen	2-5	

Koordination

Back Step

Womit: Niedrige feste Erhöhung, auf die der Hund mit allen vier Läufen passt

Was:
Bewusstmachen und bewusstes Ansteuern der Hinterhand und Förderung der motorischen Fähigkeiten, Förderung der Beweglichkeit und Stärkung der Muskulatur der Hinterhand.

Wann nicht: Patellaluxation sowie Kreuzbandriss postoperativ vor dem Ziehen der Fäden und Freigabe zum Bewegungstraining

Hier findest du eine Videoanleitung zur Übung „Back Step".

Tessa nimmt zunächst die Position Steh ein. Als Hilfsmittel nutzen wir zusätzlich eine Sensimat zur Pfotenwahrnehmung.

Ich motiviere sie dann, langsam und nur mit der Hinterhand …

Wie:
Für diese Übung führst du deinen Hund mit allen vier Pfoten auf eine niedrige ausreichend große, feste Erhöhung. Sie sollte maximal Handgelenkhöhe haben. Dein Hund soll nun eine möglichst korrekte Ausgangsposition Steh einnehmen. Animiere ihn dann, nur mit seinen Hinterpfoten langsam und bewusst einen Schritt rückwärts von der Erhöhung herunterzusteigen. Dabei sollte er möglichst gerade heruntersteigen. Dann soll er wieder auf die Erhöhung steigen und die Position Steh wieder einnehmen. Wenn dein Hund die Übung noch nicht kennt, führe ein Leckerli langsam auf seine Nase zu. Bestärke ihn, sobald er eine kleine Rückwärtsbewegung macht. Er sollte sich dabei nicht seit-rückwärts wegdrehen, sondern eine gerade Rückwärtsbewegung machen. Dies braucht eventuell etwas Zeit, weil es für Hunde eher ungewohnt ist, rückwärtszugehen und sehr anspruchsvoll, die Hinterhand so bewusst anzusteuern.

… rückwärts von der Erhöhung hinunterzutreten.

Im Verlaufe des Trainings wird dein Hund sicherer kleine Rückwärtsbewegungen machen, bis er schlussendlich die Schritte rückwärts von der Erhöhung macht. Bereits das Erarbeiten der Bewegung hat einen sehr großen Effekt, weil dein Hund die Hinterhand lernt, bewusst wahrzunehmen und anzusteuern. Gib ihm daher genug Zeit im Aufbau der Übung. Wenn dein Hund die Übung verstanden hat, kannst du ein Wortsignal oder Zeichen aufbauen und nach jeder Wiederholung belohnen und das Leckerli zur Führung abbauen.

Aus der Position Steh heraus …

… tritt Roger rückwärts vom Hindernis herunter.

Balanceparcours

Womit: Balance Pads, Airex Pads, alternativ Kissen, Matratze oder ähnliches

Was:
Diese Übung fördert gezielt die motorischen Fähigkeiten deines Hundes, seine Koordination, das Gleichgewicht und ein gutes Körpergefühl. Zugleich wird mit der Übung das Vertrauen in seinen Körper und seine gesamte Muskulatur gestärkt.

Wann nicht: Akute Verletzungen oder nach Operationen vor Freigabe zum Bewegungstraining, in der Ruhigstellungsphase

Wie:
Für die Durchführung der Übung baust du einen kleinen Parcours aus nachgiebigen Untergründen wie beispielsweise Balance Pads oder Airex Pads auf. Falls du diese nicht zur Hand hast, kannst du auch eine Matratze, ein dickeres Kissen, eine Luftmatratze mit einer Decke darüber oder andere nachgiebige Materialien nutzen.

Tipp:

Wähle die nachgiebigen Untergründe immer passend zu den Bedürfnissen deines Hundes aus. Zu Beginn empfehle ich dir, weniger nachgiebige Untergründe zu wählen. Ist dein Hund sicher und erfahren damit, kannst du weichere Untergründe nutzen.

Entsprechend den Bedürfnissen deines Hundes kannst du eher leicht nachgiebige …

... oder auch stärker nachgiebige Untergründe verwenden.

Nun führst du deinen Hund langsam über diesen Parcours. Gehe bitte in jedem Fall neben deinem Hund her. Wenn dein Hund schnell nervös oder aufgeregt ist, kannst du ihn unterstützen, indem du ihn mit einer Führhand leitest. Diese kannst du sukzessive wieder abbauen, wenn dein Hund die Übung verstanden hat.

Elefantentrick

Womit: Feste Erhöhung, zum Beispiel kleiner Hocker oder Target, auf die der Hund mit den Vorderläufen passt, bei erfahrenen Hunden gegebenenfalls ein Balance Pad.

Was:
Die Übung trainiert intensiv motorische und koordinative Fähigkeiten und ein gutes Körpergefühl. Zusätzlich werden die Hinterhand und der untere Rücken muskulär gestärkt. Auch die individuelle Ansteuerung der Hinterläufe und das Vertrauen in diese werden verbessert.

Hier findest du eine Videoanleitung zur Übung „Elefantentrick".

Wann nicht: Schmerzen im unteren Rücken, X-Beine (Hinterhand)

Beim Elefantentrick sind ein kleinschrittiger Aufbau und eine feine Körpersprache wichtig.

Wie:

Für die Übung steht dein Hund mit seinen Vorderläufen auf einer kleinen Erhöhung oder einem Target. Du stellst dich vor ihn. Nun hältst du ihm ein Leckerli vor seine Nase und bewegst dich einen kleinen Schritt nach links oder rechts. Dein Hund soll dabei deiner Bewegung folgen, mit der Vorderhand aber auf der Erhöhung beziehungsweise dem Target verbleiben und nur mit der Hinterhand einen Schritt zur Seite machen.

Belohne deinen Hund für jede kleine Bewegung, die er zur Seite macht. Im weiteren Aufbau wiederholst du die Übung, indem du abwechselnd einen Schritt nach links und rechts machst. Wenn dein Hund dann sicher verstanden hat, was er tun soll, kannst du beim nächsten Mal die Anzahl der Schritte erhöhen, bis dein Hund schlussendlich mit den Hinterpfoten einmal im Kreis herum um das Hindernis gegangen ist.

Du kannst im Verlauf des Trainings ein Wort- und Sichtsignal aufbauen und deinen Hund dann nur noch am Ende einer Wiederholung belohnen. Diese Übung birgt eine hohe Komplexität. Ich empfehle dir daher, sie kleinschrittig aufzubauen. Auch der Aufbau der Übung bietet bereits einen guten Trainingseffekt. Der Weg ist das Ziel.

Der Hund sollte sich nicht gedrängt fühlen, sondern in einer sanften Bewegung mit dem Menschen sein.

Stretching & Slalom

Verbeugen auf getrennten Erhöhungen

Womit: Zwei gleich hohe Erhöhungen, auf die dein Hund jeweils bequem mit zwei Pfoten passt, zum Beispiel Tritt, Stepper, ein dickes Buch oder ähnliches – achte bitte auf Rutschfestigkeit.

Was:
Das Verbeugen trainiert die Beweglichkeit der Vorderhand und der Brustwirbelsäule, stretcht die Muskulatur der Vorderläufe, der Schultern und des Rückens. Zusätzlich werden die Tiefenmuskulatur und Koordination des Hundes gefördert. Durch die getrennten Erhöhungen erhöht sich der Anspruch der Übungen, da Vorder- und Hinterhand noch bewusster eingesetzt werden müssen.

Wann nicht: Dein Hund sollte das Verbeugen bereits beherrschen. Falls nicht, trainiere zunächst diese Übung.

Für das Verbeugen auf getrennten Erhöhungen geht Tessa zunächst in die Position Steh. Wichtig ist, auf einen passenden Abstand der beiden Erhöhungen zu achten.

In der Verbeugung wird klar, warum der richtige Abstand so wichtig ist: Alle vier Pfoten sollen auf den Erhöhungen bleiben können.

Wie:

Für das Verbeugen auf getrennten Erhöhungen legst du zwei gleich hohe, feste Erhöhungen bereit. Der Abstand sollte so sein, dass dein Hund sich gut auf einer Erhöhung mit der Vorderhand, auf der anderen mit der Hinterhand platzieren kann. Nun soll er sich in der Ausgangsposition Steh auf die Erhöhungen stellen – mit der Vorderhand auf die eine Erhöhung, mit der Hinterhand auf die andere. Seine Pfotenposition sollte möglichst korrekt sein. Gib ihm nun das Signal, die Bewegung Verbeugen zu machen. Dann wechselt ihr wieder ins Steh, bevor ihr die nächste Wiederholung macht. Falls du hinsichtlich der Übung Verbeugen nicht mehr sicher bist, oder dein Hund hier den Aufbau noch einmal verfestigen muss, findest du die Anleitung zur Übung auf Seite 197.

Variation:

Wenn dein Hund die Übung sicher beherrscht, kannst du die Dauer steigern, die er in der Verbeugung bleibt.

Die Position auf getrennten Erhöhungen zu halten ist herausfordernd und verlangt Konzentration.

Sit Pretty

Was:
Sanftes Stretching der Nacken- und Rückenmuskulatur, Stärkung der Muskulatur der Vorderläufe und der Schultern sowie des Rückens und der Kruppe. Auch Balance und Koordination des gesamten Körpers werden gefördert.

Wann nicht: Instabilität oder Schmerzen in der Halswirbelsäule, zum Beispiel nach einer Operation vor Freigabe zum Bewegungstraining

Hier findest du eine Videoanleitung zur Übung „Sit Pretty".

Womit (optional): Target für die Pfotenpositionierung

Wie:
Für die Übung befindet sich dein Hund in der Ausgangsposition Sitz. Du stellst oder hockst dich neben oder vor deinen Hund. Halte nun ein Leckerli dicht über die Nase deines Hundes und führe es sehr langsam senkrecht ein klein wenig nach oben. Dein Hund wird sich nun danach recken. Perfekt! Achte darauf, dass er nicht aufspringt. Falls dies passiert, ist es möglich, dass du das Leckerli zu schnell nach oben geführt hast oder es zu hoch hältst. Hier sind viel Timing und Feingefühl deinerseits gefragt. Perfekt ausgeführt ist die Übung, wenn dein Hund den Hals streckt und sich mit den Vorderpfoten leicht auf die Zehenspitzen stellt. Halte die Position für wenige Sekunden und führe dann das Leckerli langsam wieder in die Ausgangsposition. Hier belohnst du deinen Hund.

Tipp:
Wenn dein Hund den Nasentouch kennt, kannst du auch diesen zum Aufbau der Übung nutzen.

Falls es deinem Hund schwerfällt, auf der Stelle sitzen zu bleiben, kannst du dir auch ein Target zur Hilfe nehmen, auf das er die Vorderpfoten stellt.

Hier ist schön zu sehen, wie Simba den Kopf nach oben reckt und auch mit den Vorderpfoten auf den Zehenspitzen steht.

Rechts-Links Umrunden

Womit: Eine Pylone, alternativ einen Blumentopf, Eimer, oder ähnliches – ich empfehle dir in jedem Fall ein rundes Hindernis, da dies die Seitwärtsbeugung sehr gut unterstützt.

Tessa kann ich hier schon über eine größere Distanz …

Was:
Die Übung bietet ein dynamisches Stretching der Rückenmuskulatur in der Vorwärtsbewegung. Zusätzlich werden motorische Fähigkeiten und Koordination des gesamten Körpers gestärkt und gleichmäßige Belastung beider Körperseiten gefördert.

Wann nicht: Instabilität der Wirbelsäule, zum Beispiel nach Operationen vor Freigabe zum Bewegungstraining

… und somit auch mit mehr Dynamik um die Pylone schicken.

Gerade zu Beginn ist eine nahe Führung an der Pylone sehr hilfreich für den Hund.

Wie:
Für die Übung platzierst du ein Hindernis wie zum Beispiel eine Pylone und hockst oder stellst dich in ein bis zwei Meter entfernt davon hin. Nimm deinen Hund zunächst auf deine linke Seite. Bei dieser Übung ist es das Ziel, dass dein Hund lernt, ein Hindernis links- und rechtsherum zu umrunden. Kennt dein Hund die Übung nicht, kannst du ihn mit einem Leckerli animieren, das Hindernis rechtsherum – also im Uhrzeigersinn – zu umrunden. Dann belohnst du ihn. Dies wiederholst du mehrmals. Dann führst du die Übung gegen den Uhrzeigersinn durch, indem du deinen Hund auf deiner rechten Seite neben dich holst und ihn mit deiner Hand – und gegebenenfalls einem Leckerli darin – gegen den Uhrzeigersinn um das Hindernis führst. Auf der anderen Seite angekommen, belohnst du ihn. Auch diese Richtung solltest du mehrfach wiederholen.

Wenn dein Hund die Übung verstanden hat, kannst du neben der Handbewegung auch ein Wortsignal (rechts/links) aufbauen und ihn nach jeder Wiederholung belohnen.

Den Anspruch der Übung kannst du variieren und steigern, indem du dich weiter von dem Hindernis entfernst, sodass dein Hund eine weitere Distanz zurücklegt. Hierbei verändert sich das Tempo deines Hundes. Du kannst aber auch mit den Hindernissen variieren und unterschiedliche große Hindernisse nutzen. Dies verändert die Intensität der Seitwärtsbeugung der Wirbelsäule.

Übrigens:

Es ist in der Regel so, dass das Umrunden deinem Hund in eine der beiden Richtungen leichter fällt. Über das regelmäßige Training kannst du die schwächere Seite sukzessive stärken.

Slalomtraining mit unterschiedlichen Abständen

Womit: Pylonen oder alternativ zum Beispiel Steine, Eimer, Blumentöpfe – ich empfehle dir in jedem Fall runde Hindernisse, da dies die Seitwärtsbeugung sehr gut unterstützt.

Was:
Beim Slalomtraining mit unterschiedlichen Abständen werden eine gleichmäßige Belastung aller vier Läufe, gesunde Bewegungsabläufe, gute motorische Fähigkeiten und Koordination trainiert. Gleichzeitig werden die Seitwärtsbeugung der Wirbelsäule gefördert und die Muskulatur des Rückens und der Läufe gestärkt.

Wann nicht: Nach Rückenoperationen vor Freigabe zum Bewegungstraining, dein Hund sollte die Basisvariante des Slalomtrainings bereits beherrschen.

Die unterschiedlichen Abstände erhöhen den koordinativen Anspruch.

Wie:
Für diese Übung stellst du vier bis fünf Pylonen in unterschiedlichen Abständen zueinander in einer geraden Linie auf. Führe deinen Hund nun langsam in einer Vorwärtsbewegung um die Pylonen abwechselnd links- und rechtsherum. Durch die unterschiedlichen Abstände der Pylonen ist der Anspruch der Übung hoch und die Seitwärtsbeugung der Wirbelsäule intensiver. Dein Hund muss sein Tempo sehr gut dosieren. Auch der motorisch-koordinative Anspruch ist deutlich erhöht. Wenn dein Hund dazu neigt, zu schnell zu werden, führe ihn mit deiner Hand. Die Führhand kannst du sukzessive wieder abbauen, wenn dein Hund die Übung verstanden hat.

Zugleich haben wir eine unterschiedlich intensive Seitwärtsbeugung der Wirbelsäule.

Troubleshooting
Fehlervermeidung, mögliche Schwierigkeiten und Lösungen

Es ist nicht ungewöhnlich, dass beim Training auch mal Schwierigkeiten auftreten können. In diesem Kapitel erfährst du, wie du diese Schwierigkeiten lösen kannst.

Allgemein

Mein Hund ist bei den Übungen sehr aufgeregt. Was kann ich tun?

- Wähle weniger attraktive Leckerlis zur Belohnung.
- Belohne in längeren Abständen.
- Halte die Trainingseinheiten kürzer. Du kannst sie zum Beispiel auch auf 2 x täglich aufteilen.
- Achte auf eine ruhige Trainingsumgebung, ohne Faktoren, die deinen Hund in seiner Konzentration stören.
- Sei selbst ruhig und geduldig mit deinem Hund.
- Gib deinem Hund Pausen zwischen den Übungen oder Wiederholungen, so wie er es braucht. So baust du immer wieder Spannung ab.

Mein Hund hat beim Training nicht genügend Halt. Was kann ich tun?

Achte immer auf einen rutschfesten Untergrund, wie zum Beispiel eine Yogamatte. Böden wie Fliesen, Parkett und Laminat sind zu glatt zum Training.

Was ist die beste Zeit für das Training?

Das ist grundsätzlich egal. Wichtig ist nur, dass du für das Training einen Zeitraum wählst, in dem dein Hund aktiv ist und nicht in einer Ruhepause.

Mein Hund ist nach der Trainingseinheit nicht müde – was kann ich tun?

Du siehst es deinem Hund vielleicht nicht an, doch das Training ist anstrengender, als man glaubt. Es ist nicht das Ziel, dass dein Hund durch das Training müde wird und er muss nicht ausgepowert sein, damit das Training „erfolgreich“ ist. Im Gegenteil, eine starke Ermüdung sollte vermieden werden.

Mein Hund verweigert eine Übung komplett. Was kann ich tun?

- Überprüfe zunächst, ob dein Hund tatsächlich verstanden hat, was du von ihm möchtest. Baue die Übung gegebenenfalls anders auf.
- Wenn du unsicher bist, ob die Übung deinem Hund unangenehm ist oder er Schmerzen hat, dann melde dich gern bei mir.
- Grundsätzlich ist es wichtig, dass wir den Hund grundsätzlich nie zu einer Übung zwingen. Er sollte sich beim Training und mit den Übungen wohlfühlen. Falscher Ehrgeiz ist hier unangebracht.

Grundpositionen

Meinem Hund fällt es schwer, seine Pfoten korrekt zu positionieren. Wie kann ich ihn unterstützen?

- Grundsätzlich bedarf die korrekte Positionierung der Pfoten (regelmäßiger) Übung. Gib deinem Hund also Zeit, sich dies zu erarbeiten.
- Unterstützen kannst du ihn, wenn du zum Beispiel Sensimats, Targets oder andere stimulierende Untergründe unterlegst. Auch eine niedrige feste Erhöhung, auf der dein Hund steht, kann hilfreich sein.
- Wenn du deinem Hund ausreichend Zeit gegeben hast, seine Pfoten zu positionieren und er nicht gut steht, kannst du auch sanft seine Pfoten richtig ausrichten.

Im Sitz und im Platz rutscht mein Hund immer mit dem Po auf die Seite.

Die Ursachen können Angewohnheit sein oder auch eine Ausweichbewegung zum Beispiel bei Rücken- oder Hüftproblemen. Wenn du unsicher bist, ob dein Hund unter einer Erkrankung des Bewegungsapparates leidet und daher die Schonhaltung einnimmt, empfehle ich dir, dies tierärztlich abklären zu lassen.

Grundsätzlich besteht die Möglichkeit, insbesondere dann, wenn es sich um eine Angewohnheit handelt, über ein stetiges Training die Schonhaltung zu verbessern. Doch auch bei einer Erkrankung des Bewegungsapparates ist das Training dienlich, um Schonhaltungen zu mindern. In jedem Fall ist Geduld gefragt. Vielen Hunden hilft es, einen stimulierenden Untergrund oder ein Target unterzulegen oder eine räumlich begrenzende, feste Erhöhung. Das unterstützt den Hund dabei, seine Position korrekt einzunehmen. Achte allerdings darauf, dass die Erhöhung ausreichend groß ist.

Mein Hund weicht dem Druck immer aus. Was kann ich tun?

- Der Druck deiner Hand sollte immer leicht sein. Gib weniger Druck und arbeite nur mit dem Eigendruck deiner Hand. Dies reicht völlig aus.
- Weiterhin kann es deinem Hund helfen, wenn du das Auflegen der Hand mit einem Wortsignal aufbaust und damit die Berührung ankündigst, sodass er sich auf die bevorstehende Berührung vorbereiten kann.
- Der Hund ist eventuell noch nicht vertraut mit dem Gefühl, das durch den leichten Handdruck entsteht und fühlt sich unsicher.

Mein Hund setzt sich einfach hin.

Möglicherweise war die Druckintensitität zu stark oder die Dauer des Drucks zu lang. Gib deinem Hund zwischen den Wiederholungen immer wieder Zeit, sich zu lockern. Arbeite nur mit minimalem Druck. Zu Beginn reicht häufig schon der Eigendruck der Hand, um eine Muskelanspannungen auszulösen.

Mein Hund lässt die Berührung nicht zu.

- Dein Hund ist eventuell noch nicht vertraut mit dem Gefühl, das durch den leichten Handdruck entsteht und fühlt sich unsicher.
- Hier hilft es, noch intensiver am Aufbau der Übung zu arbeiten. Vielen Hunden hilft es beispielsweise, wenn die Berührung mit einem Wortsignal angekündigt wird und er somit weiß, was passieren wird.
- Achte darauf, dass du dich möglichst nicht über deinen Hund beugst. Viele Hunde fühlen sich damit unwohl.

Mein Hund gerät aus dem Gleichgewicht.

- Möglicherweise war der Druck zu intensiv. Arbeite mit sanftem Druck. Dieser sollte nie ruckartig gelöst werden, da dein Hund ansonsten aus dem Gleichgewicht kommen könnte.
- Schaue auch nochmal genau auf die Pfotenposition deines Hundes. Steht er korrekt und gut ausbalanciert? Falls nicht, kannst du noch einmal an der Position Steh arbeiten und ihn auch mit Targets, Sensimats oder einer festen Erhöhung dabei unterstützen, seine Pfoten möglichst korrekt zu positionieren.

Der Hund schaut nach hinten, wenn ich hinter ihm hocke.

Möglicherweise fühlt dein Hund sich unwohl, wenn er nicht sieht, was du machst. Probiere einmal aus, ob es sich verändert, wenn du dich neben deinen Hund hockst.

Cavalettitraining

Mein Hund läuft immer vor die Hürden oder tritt darauf und hebt seine Pfoten nicht richtig an. Was kann ich tun?

- Viele Hunde haben kein gutes Körperbewusstsein, insbesondere gilt dies für die Wahrnehmung ihrer Hinterhand. Im Verlauf des Trainings bessert sich dies in der Regel. Gib deinem Hund zunächst einmal etwas Zeit.
- Wenn du das Gefühl hast, es tritt auch nach einiger Zeit keine Veränderung ein, kannst du zum Beispiel mit dicken Haargummis arbeiten, die du beim Training oberhalb der Pfote anlegst. Dies macht die Läufe entsprechend bewusster. In etwa so wie bei uns, wenn wir ein Armband tragen, das wir sonst nicht tragen. Achte darauf, dass das Haargummi weder einschneidet noch hinderlich schlabbert.
- Baue die Cavaletti niedriger auf. Du kannst sie zu Beginn auch einfach auf den Boden legen.
- Halte in deiner Führhand kein Leckerli beziehungsweise locke deinen Hund nicht mit einem Leckerli in der Hand über die Hürden. Dadurch verliert er seinen Fokus auf das Anheben der Pfoten. Rolle im Übungsaufbau stattdessen ein Leckerli hinter die jeweils nächste Hürde.
- Wenn dein Hund insbesondere mit den Vorderpfoten vor die Cavaletti läuft, versuche einmal, mit dem Abstand etwas zu variieren. Es ist möglich, dass dieser zu groß oder zu klein ist. Für den Beginn ist eine Rücken- bis Hundelänge optimal.

Mein Hund springt immer über die Cavaletti. Was kann ich tun?

- Lege die Stangen niedriger auf, sodass dein Hund bequem hinübersteigen kann.
- Möglicherweise wird er auch durch einen zu engen Abstand der Cavaletti zum Springen verleitet. Stelle die Hürden mit etwas wenig mehr Abstand auf.

Mein Hund wird beim Hürdenlaufen hektisch und zu schnell. Was kann ich tun?

- Trainiere zunächst nur mit zwei Hindernissen, bis dein Hund ruhiger im Training wird.
- Im Übungsaufbau empfehle ich dir, Leckerli langsam hinter die jeweils nächste Hürde zu rollen und nicht mit Leckerli zu locken.
- Belohnen solltest du deinen Hund jeweils nur nach einem Durchgang.
- Führe deinen Hund mit einer Führhand, um sein Tempo zu steuern. Halte dabei bitte kein Leckerli in der Hand.

- Lasse ihn nach jedem Durchgang kurz absitzen.
- Beginne jeden Durchgang aus einer „Ruheposition" heraus. Hier eignet sich das Steh sehr gut.
- Biete deinem Hund zwischen den Wiederholungen ausreichend Pausen, damit er Spannung abbauen kann.

Koordination

Mein Hund findet auf dem Balance Pad keinen Halt. Was kann ich tun?

Wähle einen weniger nachgiebigen, weichen/flexiblen Untergrund. So hat dein Hund mehr Stabilität. Die Auswahl des nachgiebigen Untergrundes sollte immer auf die Bedürfnisse und Fähigkeiten deines Hundes angepasst sein.

Mein Hund bricht die Übung auf dem Balance Pad ab.

Halte die Übungseinheit kürzer und/oder wähle ein festeres Pad, damit er einen stabileren Stand hat. Möglicherweise ist das Balance Pad zu weich und nachgiebig und damit ist es zu anstrengend für ihn, die Position zu halten. Es gilt die Regel: Der Einsatz von nachgiebigen Untergründen geht von fester zu nachgiebiger entsprechend der körperlichen Fähigkeiten des Hundes.

Stretching

Beim Stretching schafft mein Hund es nicht, mit seinen Pfoten auf der Stelle stehen zu bleiben.

- Versuche die Stretchingbewegung weniger intensiv durchzuführen, sondern nur so weit, wie dein Hund die Pfotenposition halten kann. Hier sind etwas Timing und Feingefühl gefragt.
- Zudem kannst du auch hier sehr gut Targets, Sensimats oder kleine räumliche Begrenzungen wie eine feste Erhöhung einsetzen, um ihm das Halten der Position zu erleichtern.

Massagen

Massage ist eine Behandlungsform, die auf Körper und Psyche gleichermaßen entspannend wirkt.

Massage
Sanft Verspannungen und Schmerzen lindern

Massage bietet dir für deinen Hund mit ihrer vielfältigen Wirkweise eine perfekte Ergänzung zum Fitnesstraining. So kannst du nach Bedarf oder beispielsweise an den trainingsfreien Tagen die Muskulatur deines Hundes sanft lockern und Verspannungen lindern. Zugleich wirkt sie auch schmerzlindernd, sogar bei Gelenkschmerzen. Es greift also wieder die Gate-Control-Theorie, über die du im Kapitel zum Thema Schmerzen bereits viel erfahren hast. Die Massage trägt als passive physiotherapeutische Maßnahme zur Fitness und Gesundheit deines Hundesenioren bei und ist eine wirkungsvolle Möglichkeit zur Schmerzlinderung.

Massage ist schon seit mehreren Tausend Jahren für ihre schmerzlindernde und wohltuende Wirkung bekannt. Um genau zu sein, wurden schon vor mehr als 4000 Jahren die ersten Massagegriffe beschrieben. Sie ist somit eine der ältesten Behandlungstechniken der Menschheit. Ihren Ursprung hat sie vermutlich im asiatischen und afrikanischen Raum. Aus dem Humanbereich gibt es verschiedene spannende Studien zur Wirkung von Massage. Beispielsweise haben Studien gezeigt, dass therapeutische Berührungen die Häufigkeit chronischer muskulärer und skelettärer Schmerzen bei älteren Menschen deutlich reduzieren. Auch unsere Hunde empfinden sanfte Massagen als wohltuend und auch zur Schmerzlinderung können wir sie hervorragend einsetzen.

Die Techniken der klassischen Massage aus dem Humanbereich wurden vor vielen Jahren auf die Anatomie des Hundes übertragen und die Massagegriffe auf die körperlichen Strukturen unserer Hunde angepasst. So gibt es verschiedene Massagegriffe wie Streichungen, Knetungen, Zirkelungen, Rollungen und Vibrationen, die auf unterschiedliche Art und unterschiedlich intensiv auf den Hundekörper einwirken.

Da wir wissen, dass unsere Hunde Schmerzen empfinden wie wir Menschen und auch, wie wir eben diese Schmerzen lindern können, ist leicht nachvollziehbar, wie viel wir mit einer Massage bei unseren Hunden erreichen können. Deshalb möchte ich dir hier im Folgenden wichtiges Wissen zur Massage und verschiedene Massagegriffe vorstellen, die du bei deinem Hund anwenden kannst.

Die Wirkung von Massage

Mit verschiedenen unterschiedlich intensiven Grifftechniken behandelst du Haut, Unterhaut und Muskulatur. Eine entspannende Massage lindert muskuläre Schmerzen und Verspannungen, aber auch Gelenkschmerzen. Sie regt die Durchblutung an, der gesamte Körper wird erwärmt, Nerven, Kreislauf und Stoffwechsel werden stimuliert und der Lymphfluss angeregt. Zudem wirkt sie auf den Herzschlag und die Atmung ein. Sie wirkt entspannend und beruhigend auf den Körper und auch auf die Psyche. Zudem wird die Bindung zwischen dir und deinem Hund gestärkt. Bei einer stimulierenden, aktivierenden Massage können wir schlaffe Muskulatur anregen. Das machen wir uns insbesondere bei neurologischen Erkrankungen zu Nutze.

Bitte beachte:

Eine Massage ist tabu bei Tumorerkrankungen, Entzündungen, Trächtigkeit, erhöhter Blutungsneigung, akuten Verletzungen, Fieber und Infektionserkrankungen.

Muskuläre Verspannungen ertasten – Bestandsaufnahme

Ich empfehle dir, dir vor einer Massage einen Überblick zu verschaffen, wie es deinem Hund geht. Taste die Muskulatur sanft ab und erfühle, wo es Verspannungen und Verhärtungen gibt. Gehe hier immer beidseitig vor, um Unterschiede in den Körperseiten und Läufen wahrzunehmen. Spürst du Erwärmungen oder Schwellungen? Zuckt die Muskulatur deines Hundes eventuell am Rücken, wenn du ihn abtastest? Zeigt dein Hund Reaktionen auf das Abtasten und schaut zum Beispiel zum Bereich, den du abtastest, atmet schneller oder weicht aus, schleckt sich über die Lefzen oder ähnliches? Ist die Muskulatur eventuell an einigen Stellen verhärtet oder gibt es Ungleichmäßigkeiten in der Bemuskelung im Seitenvergleich? Du erinnerst dich, auch im Kapitel Hundefitness haben wir zunächst einen „Körperscan" gemacht. Das braucht ein wenig Übung und manchmal hilft es, die Augen zu schließen. Konzentriere dich vollkommen auf das, was die Finger erspüren und „sehen". Deine Hände müssen dafür locker und entspannt sein.

Vor der Massage taste ich zunächst die Muskulatur ab, um Verspannungen und Erwärmungen zu erfühlen.

Wie fühlt sich verspannte Muskulatur an?

Wenn du noch unsicher bist, wie sich verspannte Muskulatur anfühlt, kannst du dies sehr unkompliziert „simulieren", um eine Orientierung zu haben, wenn du deinen Hund abtastest. Lege hierfür deinen Unterarm locker und entspannt mit der Handfläche nach unten auf dem Tisch ab. Fühle nun über die Muskulatur deines Unterarms. Sie ist weich und entspannt. Hebe dann deine Hand im 90-Grad-Winkel an und halte die Position. Taste nun die Muskulatur deines Unterarms ab und du wirst ein Gefühl dafür bekommen, wie sich verspannte Muskulatur anfühlt. Du kannst so auch den Druck der einzelnen Griffe prüfen, wenn du unsicher bist, wie viel Druck bei der Massage richtig ist. Natürlich muss man dabei immer berücksichtigen, was dein Hund als angenehm empfindet.

Wichtige Punkte, bevor es losgeht und zum Ablauf

- Achte auf ein ruhiges und entspanntes Raumklima. Ablenkende Faktoren sollten vermieden werden, damit dein Hund auch wirklich zur Ruhe kommt. Daher empfehle ich dir, den Fernseher auszulassen, nicht nebenbei zu telefonieren und dich vollkommen auf deinen Hund zu konzentrieren.
- Passe einen Moment ab, in dem dein Hund sich ohnehin im Ruhemodus befindet.
- Er sollte zuvor die Möglichkeit gehabt haben, sich zu lösen und keinen vollen Bauch haben. Eine Massage direkt nach dem Fressen, ist nicht zu empfehlen, da der Körper bereits intensiv mit dem Verdauungsprozess beschäftigt ist.
- Schmuck an den Händen und Handgelenken solltest du ablegen, da er hinderlich sein kann. Am besten knetest du deine Hände kurz durch, damit du ein gutes Gefühl in den Händen hast und sie leicht aufgewärmt sind.
- Dein Hund sollte auf einem bequemen Untergrund liegen, nach Möglichkeit in Seitenlage und du sitzt an seinem Bauch.
- Nach Möglichkeit beginnen wir auf der linken Körperseite des Hundes, da diese die herzferne Seite ist. Bei einer Ganzkörpermassage beginnt man in der Regel am Hinterlauf und massiert dann den Rücken. Zum Schluss sind die Vorderbeine an der Reihe.
- Wenn du die eine Körperseite fertig massiert hast, lasse deinen Hund langsam aufstehen und sich dann auf die andere Seite legen. Deinen Hund über den Rücken zu drehen kann gefährlich sein. Es kann zu einer Magendrehung kommen. Außerdem kann es unangenehm für ihn sein.
- Beuge dich möglichst wenig über deinen Hund, da viele Hunde dies als unangenehm empfinden.
- Massiere nicht auf dem Knochen. Das ist unangenehm bis schmerzhaft und zu Reizungen der Knochenhaut führen.
- Arbeite bei der entspannenden Massage immer in Wuchsrichtung des Fells.
- Alle Griffe werden langsam, gleichmäßig und sanft durchgeführt. Wende die Massagegriffe immer mit so viel Druck wie nötig, aber so wenig wie möglich an.
- Sei immer konzentriert bei deinem Hund und achte genau auf seine Reaktionen. Den Kopf heben, Hecheln, Schmatzen und Augen öffnen können beispielsweise Zeichen dafür sein, dass der Druck des Griffs zu hoch war oder deinem Hund etwas unangenehm war.
- Nach der Massage sollte dein Hund die Möglichkeit haben, sich zu lösen, zu trinken und nachzuruhen.
- Was ich dir hier in der Anleitung zur Massage beschreibe, ist das Vorgehen nach dem Lehrbuch. Das Leben richtet sich allerdings nicht immer nach dem Lehrbuch. Wenn dein Hund sich damit unwohl fühlt, sich hinzulegen und zunächst lieber sitzen oder gar stehen möchte, dann akzeptiere dies. Es ist wenig hilfreich, einen Hund in eine Position zu drängen und zu zwingen. Dadurch erreichen wir nur eines: Anspannung und Abwehr. Dabei wünschen wir uns doch, dass unser Hund sich wohlfühlt und entspannt. Wenn dein Hund vertrauter mit der Massage ist, bin ich mir sicher, wird er sich gern von sich aus hinlegen.

Mein Tipp für dich:

Wenn dein Hund gerne Aromaöle mag, kannst du diese auch begleitend zur Massage im Diffusor vernebeln lassen. Schaue hier bitte immer, welchen Duft dein Hund mag. Hier reicht es schon aus, wenn du ihn an der geschlossenen Flasche riechen lässt. Wendet er sich ab und zeigt so, dass er den Duft nicht mag, respektiere das. Viele Hunde bevorzugen übrigens lieber Hydrolate statt Aromaöle, da diese weit weniger intensiv duften und so für die sensible Hundenase angenehmer sind. Solltest du Aromaöle verwenden, achte darauf, dass es keine synthetischen Düfte sind, sondern naturreine ätherische Öle.

Los geht es mit den Massagegriffen

Streichungen

Wir beginnen die Massage mit den Streichungen. Hier unterscheiden wir verschiedene Arten von Streichungen. Alle haben gemeinsam, dass du mit der flachen, entspannten Hand sanft die Muskulatur deines Hundes ausstreichst. Ähnlich wie du es machst, wenn du deinen Hund sanft streichelst.

Die Streichungen sind ein elementarer Massagegriff. Mit ihnen leitest du die Massage ein. Du kannst sie zwischen den einzelnen Griffen als sanften Übergang nutzen und lässt die Massage damit ausklingen. Sie sind sehr sanft und wohltuend und werden langsam durchführt. Bei den Streichungen gleitet die Hand großflächig mit gleichmäßigem Druck über den gesamten Körper. Du spürst Verspannungen und Verhärtungen der Muskulatur, genauso wie Erwärmungen und schmerzhafte Stellen. Dein Hund wird schon nach kurzer Zeit entspannen.

Streichungen wirken beruhigend und entspannend. Die Durchblutung und der Lymphfluss werden angeregt. Haut, Unterhaut und die oberen Muskelschichten werden erwärmt und gelockert.

Durchführung der Streichungen

Es gibt verschiedene Varianten der Streichungen. Grundsätzlich sollte der Druck immer so sein, dass du mit dem Eigendruck deiner Hand arbeitest und die Muskulatur deines Hundes unter deiner Hand spürst. Du hältst deine Hand locker, die Finger sind leicht geschlossen und flexibel. Wenn du die Streichungen mit einer Hand durchführst, ruht deine zweite Hand am Hund. Das gibt ihm zusätzliche Sicherheit und Vertrauen.

Einhandstreichungen

Die Einhandstreichungen werden am Rücken, den Vorder- und Hinterläufen durchgeführt. Deine zweite Hand ruht am Hund. Streiche mit deiner flachen Hand zunächst am Hinterlauf die Muskulatur vom Oberschenkel bis zur Pfote sanft aus. Ertaste dann die Wirbelsäule deines Hundes. Links und rechts neben der Wirbelsäule verläuft die Hals- und Rückenmuskulatur. Führe die Streichungen nun neben der Wirbelsäule vom Hals bis zum Rutenansatz auf der Hals- und Rückenmuskulatur durch. Massiere bitte nicht auf der Wirbelsäule. Im nächsten Schritt führst du die Streichungen an der Muskulatur des Vorderlaufes von der Schulter bis zu den Pfoten durch.

Die Einhandstreichungen führst du beginnend am Hinterhaupt ...

... immer parallel zur Wirbelsäule bis zum Rutenansatz durch.

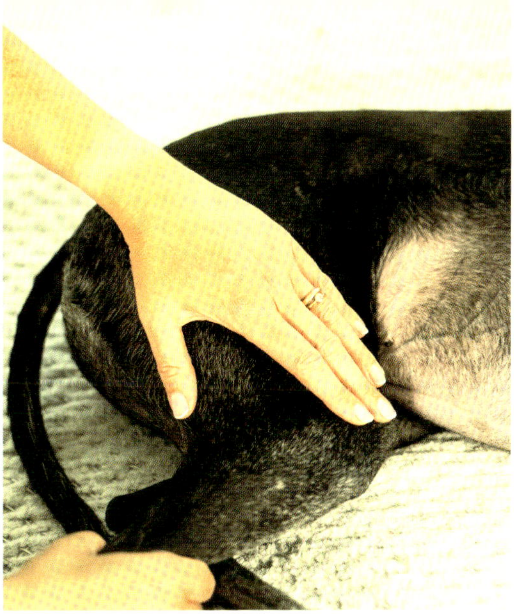

Am Hinterlauf führst du die Streichungen beginnend am Oberschenkel …

… über den gesamten Lauf bis zu den Pfoten durch.

Am Vorderlauf streichst du beginnend an der Schulter den gesamten Lauf …

… bis hin zu den Pfoten aus.

Hand-über-Hand Streichungen

Die Hand-über-Hand Streichungen führst du an der Hals- und Rückenmuskulatur durch. Mit beiden Händen streichst du im Wechsel die Muskulatur links und rechts neben der Wirbelsäule vom Hals bis zum Rutenansatz aus. Du streichst zunächst mit einer Hand und dann folgt die zweite in einer übergreifenden Bewegung.

Bei den Hand-über-Hand Streichungen massierst du ebenfalls die gesamte Muskulatur entlang der Wirbelsäule.

Die erste Hand überkreuzt die zweite Hand und du beginnst wieder von vorn. Die Bewegung ist fließend und langsam.

Falls dein Hund groß ist, kannst du dir auch mehrere Bereiche einteilen. Die streichst du nacheinander aus. Beginne mit Hals und Schulter. Dann den oberen Rücken und zum Schluss den unteren Rücken.

Dabei kommen beide Hände zum Einsatz.

Du führst sie in einer fließenden Bewegung übereinander.

Querstreichungen
Die Querstreichungen werden am Brustkorb deines Hundes quer zum Verlauf der Muskulatur durchgeführt. Dies führt zu einer intensiven Entspannung der Rippenmuskulatur. Für die Querstreichungen legst du deine Hände längs auf den Brustkorb deines Hundes. Lasse deine Hände dann abwechselnd sanft und langsam von der Wirbelsäule den Brustkorb entlang in Richtung Unterseite deines Hundes streichen.

Wiederhole die Streichungen etwa sieben bis zehn Mal pro Grifftechnik und Körperbereich, den du massierst.

Du legst deine Hände im Querverlauf zu den Rippen am Brustkorb auf.

Tipp:

Die Streichungen kannst du auch sehr gut einsetzen zwischen den einzelnen Massagegriffen, aber auch um die Massage sanft abzuschließen.

Dann streichst du sanft im Querverlauf abwechselnd mit beiden Händen.

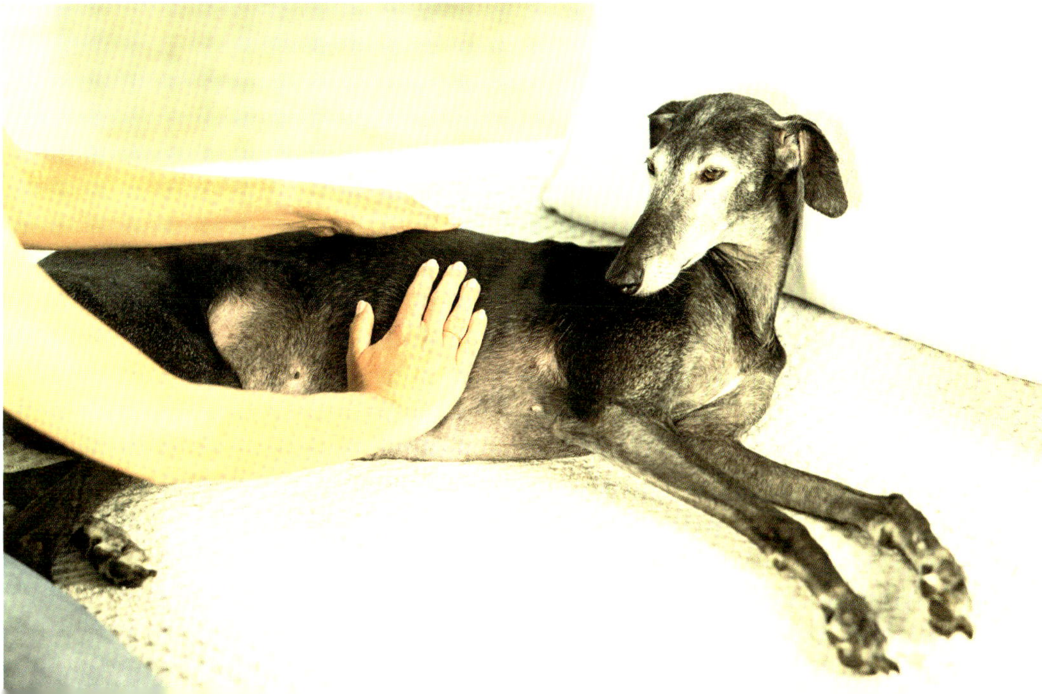

Knetungen

Im nächsten Schritt gehen wir zu den Knetungen über. Die Knetungen sind ein intensiver Massagegriff, bei dem Haut und Muskulatur zwischen den Finger gefasst wird und sanft gleitet. Haut Unterhaut, Bindegewebe und Muskulatur werden erwärmt und gelockert. An den Läufen wirken wir bis in die tiefen Muskelschichten ein. Verklebte Strukturen werden gelöst. Der Stoffwechsel, die Durchblutung und der Lymphfluss werden angeregt und die Nerven stimuliert.

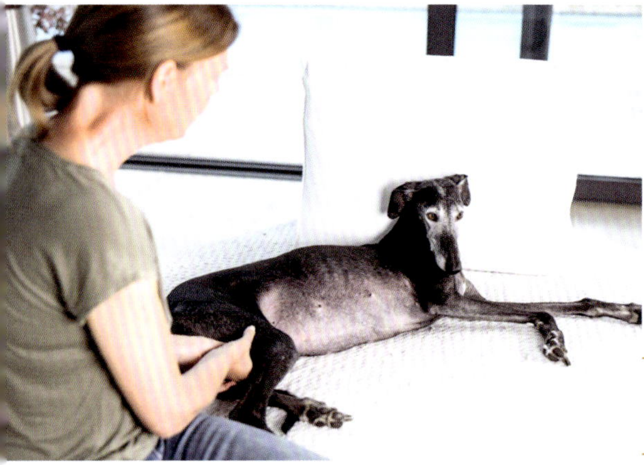

Du greifst die Oberschenkelmuskulatur von hinten.

Die Durchführung – so geht's

Wir beginnen mit den Knetungen an der Oberschenkelmuskulatur. Fasse die Oberschenkelmuskulatur hierfür mit beiden Händen von hinten quer zwischen Daumen und Zeige-, Mittelfinger und Ringfinger. Du lässt die Muskulatur sanft abwechselnd mit beiden Händen zwischen den Fingern gleiten. Ist dein Hund klein, führst du die Knetungen hier mit einer Hand durch und lässt die Muskulatur des Oberschenkels zwischen Daumen und Fingern gleiten. Nun ist die vordere Oberschenkelmuskulatur an der Reihe. Greife hier sanft mit einer oder beiden Händen – je nach Größe deines Hundes – die Muskulatur des Oberschenkels von vorne zwischen Daumen und ein bis zwei Finger. Lasse sie vorsichtig zwischen den Fingern gleiten.

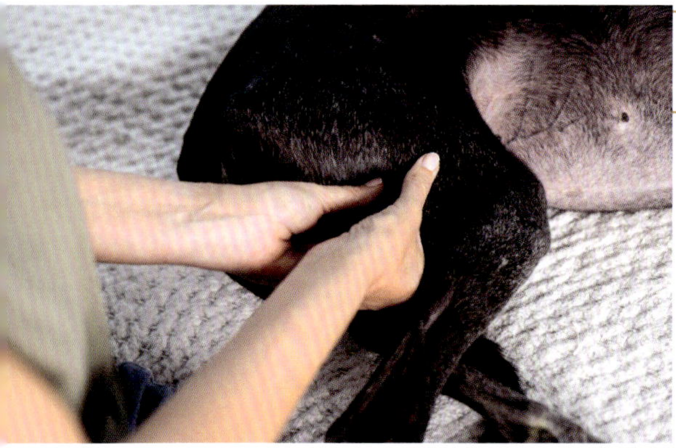

Lasse sie dann abwechselnd zwischen den Daumen und Fingern …

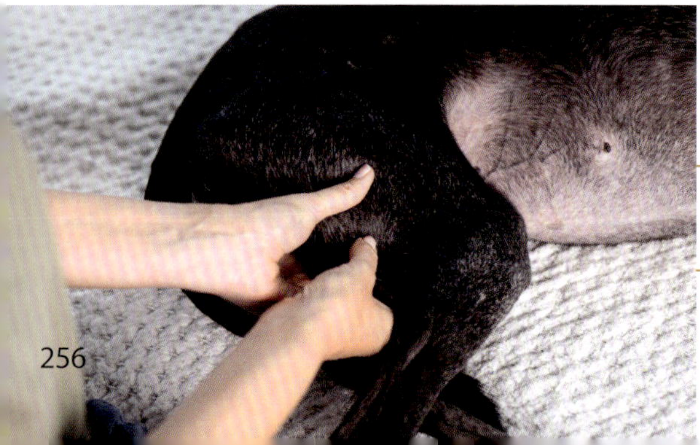

… der einen und der anderen Hand gleiten.

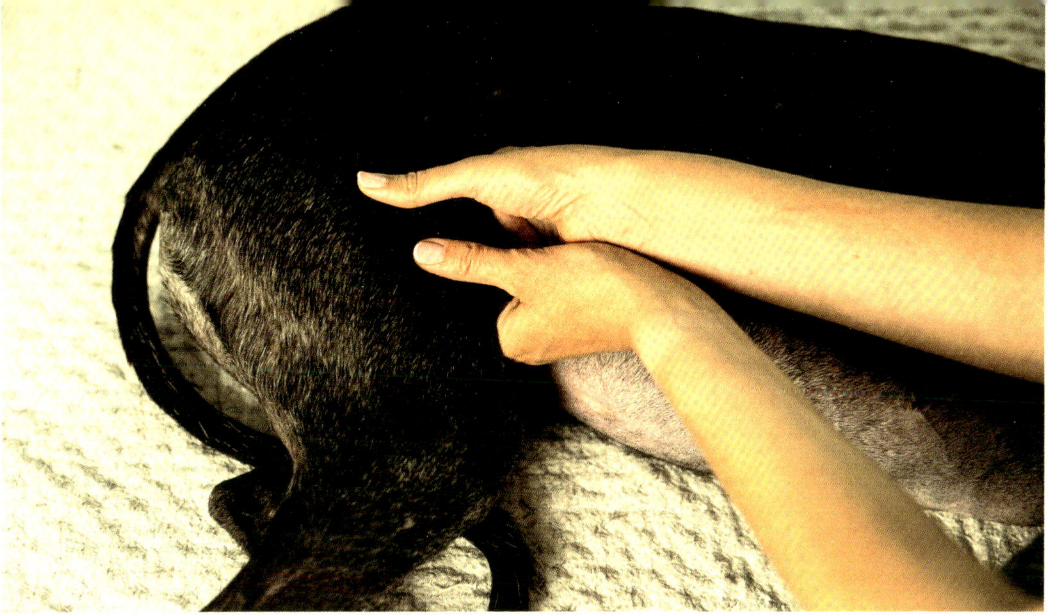

Greife dann die Oberschenkelmuskulatur sanft von vorne und wiederhole den Griff.

Nun gehen wir über zum Rücken. Greife sanft die Haut zwischen Daumen und Finger und hebe sie leicht an. Dann bewegst du sie vorsichtig S-förmig gegeneinander. Achte darauf, dass du deinen Hund nicht kneifst, sondern die Haut sanft durch deine Finger gleiten lässt und gegeneinander verschiebst. Es sollte sich eine gleichmäßige, langsame und fortlaufende S-förmige Bewegung entlang der Wirbelsäule ergeben. Dort, wo du keine Haut „anheben" kannst, verschiebst du die Haut sanft gegeneinander, sodass eine S-Form entsteht. Versuche keinesfalls, die Haut mit Gewalt anzuheben.

Für die Knetungen greifst du vorsichtig mit beiden Händen die Haut und obere Muskulatur seitlich der Wirbelsäule.

Du hältst sie jeweils zwischen deinen Daumen und den Fingern, sanft und ohne deinen Hund zu kneifen.

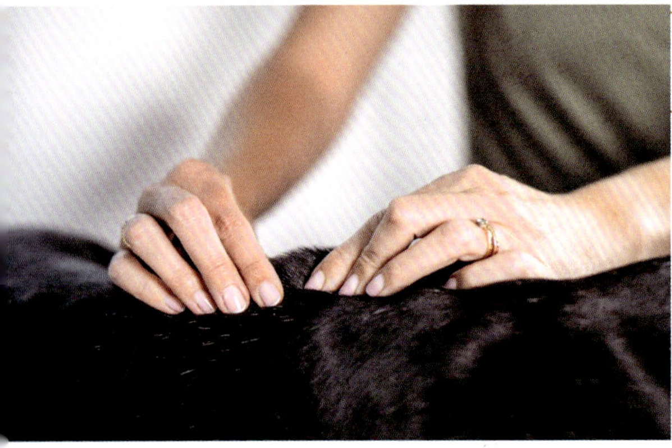

Dann verschiebst du sie sanft S-förmig gegeneinander.

Jetzt ist der Vorderlauf an der Reihe. Greife die Muskulatur am Oberarm deines Hundes mit beiden Händen von hinten quer zwischen Daumen und Zeige- und Mittelfinger. Lasse dann die Muskulatur sanft abwechselnd mit beiden Händen zwischen den Fingern gleiten. Ist dein Hund klein, kannst du die Knetungen hier auch mit einer Hand durchführen und die Muskulatur zwischen Daumen und Fingern gleiten lassen.

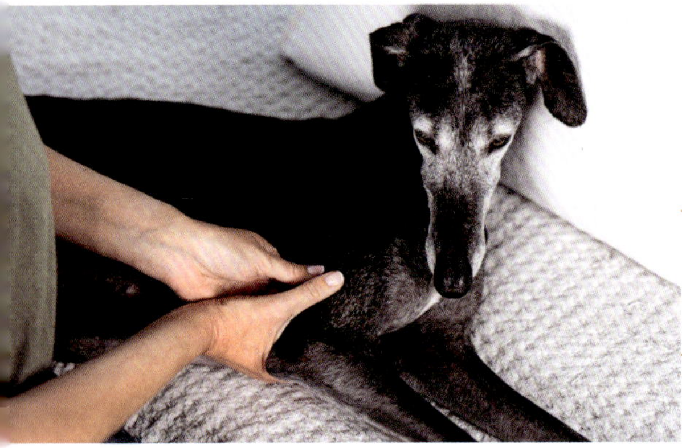

Am Vorderlauf greifst du die Oberarmmuskulatur mit deinen Händen zwischen Daumen oben und den Fingern unten.

Die Knetungen wiederholst du sieben bis zehn Mal pro Körperbereich, den du massierst.

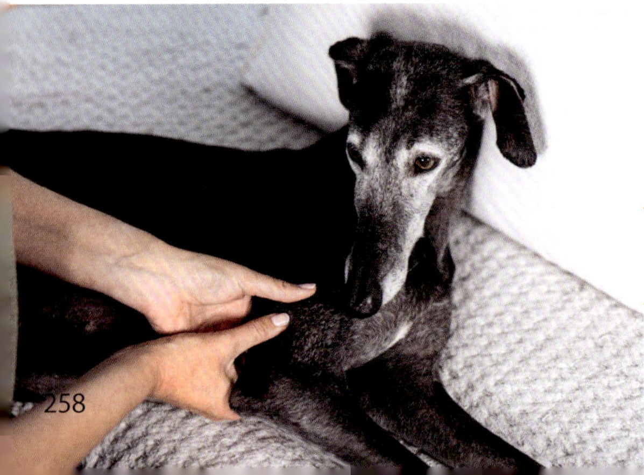

Dann lässt du diese ebenfalls abwechselnd zwischen den Fingern gleiten.

Zirkelungen

Nun gehen wir zu den Zirkelungen über. Auch wenn die Zirkelungen unspektakulär aussehen, sind sie ein intensiver Massagegriff, der Verspannungen bis in die tiefen Muskelschichten löst. Die Zirkelungen wirken auch intensiv auf die Hautschichten und bindegewebige Strukturen ein und Verklebungen werden gelöst. Der Stoffwechsel, die Durchblutung und der Lymphfluss werden stimuliert.

So führst du die Zirkelungen durch

Die Zirkelungen sind kleine kreisförmige Bewegungen, die du mit den Fingerbeeren durchführst. Der Druck sollte dabei leicht sein. Beginne mit dem Eigendruck deiner Hand und wenn dein Hund es mag, kannst du den Druck ein klein wenig erhöhen. Schaue im Verlauf, wie viel Druck für deinen Hund angenehm ist. Die Zirkelungen führst du am Rücken, Vorder- und Hinterläufen durch. Für die Durchführung nimmst du die Fingerbeeren von Zeige-, Mittel- und Ringfinger. Massiere mit kleinen, langsamen, kreisenden Bewegungen die Muskulatur. Du beginnst am Oberschenkel deines Hundes und arbeitest dich langsam in Richtung Pfote. Spare knöcherne Bereiche und Gelenke dabei aus. Wenn dein Hund kleiner ist oder du in kleineren Bereichen massierst, kannst du auch weniger Finger nehmen. Solltest du eine Verspannung spüren, kannst du punktuell mehrere Kreise auf dieser Stelle durchführen, allerdings ohne den Druck zu intensivieren.

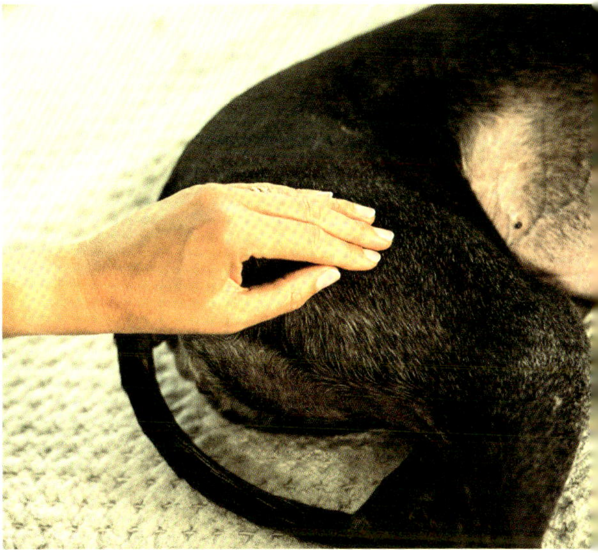

Die Zirkelungen führst du mit deinen Fingerbeeren durch.

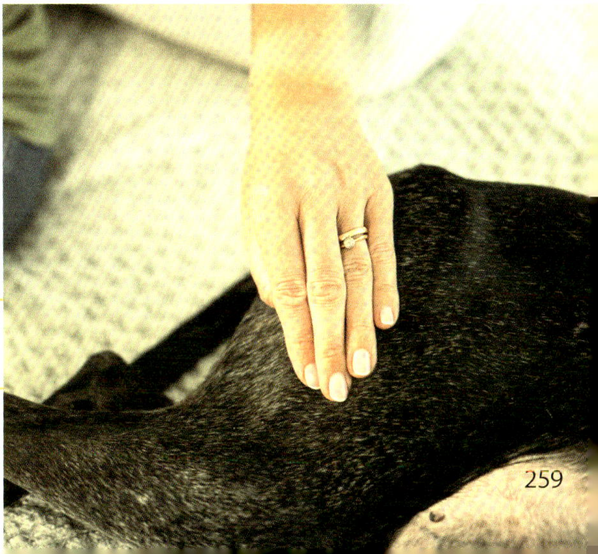

Mit sanft kreisenden Bewegungen massierst du auf der Muskulatur.

Am Rücken führst du die Zirkelungen mit deinen Fingerbeeren auf der Muskulatur parallel zur Wirbelsäule durch.

Nun gehen wir zur Rückenmuskulatur über. Orientiere dich zunächst wieder an der Wirbelsäule deines Hundes. Massiere nun vom Hinterhaupt bis zum Rutenansatz in kleinen, kreisenden Bewegungen die Hals- und Rückenmuskulatur. Spare die Wirbelsäule selbst bitte wieder aus. Auch hier kannst du auf einer Verspannung kurz mit einigen wenigen stehenden kreisenden Bewegungen mit gleichbleibendem Druck verbleiben, bevor du weiter den Rücken entlang massierst.

Im letzten Schritt führst du die Zirkelungen am Vorderlauf von der Schulter bis zur Pfote durch. Spare auch hier Gelenke und knöcherne Bereiche aus. Wenn du auf kleineren Bereichen massierst oder einen kleineren Hund hast, kannst du auch hier wieder weniger Finger nehmen, um die Zirkelungen durchzuführen.

Da die Zirkelungen sehr intensiv sind, führst du sie mit zwei bis drei Wiederholungen pro zu massierenden Bereich durch. Je nachdem, wie dein Hund sich bei den Zirkelungen fühlt, gehst du entweder zum nächsten Massagegriff über oder führst zwei bis drei Streichungen durch und schließt noch einmal zwei bis drei weitere Wiederholungen der Zirkelungen durch.

Am Vorderlauf führst du ebenfalls kleine, kreisende Bewegungen von der Schulter bis zur Pfote durch.

Rollungen

Als nächstes folgen die Rollungen. Es ist ein Massagegriff, der für Hunde sehr intensiv, aber zugleich auch sehr angenehm und entspannend ist. Die Muskulatur wird tiefenentspannt, Verklebungen und Faszien werden gelöst, die Durchblutung angeregt und der gesamte Bereich intensiv stimuliert. Rollungen wirken sehr stark schmerzlindernd.

Die Durchführung der Rollungen
Angewendet werden die Rollungen am Oberschenkel und Oberarm. Die Muskulatur wird hier regelrecht um den Knochen „gerollt".

Wir beginnen am Hinterlauf und du legst eine Hand flach auf die Innenseite und die andere auf die Außenseite des Oberschenkels. Nun bewegst du deine Hände langsam und sanft mit einem leichten Druck gegengleich. Das heißt, wenn die Hand auf der Außenseite nach vorne gleitet, gleitet deine Hand auf der Innenseite nach hinten. Auf diese Weise wird die Muskulatur zwischen deinen Händen hin und her gerollt.

Auf dieselbe Weise führst du die Rollungen am Vorderlauf durch. Du legst eine Hand auf die Innenseite des Oberarms legst die anderen auf die Außenseite und führst auch hier dieselbe langsame, sanfte Bewegung mit leichtem und gleichmäßigem Druck durch.

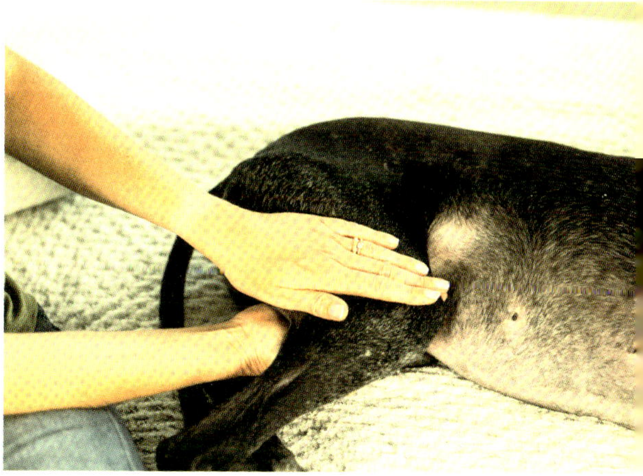

Lege eine Hand auf und die andere unter den Oberschenkel deines Hundes.

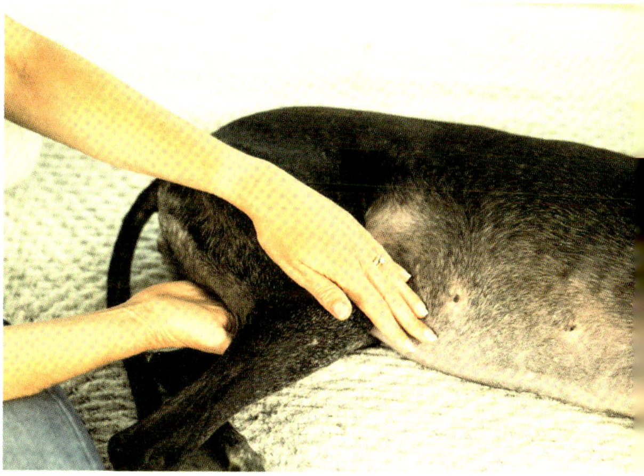

Führe dann deine Hände in einer wechselseitigen Bewegung nach vorne und hinten.

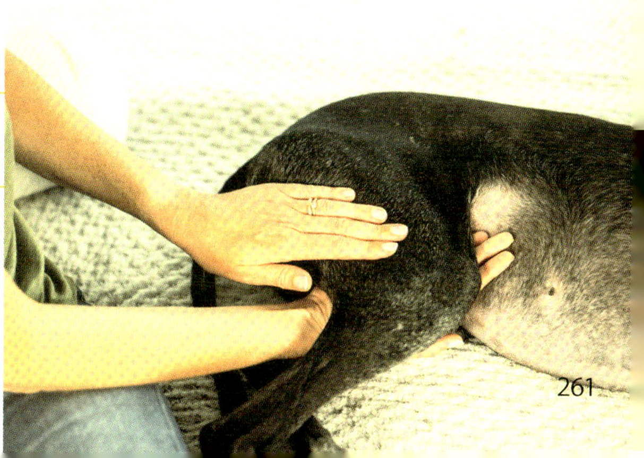

So rollst du die Oberschenkelmuskulatur sanft zwischen deinen Händen.

Du legst eine Hand unter den Oberarm, die andere darauf und bewegst sie dann wechselseitig.

So rollst du die Muskulatur sanft um den Oberarm.

Die Rollungen werden pro Lauf ein bis zwei Minuten durchgeführt. Wenn dein Hund sie angenehm findet, kannst du sie auch länger durchführen.

Vibrationen

Nun gehen wir zum letzten Massagegriff über, der ebenfalls an Hinter- und Vorderhand durchgeführt wird. Bei den Vibrationen braucht es ein wenig Übung und Feingefühl. Die Läufe werden sanft mit leichten, gleichmäßigen vibrierenden Bewegungen „durchgeschüttelt". Die Vibrationen sind ein sehr intensiver Massagegriff, der sehr entspannend bis in die tiefen Muskelschichten wirkt. Zugleich wirken sie auf den gesamten Körper, auch wenn sie nur an den Läufen durchgeführt werden, da die Vibration sich auf den gesamten Körper ausbreitet.

Die Durchführung der Vibrationen

Wir beginnen an der Hinterhand und du unterlagerst den Oberschenkel mit einer Hand und hältst ihn locker. Greife mit der anderen Hand oberhalb der Pfote und halte den Lauf gerade in einer Ebene. Führe nun mit der Hand, die oberhalb der Pfote hält, kleine, vibrierende Bewegungen durch. Die Hand am Oberschenkel dient ausschließlich zur Stabilisierung und bleibt ruhig.

Dasselbe führst du nun am Vorderlauf durch. Unterlagere hierfür mit der einen Hand den Oberarm, mit der anderen Hand greifst du oberhalb der Pfote. Auch hier ist eine gerade Lagerung wichtig. Führe dann mit der Hand, die oberhalb der Pfote hält, sanfte, gleichmäßige vibrierende Bewegungen durch.

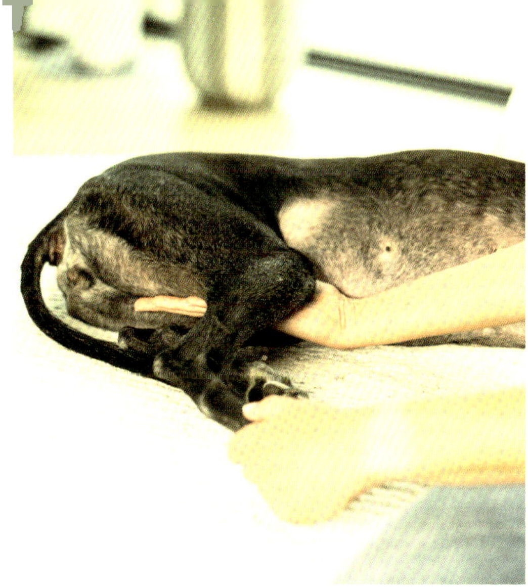

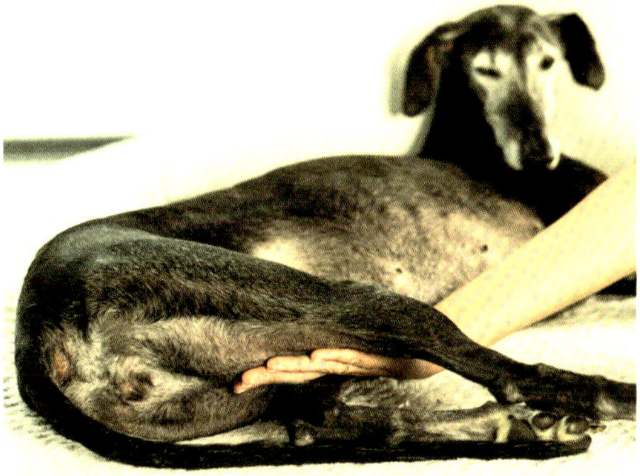

Unterlagere den Oberschenkel mit der einen Hand und halte mit der anderen oberhalb der Pfote.

Die Hand unter dem Oberschenkel stabilisiert und die Hand oberhalb der Pfote führt die Vibration durch.

Tipp:

Versuche möglichst locker aus dem Handgelenk heraus zu arbeiten und deine Hand nicht zu verkrampfen. Deine lockere Bewegung überträgt sich dann automatisch auf den Lauf.

Unterlagere den Oberarm mit der einen Hand und halte mit der anderen oberhalb der Pfote.

Die Hand unter dem Oberarm stabilisiert und die Hand oberhalb der Pfote führt die Vibration durch.

Die Vibrationen sollten mindestens ein bis zwei Minuten lang durchgeführt werden. Eine tiefe Entspannung der Muskulatur erreicht man nach mehreren Minuten.

Nach der Massage

Die Massage wirkt intensiv auf den gesamten Körper deines Hundes ein und bringt vieles „in Bewegung". Das gilt auch für die Darmtätigkeit und damit die Verdauung. Daher sollte er danach die Möglichkeit haben, sich zu lösen. Zudem kann es sein, dass er Durst hat. Nach der Massage sollte dein Hund dann ausreichend Zeit haben zu ruhen. Auch wenn der Hund nichts aktiv gemacht hat, gilt es, die Wirkung auf seinen Körper zu verarbeiten.

Massage mit dem Massagehandschuh oder Massagestriegel

Wenn du dich noch nicht an die klassische Massage heranwagen magst, bietet die Massage mit einem Hilfsmittel wie zum Beispiel einem Massagehandschuh, Massagestriegel oder einer Babybürste eine gute Alternative. Wir erreichen einen ähnlichen Effekt, wenn auch nicht so intensiv und in die Tiefe des Gewebes reichend. Es gelten dieselben Kontraindikationen wie bei einer klassischen Massage. Zudem sollte man bei Histamin-empfindlichen Hunden darauf verzichten.

Für diese Variante der Massage streichst du sanft in langsamen Bewegungen mit dem Eigendruck der Hand die Muskulatur des Rückens und der Läufe mit dem Handschuh oder Striegel in Richtung des Fellwuchses aus. Achte auch hier darauf, nicht auf Knochenvorsprüngen oder Gelenken zu massieren, da dies unangenehm ist. Pro Körperbereich kannst du etwa sieben bis

Achte darauf, dass das Material des Handschuhs angenehm für deinen Hund ist.

Die Massage mit einem Massagehandschuh ist eine gute Ergänzung oder Alternative zur klassischen Massage.

zehn Streichungen durchführen. Wenn dies für deinen Hund zu intensiv ist, dann machst du weniger Wiederholungen. Eine Massage mit dem Massagehandschuh oder einem Massagestriegel führt man höchstens alle zwei bis drei Tage durch.

Mit sanften, langsamen Streichungen arbeitest du auf der Muskulatur.

Stimulation der Nervenfunktion

Zwar stimulieren wir die Nervenfunktion auch bei vielen verschiedenen Übungen im Hundefitnesstraining, zum Beispiel durch den Einsatz von stimulierenden Untergründen. Auch bei der Massage wirken wir auf die Nerven ein. Doch mit dem Ausstreichen der Zehenzwischenräume haben wir die Möglichkeit, die Nerven sehr gezielt zu stimulieren und damit die Nervenfunktion zu verbessern und zu erhalten. Eine gute Nervenweiterleitung ist die Basis für Bewegung und auch für eine gute Muskulatur. Ohne eine ausreichende Nervenfunktion ist kein Muskelaufbau möglich und auch keine physiologische Bewegung. Mit dem Wissen, dass auch ohne das Vorliegen einer neurologischen Erkrankung im Alter die Nervenfunktion nachlässt, sollten wir regelmäßig einen Moment investieren, diese bestmöglich zu erhalten und zu verbessern.

Du gehst mit deinem Fingern in die Zehenzwischenräume …

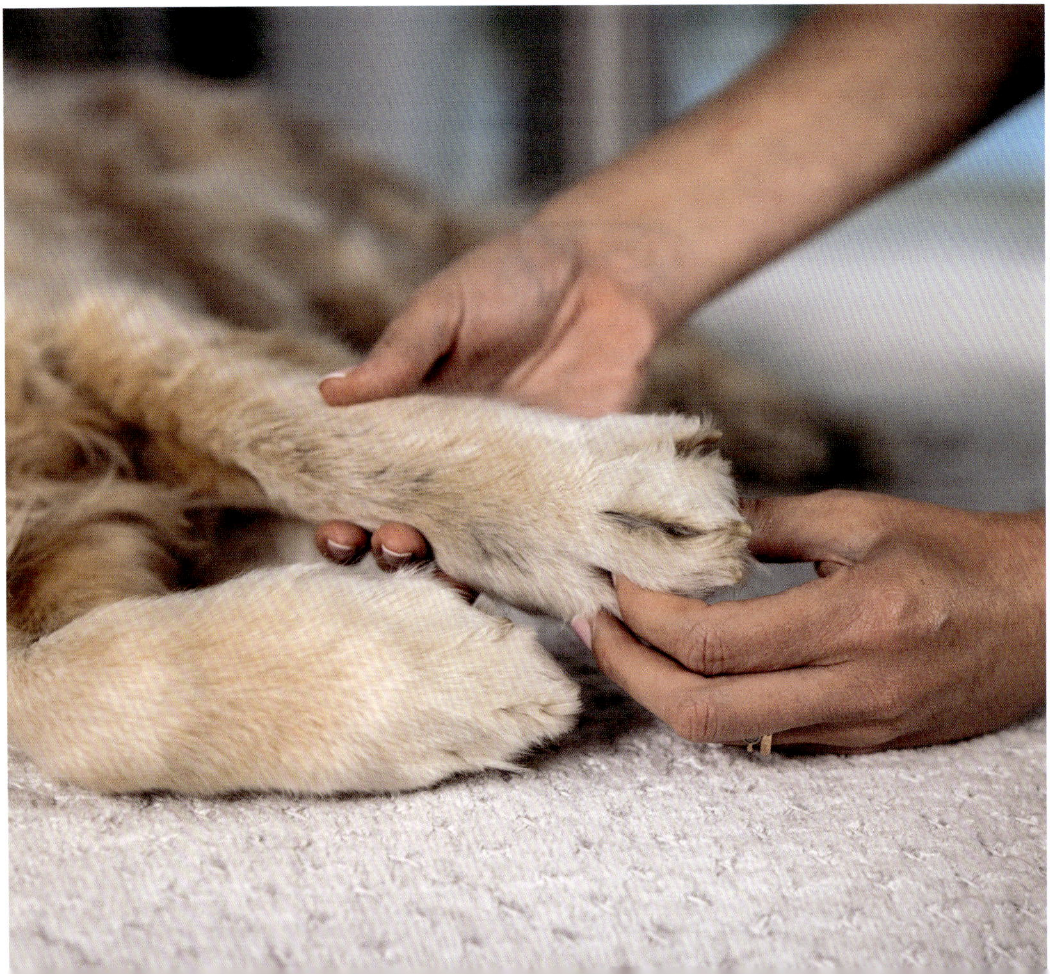

Was passiert, wenn durch den Alterungsprozess oder neurologische Probleme die Nervenweiterleitung gestört ist?

Einfach formuliert wird die „Informationen" vom Gehirn über das Rückenmark und die Nerven nicht mehr oder nur unzureichend bis in die Muskeln weitergeleitet. In der Konsequenz kommt es dann dazu, dass Hunde an koordinativen und motorischen Fähigkeiten sowie Stabilität verlieren, die Muskulatur abbaut und Bewegungen immer schwerer fallen. Im letzten Schritt kann es unbehandelt eine Lähmung des Hundes nach sich ziehen.

So stimulierst du die Nerven mit dem Ausstreichen der Zehenzwischenräume

Du kannst mit dem Ausstreichen der Zehenzwischenräume die Nervenfunktion sehr einfach stärken und die Wahrnehmung nachhaltig verbessern. Hierfür gehst du mit deinen Fingern zwischen die Pfotenballen, streichst die Zwischenräume sanft aus und massierst sie. Sei dabei sanft, aber nicht zu zaghaft, damit du deinen Hund nicht kitzelst. Es ist nicht ungewöhnlich, dass er seine Pfote wegzieht. Du kannst auch sanft an dem Fell zwischen den Ballen „zubbeln". Das Ausstreichen der Zehenzwischenräume kannst du mehrmals in der Woche anwenden, wenn du es schaffst, gerne auch täglich.

Alternativ kannst du auch eine weiche Babybürste nehmen und damit die Pfotenballen und die Zwischenräume ausstreichen.

…und streichst sie sanft aus.

Thermotherapie

Wirkungsvolle Behandlung von Schmerzen

Bei der Thermotherapie gibt es viele verschiedene Behandlungsformen, die teils schon mehrere Tausend Jahre angewendet werden. Man unterscheidet zwischen der Kältetherapie, bei der dem Körper Wärme entzogen wird und der Wärmetherapie, bei der dem Körper Wärme zugeführt wird. Hunde reagieren sehr unterschiedlich auf Wärme- beziehungsweise Kältetherapie und sind auch unterschiedlich sensibel. Behandlungsdauer, Häufigkeit und Intensität beziehungsweise Behandlungsart sollten daher individuell auf den Hund abgestimmt werden.

Kryotherapie

Schnelle Linderung bei akuten Schmerzgeschehen

Kältetherapie (Kryotherapie) findet eher bei akuten Geschehen wie Prellungen, Verstauchungen, Zerrungen, Verbrennungen, Gelenkschmerzen und -schwellungen Anwendung. Sie wirkt entzündungshemmend, schmerzlindernd, abschwellend und blutungsstillend. Kälteanwendungen wirken schnell und bei der Anwendung werden die Kälterezeptoren stimuliert, wodurch die Nervenleitgeschwindigkeit herabgesetzt wird und die Schmerzimpulse überdeckt werden. Auch hier greift also wieder die Gate-Control-Theorie. Zugleich wird die Schmerzgrenze erhöht. Die Kälte dringt schnell und tief ins Gewebe, es kommt zu einer Gefäßengstellung, die Durchblutung wird herabgesetzt, der Zellstoffwechsel reduziert und weniger Entzündungsmediatoren produziert.

Wann darf Kältetherapie nicht angewendet werden?

Tabu ist sie bei offenen Wunden, Herzerkrankungen, Ödemen, gestörtem Lymphfluss, Durchblutungsstörungen oder bei Sensibilitätsstörungen. Der Bereich der Nieren und Blase sollte großflächig ausgespart werden. Dasselbe gilt für Knochenvorsprünge. Auch bei sehr kälteempfindlichen Hunden sollte sie nur mit Bedacht angewendet werden.

Tipp:

Übrigens kann die Kältetherapie auch genutzt werden, um bei neurologischen Patienten mit einer schlaffen Lähmung den Muskeltonus durch kurze Kälteimpulse zu stimulieren. Dies sollte aber immer in Absprache mit dem behandelnden Therapeuten geschehen.

Beispiele für Behandlungsmöglichkeiten sind Cool Packs, aber auch der Quarkwickel kann zur Kälteanwendung genutzt werden. Zusätzlich können auch Kirsch- oder Körnerkissen genutzt werden, die im Kühlschrank beziehungsweise Eisfach zuvor runtergekühlt wurden. Ich persönlich empfinde die Kirsch- oder Körnerkissen als eine etwas sanftere Art der Kältetherapie. Um keine Erfrierungen zu riskieren, solltest du immer ein Handtuch um das Cool Pack oder Körnerkissen wickeln.

Wärmetherapie

Wohltuende Wärme kann Schmerzen nachhaltig lindern

Die Wärmetherapie wirkt durchblutungsfördernd, schmerzlindernd, den Muskeltonus senkend, entspannend und mobilitätssteigernd. Bei der Wärmetherapie werden durch den Wärmereiz die Thermorezeptoren stimuliert. Schmerzsignale werden dadurch überdeckt – das Gate-Control-Prinzip greift. Es werden so weniger Schmerzimpulse an das Gehirn weitergeleitet und die Schmerzwahrnehmung wird reduziert. Der Hund verspürt eine Schmerzlinderung. Durch die Wärme werden zudem Substanzen ausgeschüttet, die für eine Gefäßerweiterung sorgen und die Durchblutung des Gewebes erhöhen. Es werden vermehrt Nährstoffe und Sauerstoff transportiert und der Lymphfluss erhöht. Das bringt mit sich, dass Abfallstoffe im Gewebe abtransportiert werden und die Muskelspannung gesenkt wird.

Wann kann man Wärme anwenden und wann nicht?

Eingesetzt wird die Wärmetherapie bei chronischen Erkrankungen des Bewegungsapparates wie beispielsweise Arthrose, Hüftdysplasie, Cauda-Equina-Kompressions-Syndrom oder auch bei Spondylose außerhalb des akuten Schubs, genauso wie sie bei Muskelverspannungen oder Gelenksteifigkeit Anwendung findet.

Formen der Wärmetherapie sind zum Beispiel Rotlicht, Wärmflasche, Kirsch- oder Körnerkissen oder die heiße Rolle. Bei empfindlichen Hunden kannst du, statt die Wärmflasche oder das Wärmekissen direkt auf den Hund aufzulegen, ein Handtuch dazwischen legen beziehungsweise die Wärmflasche in ein Handtuch einwickeln. Prüfe die Temperatur immer auch zunächst an dir selbst, bevor du die Wärmeanwendung bei deinem Hund beginnst.

Wichtig:

Tabu ist die Anwendung von Wärme bei akuten Entzündungen, Tumoren, Fieber und Infektionserkrankungen, Trächtigkeit, Hämatomen oder Blutungen.

Die Anwendung von Körnerkissen finden viele Hunde ausgesprochen wohltuend, da die Wärme sehr angenehm ist.

Kirschkernkissen

Kirschkern- oder Körnerkissen werden etwa fünf bis fünfzehn Minuten im Backofen bei 150 Grad erwärmt. Falls möglich, können sie natürlich auch in der Mikrowelle erwärmt werden. Danach legst du das Kissen auf das zu behandelnde Areal für etwa 10-15 Minuten auf.

Wärmflasche

Eine Wärmflasche kann ebenfalls zur Wärmebehandlung eingesetzt werden. Sie kann bis zu 15 Minuten auf deinem Hund verbleiben. Auch hier empfehle ich, bei Bedarf ein Handtuch zwischen Wärmflasche und Hund zu legen.

Eine Wärmflasche ist eine altbekannte und wirkungsvolle Methode, um mit Wärme Schmerzen zu lindern.

Rotlicht

Bei der Behandlung mit Rotlicht ist es ebenfalls wichtig, dass du die Wärmeintensität zunächst testest und die Rotlichtlampe mit ausreichend Abstand zu deinem Hund platzierst. Die Behandlungsdauer kann zwischen 10-20 Minuten liegen. Du kannst sie sehr gut auch begleitend zur Massage einsetzen. Das Rotlicht sollte je nach Stärke mindestens 30-40 Zentimeter vom Hund entfernt sein.

Heiße Rolle

Die heiße Rolle entwickelt eine feuchte Wärme und wirkt im Gewebe recht lange nach. Die Herstellung ist unkompliziert. Du nimmst ein

Falte ein Handtuch einmal längs und rolle es dann auf. Achte darauf, es fest und leicht schräg aufzurollen.

So entsteht ein Trichter.

Dort gibst du das heiße Wasser hinein.

Handtuch, faltest es der Länge nach und rollst es straff in Trichterform auf. Gieße dann etwas heißes Wasser hinein. Nun streichst du mit der Rolle in Fellrichtung das zu behandelnde Areal leicht aus. Dabei drückst du sie sanft in einer rollenden Bewegung. Die Anwendung dauert etwa 10-20 Minuten, je nach Größe des Behandlungsareals.

Wärmetherapie kann auch hervorragend vorbereitend oder begleitend zur Massage eingesetzt werden. Beim begleitenden Einsatz empfiehlt sich besonders das Rotlicht.

Bei jeder Form der Thermotherapie gilt grundsätzlich: Es darf nichts auf dem Hund „befestigt" werden und er muss jederzeit die Möglichkeit haben, sich der Behandlung zu entziehen! Wenn er genug hat oder es ihm unangenehm wird, solltest du die Behandlung beenden. Dein Hund sollte jederzeit unter Beobachtung sein.

Dann kannst du mit der heißen Rolle sanft die Muskulatur deines Hundes behandeln.

Wickel

Unkompliziert und wirkungsvoll

Auch Wickel gehören zu den Anwendungen, die bereits viele Jahre genutzt werden, aber lange Zeit in Vergessenheit geraten sind. Es gibt eine Vielzahl an Wickeln, die wir bei akuten Geschehen wie Prellungen, Zerrungen, Entzündungen oder Schwellungen anwenden können. Aber auch bei chronischen Geschehen wie Erkrankungen des Bewegungsapparates wie Arthrose oder Muskelverspannungen und Schmerzen können sie gute Dienste leisten.

Das gibt es zu beachten

Bei Fieber und Infektionserkrankungen, Herzerkrankungen, akuten Entzündungen, Ödemen oder offenen Wunden sind warme Wickel tabu. Bei Blasen- und Nierenerkrankungen gilt es den betroffenen Bereich großzügig auszusparen, ebenso wie den Bereich rund um die Lendenwirbelsäule. Bei der Behandlung mit Wickeln sollte dein Hund immer unter Beobachtung sein. Zeigt er Unruhe und möchte sich der Behandlung entziehen, solltest du diese umgehend beenden.

In der Folge stelle ich dir eine kleine Auswahl an Wickeln vor, die sich besonders im Zusammenhang mit Verspannungen, Schmerzen und Erkrankungen des Bewegungsapparates anbieten.

Quarkwickel

Der Quarkwickel ist besonders sinnvoll bei akuten Schmerzen und Schwellungen. Bei Gelenkschmerzen wie Arthrose bietet er eine kühlende und schmerzlindernde Wirkung. Zudem wirkt er bei Prellungen, Zerrungen, Entzündungen und auch Insektenstichen. Du gibst etwas Quark mittig auf ein Baumwolltuch, schlägst dies ein, sodass du ein kleines „Paket" hast und legst den Wickel 10-15 Minuten auf den zu behandelnden Bereich.

Für den Quarkwickel gibst du etwas Quark auf ein Tuch.

Schlage es dann zu einem Rechteck ein.

Du kannst den Wickel nun auf deinen Hund auflegen.

Heißwasserwickel

Bei chronischen Gelenkerkrankungen sowie bei Muskelschmerzen bieten Heißwasserwickel schnelle und effektive Schmerzlinderung. Zur Herstellung tränkst du einfach ein Baumwolltuch in heißem Wasser, wringst es aus und faltest es auf die passende Größe zusammen. Teste die Wärme an deinem Unterarm und lege den Wickel dann auf den zu behandelnden Bereich. Bedecke den Wickel mit einem weiteren Tuch. Er kann auf der Stelle für etwa 15 Minuten verbleiben.

Kartoffelwickel

Kartoffelwickel sind ebenfalls einfach herzustellen. Sie verschaffen Linderung zum Beispiel bei muskulären Verspannungen, degenerativen Gelenkerkrankungen wie Arthrose, rheumatischen Erkrankungen, aber auch Nieren- und Lebererkrankungen. Für die Herstellung kochst du die Kartoffeln etwa 30 Minuten. Lasse sie kurz abkühlen, zerquetsche sie und trage sie auf ein Baumwolltuch auf. Klappe den Wickel in „Paketform" zusammen. Prüfe zunächst an deiner Hand oder deinem

Für den Wickel gibst du gekochte, heiße, zerkleinerte Kartoffeln auf ein Tuch.

Dann schlägst du das Tuch ein, ...

... sodass sich ein rechteckiges Paket ergibt.

Arm, ob die Temperatur des Wickels angenehm und nicht zu heiß ist, wenn du ihn auf deine Haut auflegst. Lege ihn dann für etwa 15-30 Minuten auf den zu behandelnden Bereich bei deinem Hund auf. Empfindest du ihn noch als zu heiß, lasse ihn abkühlen und überprüfe nach zwei bis drei Minuten erneut die Temperatur und lege ihn dann auf.

Nun kannst du den Wickel auf den zu behandelnden Bereich des Hundes auflegen.

Beinwellwickel

Für die Herstellung des Beinwellwickels gibt es unterschiedliche Verfahren. Ich nutze hier am liebsten unkompliziert eine Beinwelltinktur. Du erhältst sie zum Beispiel in der Apotheke. Die Tinktur vermische ich im Mischungsverhältnis 1:5 mit Wasser in einer Schüssel.

Gebe die Beinwelltinktur in die Schüssel mit lauwarmem Wasser. Dann gibst du das Tuch in die Mischung, sodass es die Flüssigkeit gut aufnimmt.

Wenn dein Hund zu Allergien neigt, eine sehr empfindliche Haut hat oder du den Wickel zum ersten Mal anwendest, kannst du auch Mischungsverhältnis von beispielsweise 1:10 herstellen.

Wringe das Tuch gut aus und falte es zu einem Rechteck.

Dann gibt man ein Baumwolltuch hinein und tränkt es mit dem Gemisch. Wringe es gut aus und falte es zu einem rechteckigen Paket. Dieses legst du nun für 10-15 Minuten (bei Bedarf auch länger) auf den Bereich auf, den du behandeln möchtest. Er hilft sehr gut bei Schmerzen, die durch Erkrankungen des Bewegungsapparates verursacht werden. Beim Beinwell sagt schon der Name aus, für was er angewendet wird. Schon in früheren Zeiten wurde er beispielsweise bei Frakturen angewendet.

Dann legst du den Wickel auf den Bereich, den du behandeln möchtest.

Retterspitzwickel

Hierzu benötigen wir Retterspitz, den du in der Apotheke erhalten kannst. Retterspitz ist eine Mischung aus verschiedenen Inhaltsstoffen, die bereits eine lange Tradition hat. Enthalten sind unter anderem gereinigtes Wasser, Thymol, Rosmarinöl, Zitronenöl, Bergamottöl, Orangenblütenöl, Arnikatinktur, Weinsäure und Ethanol. Ende des 19. Jahrhunderts erfand Margarete Weber das „Heilwasser", das sie mit ihrem späteren Mann Friedrich Retterspitz verkaufte. Später erwarb der Apotheker Hans Scheck das Rezept und gründete 1902 in Nürnberg eine Firma, die heute seinen Urenkeln gehört.

Die Herstellung des Wickels ist unkompliziert und gestaltet sich wie die Herstellung des Beinwellwickels. Schau dir hier gern auch noch einmal die Bilder auf der vorherigen Seite zur Orientierung an.

Du vermischst sie im Verhältnis 1:5 mit Wasser in einer Schüssel. Falls dein Hund eine empfindliche Haut hat, zu Allergien neigt oder du den Wickel zum ersten Mal anwendest, kannst du auch Mischungsverhältnis von beispielsweise 1:10 herstellen. Dann gibt man ein Baumwolltuch hinein und tränkt es mit dem Gemisch. Wringe es gut aus und falte es zu einem rechteckigen Paket. Dieses legst du nun für 10-15 Minuten (bei Bedarf auch länger) auf den Bereich auf, den du behandeln möchtest. Er hilft sehr gut bei Schmerzen, die durch Erkrankungen des Bewegungsapparates verursacht werden.

Das aus Thymian gewonnene Thymol ist einer der Bestandteile der Retterspitz-Mischung.

Erleichterung im Alltag und orthopädische Hilfsmittel

Für mehr Lebensqualität & sichere Mobilität unterwegs und zuhause

Wenn unsere Hunde älter werden, kann es notwendig werden und hilfreich für sie sein, dass wir ihnen in Sachen Mobilität Unterstützung bieten. Auch im Alltag gibt es viele verschiedene Möglichkeiten, unseren Hunden das Leben angenehmer und leichter zu gestalten. Natürlich sind die vorgestellten Maßnahmen nur Inspirationen und sollten immer individuell auf die Bedürfnisse des Hundes angepasst werden. Seinen Hund diesbezüglich aktiv zu unterstützen hat nichts damit zu tun, dass man „es übertreibt", sondern es geht schlichtweg darum, die bestmögliche Mobilität und Lebensqualität zu bieten. Du wirst sehen, die eine oder andere Maßnahme erleichtert nicht nur dem Hund das Leben, sondern auch dem Menschen.

Orthopädische Hilfsmittel

In den vergangenen Jahren hat sich der Bereich an orthopädischen Hilfsmitteln rasant entwickelt und erfreut sich einer hohen Akzeptanz. Eine Auswahl stelle ich dir hier vor.

Pfotenschuhe

Glatte Untergründe im Haus wie Fliesen, Parkett oder Laminat können älteren Hunden zusetzen und sicheres Laufen schwer machen. Die Gefahr, dass sie ausrutschen und stürzen, ist groß. Pfotenschuhe können hier gute Abhilfe schaffen und geben dem Hund mehr Halt.

Zudem sind sie eine gute Unterstützung, wenn Hunde aufgrund neurologischer Probleme mit den Pfoten schleifen. Die Pfoten werden so gut geschützt und zugleich kann der Hund sich sicher bewegen. Sie bieten somit auch Outdoor eine gute Unterstützung. Bei der Auswahl von Pfotenschuhen gilt es auf eine gute Passform zu achten. Sie sollten weder zu eng sein noch rutschen, da sie sonst zum Hindernis werden. Auch hinsichtlich des Verwendungszwecks, also im Haus oder Outdoor auf dem Spaziergang gilt es die passenden Pfotenschuhe auszuwählen, da es bei Material und Besohlung durchaus Unterschiede gibt. Im Haus können auch Antirutschsocken genutzt werden, wenn diese gut sitzen.

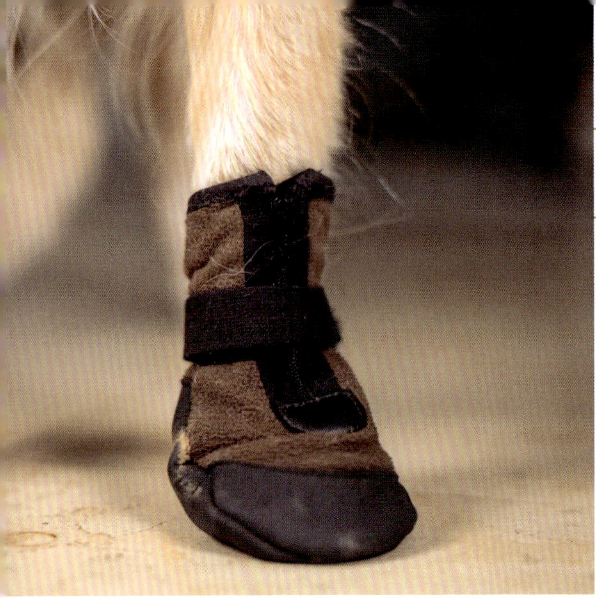

Pfotenschuhe helfen beim Pfotenschleifen und geben Halt auf rutschigen Böden.

Wenn Pfotenschuhe oder Antirutschsocken für den Hund nicht genutzt werden können oder wollen, gibt es auch Antirutsch-Pads, die auf die Pfotenballen aufgebracht werden und so guten Halt bieten.

Tipp: Krallenschutz

Für Hunde, die mit den Krallen schleifen, gibt es auch spezielle „Kappen", die man auf die Krallen aufbringen kann, um sie zu schützen. Auch sie bieten zusätzlich Rutschfestigkeit.

Mittlerweile gibt es auch Pfotenkleber, die ein Wegrutschen verhindern.

Tragehilfe

Mit einer Tragehilfe kann man Hunden eine gute Unterstützung und Sicherheit beim Treppensteigen bieten, aber auch beim Aufstehen oder beim Spaziergang. Es gibt sie in unterschiedlichen Ausführungen, sodass entweder die Vorder-, die Hinterhand oder zugleich Vorder- und Hinterhand unterstützt werden. Achte bitte auf eine gute Passform, damit nichts einschneidet oder rutscht und eine stabile, hochwertige Verarbeitung.

Eine Tragehilfe kann guten Halt und Sicherheit beim Treppensteigen geben.

Bandagen und Orthesen

Das Thema Bandagen und Orthesen ist ein sehr weites Feld und ich möchte dir an dieser Stelle einen kleinen Überblick geben.

Die Bandage

Bandagen bieten Hunden, die unter einer altersbedingten Gelenkschwäche, Bänder- oder Muskelschwäche, degenerativen Gelenkerkrankung wie Arthrose, neurologischen Erkrankungen oder akuten Verletzungen leiden, eine gute Unterstützung und Sicherheit in der Bewegung. Aber auch im Hundesport oder bei intensiver Belastung wie Wanderungen werden sie vermehrt zur Prävention eingesetzt.

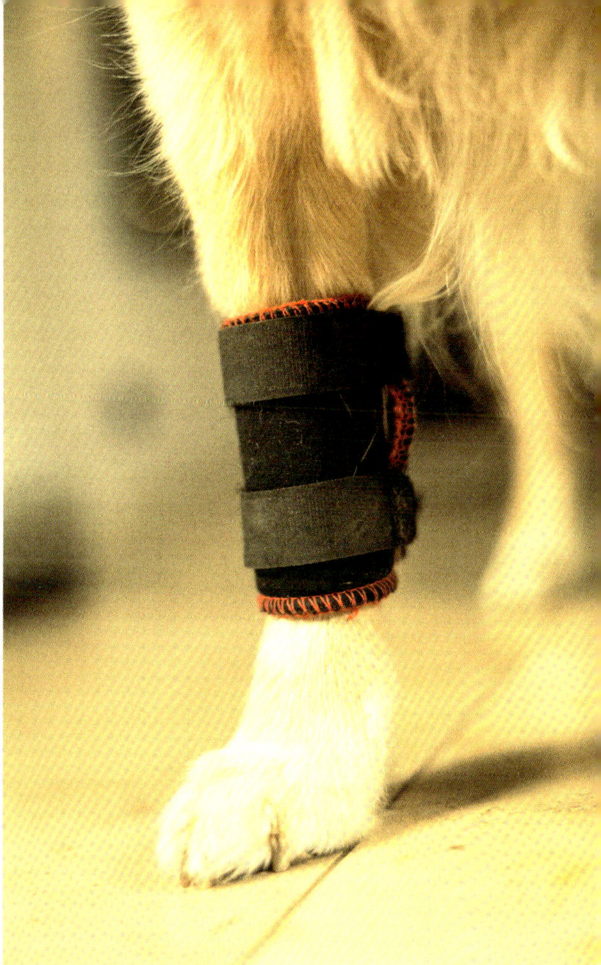

Bandagen gibt es in vielen verschiedenen Arten, um Stabilität zu geben und zu entlasten.

In ihrer Funktion stabilisieren und/oder fixieren Bandagen Gelenke. Aufgrund der verwendeten Materialien behindern sie die Bewegung des Hundes nicht und verursachen auch keinen Verlust der Muskulatur. Es gibt sie je nachdem, welchen Zweck sie im speziellen erfüllen sollen, in verschiedenen Ausführungen. So wird zum Beispiel über die Dicke des Materials eine unterschiedlich stabilisierende Funktion erreicht. Weiterhin können auch Gelenkschienen zur weiteren Stabilisierung zum Einsatz kommen. In ihrer Form sind die Bandagen an das entsprechende Gelenk angepasst.

Eine wichtige Passform ist sehr wichtig, damit die Bandage auch in ihrer Funktion wirken kann. So darf sie weder zu weit sein und rutschen noch einschneiden. Druckstellen sollten vermieden werden und auf ein luftdurchlässiges Material geachtet werden. Hier wird gerne Neopren eingesetzt. Viele Gelenkbandagen gibt es mittlerweile „vorgefertigt" zu kaufen. Je nachdem kann es auch sinnvoll sein, auf eine Maßanfertigung zurückzugreifen. Bandagen können temporär, aber auch dauerhaft eingesetzt werden.

Die Orthese

Im Gegensatz zur Bandage ist eine Orthese eine feste Schiene. Sie ist aus einer stabilen Rahmen- oder Schalenkonstruktion gefertigt. Dies ist besonders hilfreich, wenn der Hund unter Funktionseinschränkungen an einem Gelenk oder auch der Wirbelsäule leidet. Auch Orthesen können sowohl temporär als auch dauerhaft eingesetzt werden.

Es gibt zum einen Schalenorthesen, bei denen die Schale mit Hilfe von Gurten am Lauf befestigt wird. Hierdurch erreicht man eine Stabilisierung eines Gelenkes. Dies ist hilfreich bei Erkrankungen wie Arthrose oder jenen, die Bänder und Sehnen betreffen. Auch Fehlstellungen können hiermit unterstützt werden. Schalenorthesen gibt es mit Gelenkfunktion, die zum Beispiel in der Rehabilitation eine sukzessiv gesteigerte Gelenkbewegung ermöglicht. Gerne empfehle ich Orthesen auch für ältere Hunde, denen man eine Operation nicht mehr zumuten möchte, um möglichst physiologische Bewegungsabläufe zu erhalten, indem man mit Hilfe der Orthese zur Entlastung des betroffenen Laufes beiträgt und auch Schmerzen lindern kann. Auch nach einer Amputation kann eine Orthese am gegenüberliegenden Lauf gute Dienste zur Entlastung leisten.

Auf der anderen Seite gibt es Zweischalenorthesen, die den gesamten Lauf umschließen. Dadurch erreicht man eine intensive Stabilisierung. Sie kommt zum Beispiel zum Einsatz bei Gelenkversteifungen, Lähmungen oder sehr großen Hunden.

Orthesen können vielfältig eingesetzt werden und werden in ihrer Funktionalität auf die Bedürfnisse des Hundes angepasst. Die genannten Anwendungsbeispiele bieten nur einen kleinen Überblick, wann Orthesen zum Einsatz kommen können. Ein Orthopädietechniker kann im individuellen Fall beraten und auf den Hund zugeschnitten eine Orthese anfertigen.

Grundsätzlich empfehle ich dir, dich hinsichtlich der Auswahl der Bandage oder Orthese beraten zu lassen.

Sicher und mobil im Alltag

Hundebuggy oder Hunderucksack

Wenn du deinen Seniorhund auch mal auf längeren Ausflügen dabeihaben möchtest oder du Hunde unterschiedlichen Alters hast, bei denen ein Hund noch deutlich mobiler ist und gerne auch mal größere Runde läuft, kannst du zum Beispiel sehr gut einen Hunderucksack bei einem kleineren Hund und einen Hundebuggy bei größeren Hunden nutzen, um ihn mit dabei zu haben. So kann er mitlaufen, solange er kann und mag und wenn er eine Pause benötigt, kann er in den Rucksack beziehungsweise in den Buggy.

Achte hierbei darauf, dass der Rucksack ausreichend groß ist und deinen Hund gut und bequem darinsitzen lässt. Dies gilt auch für einen Buggy, bei dem auch eine gute Federung, passende Bereifung und Leichtgängigkeit zusätzlich eine wichtige Rolle spielen. Grundsätzlich würde ich persönlich nach Möglichkeit jedoch einen Buggy vorziehen, da dort meist eine bequemere Position und mehr Raum zur Bewegung gegeben ist.

Ein Hundebuggy kann einem immobileren Hund ermöglichen, auf Spaziergängen mit seinem Rudel teilzunehmen.

So kann Samson immer wieder ein Stück laufen, wenn er mag und dann wieder in den Buggy.

Bei glatten Fliesen geben rutschfeste Läufer älteren Hunden im Haus Stabilität und schützen vor Stürzen.

Rutschfeste Untergründe

Wenn du Fliesen, Parkett oder Laminat im Haus hast, wird das insbesondere für Seniorhunde schnell zu einer unsicheren Angelegenheit, darauf zu laufen. Du kannst deinem älteren Hund hier gute Unterstützung bieten, indem du in Bereichen, in denen er sich viel bewegt, rutschfeste Untergründe beispielsweise in Form von Teppichläufern auslegst.

Rampe fürs Auto

Während man kleinere Hunde meist noch gut ins Auto heben kann, wird es bei größeren Hunden schwierig und im Zweifelsfall unangenehm für Mensch und Hund. Hunderampen können hier eine gute Abhilfe schaffen. So kann der Hund wieder selbst ins Auto ein- und aussteigen und zugleich werden die Gelenke geschont. Achte bei der Nutzung der Rampe darauf, dass du deinen Hund dabei führst und sicherst. Weiterhin sollte sie sowohl stabil als auch breit genug sein.

Aufstiegshilfen für Bett und Sofa

Wenn dein Hund zuhause gern mal auf dem Sofa liegt oder bei dir im Bett schläft und du ihm dies auch weiterhin ermöglichen möchtest, zugleich aber vermeiden möchtest, dass er aufs Sofa oder ins Bett springt oder beim Runtergehen womöglich stürzt, empfehle ich dir Aufstiegshilfen fürs Bett oder Sofa. Diese gibt es in unterschiedlichen Ausführungen und es ist wichtig, dass sie ausreichend groß sind, damit dein Hund sie sicher benutzen kann. Das bedeutet zum Beispiel, dass die Stufen ausreichend groß sein sollten. Natürlich sollten sie auch rutschfest sein.

Erhöhter Trink- und Futternapf

Für viele ältere Hunde ist es mühsam, sich beim Essen und Trinken zum Napf hinunterbeugen zu müssen, denn dabei geht eine starke Belastung auf die Vorderhand und den Schultergürtel.

Für den Hundekörper bequemer und entlastender sind erhöhte Trink- und Futternäpfe. Das schont die Gelenke und die Wirbelsäule. Du kannst dir hier auch behelfen, indem du die Näpfe einfach auf einen erhöhten Gegenstand stellst und eine rutschfeste Unterlage unter die Näpfe legst. Zusätzlich kannst du für mehr Sicherheit und Stabilität beim Essen und Trinken sorgen, indem du vor den Futter- und Trinkplatz einen rutschfesten Untergrund legst, falls der Boden glatt ist.

Tipp:

Daran, eine Rampe zu benutzen, sich tragen zu lassen oder in einem Buggy geschoben zu werden, solltest du deinen Hund nicht erst gewöhnen, wenn es dringend notwendig wird, sondern es im besten Falle schon vorher spielerisch aufbauen. Damit erleichterst du dir und deinem Hund das Leben sehr.

Das gibt dir die Möglichkeit, die Dinge kleinschrittig und im Tempo deines Hundes aufzubauen und verhindert Überforderung und Stress in einem Moment, in der dein Hund eventuell bereits mit Unsicherheit und Veränderung konfrontiert ist und sich adaptieren muss.

Ein erhöhter Futternapf kann eine gute Erleichterung verschaffen.

Pflege, Wohlfühlen, Regeneration

Ein Hundemantel aus funktionalem Material bietet Schutz für ältere Hunde – auch für die großen.

Guter Schlaf wirkt sich positiv auf die Lebensqualität aus. Es lohnt also, auf einen hochwertigen Liegeplatz zu achten.

Hundemantel

Bei nasskaltem Wetter bietet ein Hundemantel einen guten Schutz, da so verhindert wird, dass Kälte und Feuchtigkeit ungehindert in die Gelenke ziehen und Beschwerden verursachen. Zudem ist es so, dass ältere Hunde aufgrund des veränderten Stoffwechsels schneller frieren. Dies ist etwas, was ich bei Tessa sehr stark bemerke. Auch ältere Hunde mit längerem Fell bilden hier keine Ausnahme. Ein gut sitzender Hundemantel, der empfindliche Bereiche gut schützt – im Idealfall auch den Bauch – bietet eine gute Unterstützung für Seniorhunde. Ich empfehle dir, darauf zu achten, dass er aus funktionalen Materialien gefertigt wurde, die Feuchtigkeit und Wind abhalten und zugleich atmungsaktiv sind. Heutzutage gibt es Hundemäntel für unterschiedliche Temperaturen, vom leichten Regenmantel bis hin zum dicken Wintermantel. Auch beim Hundemantel lege ich dir ans Herz, deinen Hund in seinem Tempo an das Tragen des Mantels zu gewöhnen. Für viele Hunde ist es zunächst ungewohnt und es mag sein, dass sie zunächst nicht wissen, wie man sich mit „so etwas am Körper" überhaupt bewegen kann. Gib deinem Hund hier Zeit und zeige dich geduldig, statt sofort zu folgern, dass dein Hund den Mantel niemals als wohltuenden Schutz akzeptieren wird.

Schlafplatz und Ruhezonen

Ruhe ist für unsere Hunde ebenso wichtig wie Mobilität. Vielleicht kennst du es auch: Wenn wir schlecht geschlafen haben, weil die Matratze nicht gut war oder es schlafstörende Faktoren gab, sind wir am nächsten Tag wie gerädert. Die Leistungsfähigkeit sinkt, wir leiden unter Müdigkeit, Kopfschmerzen, der Körper schmerzt und nicht selten leidet auch die Laune. Unseren Hunden geht es ganz genauso. Hinzu kommt allerdings, dass unsere Hunde wesentlich mehr Zeit des Tages damit verbringen, zu schlafen oder sich auszuruhen. Im Alter steigt dieses Bedürfnis nochmals an. Deshalb lege ich dir ans Herz, darauf zu achten, dass dein Hund einen hochwertigen Schlafplatz hat, damit sein Körper sich in den Ruhephasen bestmöglich regenerieren kann. Orthopädische Hundebetten sorgen dafür, dass die Gelenke und die Wirbelsäule druckentlastend gelagert sind und der Körper sich gut regeneriert. Achtung: auch bei orthopädischen Betten gibt es natürlich Qualitätsunterschiede. Zudem sollte der Schlafplatz sich in einem Bereich befinden, wo es keine Zugluft gibt und dein Hund ausreichend Ruhe und Rückzugsmöglichkeit hat.

Unterstützung bei Inkontinenz

Es ist nicht ungewöhnlich, dass Hunde im Alter inkontinent werden. Unsere Hunde fühlen sich unwohl, in ihrem Urin zu liegen und nach diesem zu riechen. Nach Möglichkeit sollte man die Inkontinenz behandeln. Es gibt sowohl naturheilkundliche als auch schulmedizinische Präparate, die hier helfen können. Zugleich gibt es mittlerweile verschiedene Möglichkeiten, unsere Hunde auch im Alltag bei der Inkontinenz zu unterstützen. So können Inkontinenzunterlagen oder Inkontinenzbettlaken und -hundebettbezüge hier sehr hilfreich sein. Ebenso gibt es spezielle Hundewindeln für diesen Fall. Es gilt hier die Unterstützung zu wählen, die individuell für den Hund passend ist.

Krallenpflege

Im Alter bewegen Hunde sich nicht nur weniger, ihre Krallen wachsen auch schneller. Eine regelmäßige Krallenpflege ist wichtig, um zu vermeiden, dass sich durch zu lange Krallen Fehlhaltungen und Gelenkprobleme entwickeln. Zudem werden die Motorik und Körperwahrnehmung, die im Alter sowieso schwächer werden, dadurch zusätzlich negativ beeinträchtigt. Für die Krallenpflege gibt es unterschiedliche Möglichkeiten, von der klassischen Krallenschere bis hin zum Dremel. Wenn du dich selbst nicht an die Krallenpflege heranwagen magst, suche dir Unterstützung beim zum Beispiel Tierarzt, Hundephysiotherapeuten oder Hundefriseur. Ich empfehle dir, das Thema nicht einfach auszublenden, weil dein Hund die Krallenpflege vielleicht nicht mag, denn je länger die Krallen sind und nicht regelmäßig gepflegt werden, desto schwieriger wird es, dies dann wieder in den Griff zu bekommen und die Schädigungen dadurch am Bewegungsapparat sind dauerhaft und nicht reversibel.

Zahnpflege

Viele ältere Hunde haben sehr schlechte Zähne. Das ist nicht nur unangenehm für den Hund und kann zu schweren Zahnschmerzen führen. Zugleich können hierdurch etwa auch Herzerkrankungen begünstigt werden. Achte also darauf, dass die Zähne deines Hundes regelmäßig gepflegt werden, und zwar ein Hundeleben lang. Für die regelmäßige Zahnpflege gibt es mittlerweile zum Beispiel sehr gute Zahnpasta und mit einem Fingerling oder einer Zahnbürste für Hunde kann man die Zähne unkompliziert regelmäßig putzen. Auch bei Tessa gehört dies zum regelmäßigen Pflegeprogramm. Wenn dein Hund unter Zahnstein leidet, sollte dieser nach Möglichkeit entfernt werden.

Beschäftigungsmöglichkeiten - geistig fit bleiben

Jetzt fragst du dich vielleicht, warum das Thema Beschäftigung in diesem Buch Platz findet. Nachdem nun in einer Studie belegt wurde, dass wir auf den Alterungsprozess besonders positiv einwirken können, wenn wir neben der körperlichen Fitness auch geistige Fitness unserer Seniorhunde trainieren, ist es mir ein Anliegen, dir zumindest einige Beschäftigungsideen als Inspiration mit auf den Weg zu geben. Natürlich eignet sich auch das Hundefitnesstraining nicht nur dazu, dass unsere Hunde körperlich mobil bleiben, sondern trainiert auch kognitive Fähigkeiten. Doch begleitend gibt es noch eine Fülle an Beschäftigungsmöglichkeiten, die sich auch unkompliziert umsetzen lassen. Wichtig ist es hierbei, dass man die Interessen des Hundes respektiert und ihn vor lösbare Aufgaben stellt. Zudem gilt es zu bedenken, dass die Konzentrationsfähigkeit im Alter nachlässt. An dieser Stelle gebe ich dir einige Impulse. Du kennst deinen Hund am besten und dir fallen bestimmt spontan Dinge ein, für die er sich begeistert.

Es gibt viele verschiedene Möglichkeiten der Beschäftigung, die sich auch für Hunde mit weniger Mobilität eignet und somit auch gute Möglichkeiten bietet, wenn dein Hund mal einen Tag nicht gern spazieren gehen kann oder mag.

Beispiele für seniorengerechte Beschäftigung

- Schnüffelteppiche erfreuen sich seit einigen Jahren großer Beliebtheit und Tessa liebt sie so sehr, dass wir mittlerweile mehrere Ausführungen haben. Sie fordert ihre Beschäftigungseinheiten damit regelrecht ein. Sie eignen sich auch hervorragend für wenig mobile Hunde und können sogar im Liegen „bearbeitet" werden. Wenn du keinen Schnüffelteppich hast, kannst du Leckerli auch in einer Decke oder einem größeren Handtuch verstecken.
- Suchspiele kann man ebenfalls abwechslungsreich gestalten. So kannst du zum Beispiel Leckerli an verschiedenen Stellen im Haus oder Garten verstecken und sie deinen Hund suchen lassen. Achte darauf, dass der Suchradius für deinen Hund passt.
- Intelligenzspiele gibt es in unterschiedlichen Schweregraden und sie sind eine schöne Möglichkeit, auch unsere Seniorhunde geistig zu fordern.
- Nasenarbeit wie zum Beispiel Geruchsdifferenzierung ist auch eine Aktivität, die sich hervorragend für ältere Hunde eignet und auch im Alter noch begonnen werden kann. Mit Tessa habe damit erst begonnen, als sie schon 13 Jahre alt war.
- Auch Futterbälle, Schleckmatten und Kongs bieten eine schöne Möglichkeit, unsere Seniorhunde zu beschäftigen.

Der Schnüffelteppich wird von den meisten Hunden gern genommen und könnte sogar im Liegen abgesucht werden.

Schlusswort

Einen Hundesenior in dieser Lebensphase zu begleiten, ist nicht immer einfach. Es zeigen sich Zeichen des Alters und die Hunde bauen ab. Häufig treten auch gesundheitliche Probleme auf. Es gibt gute und weniger gute Tage. Wir müssen sehr flexibel sein und tagesformabhängig auf die Bedürfnisse unserer älteren Hunde eingehen. Emotional kann dies eine wahre Achterbahnfahrt sein.

Ich hoffe, dass ich dir mit diesem Buch ein „Werkzeug" an die Hand gebe, dass dir hilft, deinen Hund im Alterungsprozess sicher und auch nachhaltig zu begleiten.

Auch wenn der Alterungsprozess ein fortschreitender Prozess ist, so haben wir doch viele Möglichkeiten, positiv darauf einzuwirken. In Sachen Hundephysiotherapie können wir hier aus dem Vollen schöpfen und für Wohlbefinden, Mobilität und Lebensqualität sorgen. Wenn man ältere Hunde zu unterstützen beginnt, erleben sie oft einen wunderbaren Wandel. Sie werden agiler und fröhlicher.

Tessa fordert ihre Trainingseinheiten immer noch ein und sie sind für uns eine so schöne und freudvolle gemeinsame Aktivität. Sie schenken uns wertvolle Momente und zugleich fördern sie ihre Gesundheit. Auch für Massagen begeistert sie sich mittlerweile sehr und genießt sie sehr. Das Tessa kein Einzelfall ist, zeigt mir, dass so viele Menschen mit älteren Hunden mir berichten, was sich bei ihrem Hund verändert hat, nachdem sie begonnen haben zu trainieren, zu massieren, Schmerzen zu lindern. Auch mit den Menschen passiert etwas. Sie sind nicht mehr hilflos und wissen, was zu tun ist. Zudem wird das Verhältnis zum Seniorhund nochmal inniger und man lebt bewusster miteinander.

Ich hoffe, dass ich dir als Leser dieses Buches mit deinem Hund genau dies auch ermöglichen kann und du viele Anregungen für dich und deinen Hund mit auf euren Weg nehmt.

Über die Autorin

Tessas Älterwerden hat Martina maßgeblich motiviert, Hundehaltern mit Seniorhunden ihr umfassendes Wissen dazu weiterzugeben, Sicherheit zu geben und zu motivieren.

Martina Flocken lebt mit ihrem Mann, ihrer Hündin Tessa und ihren Katzen im Münsterland. Schon immer spielten Tiere in Martinas Leben eine große Rolle und im speziellen die Fürsorge und Pflege von Tieren. So engagiert sie sich seit mehreren Jahrzehnten aktiv im Tierschutz.

Mit Ende zwanzig machte sie ihre Berufung zu Beruf und absolvierte eine Ausbildung zur Hundephysiotherapeutin. 2010 gründete sie ihre Praxis. Kurze Zeit später kamen ihre Hunde Tessa und auch die mittlerweile verstorbene Hündin Snowy zu ihr. Beide Hunde sind aus dem Tierschutz und haben ihre Arbeit maßgeblich geprägt. Snowy aufgrund ihrer vielen verschiedene Erkrankungen des Bewegungsapparates, Tessa vor allem dadurch, dass sie sehr ängstlich und unsicher war. Insbesondere über die physiotherapeutische Arbeit und das Bewegungstraining im Speziellen fand sie Zugang zu ihr. Tessa wurde dadurch immer sicherer im Leben und im Umgang mit Menschen.

2016 gründete Martina die Online-Gesundheitsplattform Doggy Fitness, auf der sie zunächst in ihrem Blog interessierten Menschen Wissen rund um den Bewegungsapparat und seine Erkrankungen, Hundefitness und Hundegesundheit teilte, bevor sie 2017 die ersten Online-Kurse zum Hundefitnesstraining veröffentlichte. Ihre Motivation war und ist, dass sie interessierten Menschen die Möglichkeit geben möchte, sich selbst in die Gesundheit und Gesunderhaltung ihrer Hunde einzubringen. Sie entwickelte ihre Kurskonzepte immer weiter entsprechend neuen wissenschaftlichen Erkenntnissen und heute bietet die Plattform ein breites Portfolio an Online-Kursen für interessierte Hundemenschen rund um das Thema Hundephysiotherapie, Hundefitness und Naturheilkunde. Neben verschiedenen Kursen zur Hundefitness widmet sie sich dort besonders intensiv dem Thema Seniorhund. Mit dem Älterwerden ihrer eigenen Hündin Tessa hat sie immer wieder feststellen müssen, dass dieses Thema keinen ausreichenden Raum in der Betreuung und Begleitung der Hundegesundheit des Alterungsprozesses erhält. Daher hat sie sich intensiv damit beschäftigt, um Interessierten hilfreiches Wissen an die Hand zu geben.

Bereits 2022 veröffentlichte Martina ein Buch zum Thema Physiotherapie für den Hund, um interessierten Menschen etwas an die Hand zu geben, was den Hund ein Hundeleben lang begleiten soll.

Mit dem Buch zum Thema Seniorenfitness widmet sie sich nun auch in Buchform ihrem Herzensthema Seniorhund.

Ihr vielseitiges Angebot findest du unter www.doggy-fitness.de

Kontaktmöglichkeiten:

support@doggy-fitness.de
Instagram https://www.instagram.com/doggyfit/
Facebook https://www.facebook.com/doggyfitness

Danksagung

Dieses Buch zu meinem Herzensthema Seniorhund zu schreiben, ist für mich die Erfüllung eines großen Wunsches. Deshalb bin ich dem Kynos Verlag von Herzen für die Möglichkeit dankbar, es zu Papier zu bringen. Danke für das Vertrauen.

Tessa befindet sich gerade mitten im Alterungsprozess und ich kann so gut nachvollziehen, dass es auch Momente gibt, in denen es schwierig ist. Was mir immer hilft, ist ein umfassendes Wissen zu haben und Tessa ihren Bedürfnissen entsprechend zu begleiten. Dieses Buch soll dir ein Werkzeug an die Hand geben, dass dich und deinen Hund in dieser Phase begleitet und euch Hilfestellung bietet.

Ich möchte also auch dir danken, dass du dir die Zeit nimmst, das Buch zu lesen und zu nutzen, um deinen Hund in dieser Lebensphase zu unterstützen. Danke für dein Vertrauen.

Auch bei der lieben Anna Auerbach möchte ich mich bedanken, die Tessa und mich schon seit mehreren Jahren fotografisch begleitet. Danke für deinen besonderen Blick und dass du dieses Buch durch deine wunderbaren Bilder so bereicherst.

Von Herzen danke auch an all die lieben Menschen mit ihren Hunden, die mich beim Fotoshooting so großartig unterstützt haben. Diese beiden wunderbaren, besonderen Tage werden mir immer in Erinnerung bleiben. Es war so schön, Zeit mit euch und euren Hunden zu verbringen und die viele emotionalen Momente mit euch und euren Seniorhunden waren einfach schön. Mit euch zu lachen, aber auch zu weinen, zu schmunzeln und im Austausch zu sein war unvergesslich und bereichernd.

Danke an:

- Manuela und Stefan mit Smilla und Moana
- Silvia und Alex mit Samson, Nelson, Kilroy, Little und Bandit
- Alexandra mit Roger
- Susanne mit Kutte
- Linda mit Cash
- Stefanie mit Hannibal
- Rebecca mit Gala
- Anna mit Josie
- Maria und Oliver mit Simba
- Christian mit Tessa

Mein Dank geht auch an Grafikerin des Kynos Verlags für die Erstellung der Grafiken, die komplexe Inhalte verständlich darstellen.

Danke an das Lektorat

Danke auch an alle Leser meines Doggy Fitness Blogs und meine Kursteilnehmer. Eure Fragen, Ideen, Schwierigkeiten und Bedürfnisse, die ihr immer wieder so offen mit mir teilt, sind mein Antrieb und Inspiration, euch Inhalte bereitzustellen, mit denen ihr eure Hunde unterstützen könnt. Mit vielen von euch sind intensive Kontakte und Bekanntschaften entstanden, die mein Leben bereichern.

Ein besonderer Dank geht auch an meinen lieben Mann, der mir während der Entstehung des Buches den Rücken freigehalten hat, genauso wie meine beste Freundin und Seelenverwandte Manuela, die stets ein offenes Ohr hat und wir einen so wertvollen Austausch rund um unsere tierische Familie haben.

Save the best for last:

Danke meine wunderbare Tessa, meine Gefährtin, Seelenverwandte und meine Inspiration. Auch dieses Projekt durfte ich mit dir erleben, mich von dir inspirieren lassen und viele Gedanken und Gefühle dieser Lebensphase in diesem Buch festhalten.
In der Entstehungsphase des Buches traten ihre ersten gesundheitlichen Probleme auf und haben mich auf eine emotionale Achterbahnfahrt geschickt. Aber Tessa hat immer darauf vertraut, dass ich mich immer bestmöglich um sie kümmere. Diese Energie und Lebensfreude, die sich jeden Tag aufs Neue zeigt, ist wahrlich ansteckend und wir genießen diese Lebensphase ungemein. Auch geprägt durch Tessas Positivität ist dieses Buch zu dem geworden, was es ist. Ein Aufruf zur Aktivität, zum bewussten Umgang mit dem älteren Hund und zur gemeinsamen, liebevollen Gestaltung dieser Lebensphase.

Geduldig hat sie bei den Fotos mitgemacht, auch wenn es ihr in fremder Umgebung eigentlich doch so schwer fällt, sich zu konzentrieren. Auch nach so vielen Jahren hat sie immer noch so viel Freude an unseren gemeinsamen Trainingseinheiten und kann mittlerweile auch Massagen ganz wunderbar genießen.

Danke für dein Vertrauen, liebe Tessa. Danke für die vielen schönen Spaziergänge während des Buchschreibens, auf denen ich immer wieder den „Kopf lüften" konnte und neue Ideen entstanden sind. Danke, dass du so konsequent und unnachgiebig immer auch unsere Aktivitäten und Kuscheleinheiten einforderst, die mich daran erinnern, dass diese unersetzbar sind und absolute Priorität haben.

Ohne meine liebe Tessa und ihre Hundegefährtin Snowy wäre Doggy Fitness heute nicht das, was es ist. Tessa ist Motivation und Inspiration für mich, noch mehr Menschen für das Thema Hundephysiotherapie und Hundefitnesstraining zu begeistern und sie zu animieren, insbesondere ein großes Augenmerk auf unsere Hundesenioren zu legen.

Danke für jeden Einzelnen, der in der Entstehungsphase des Buches unterstützt und begleitet hat!

Eure Martina

Literatur

Bockstahler B., Levine D., Millis D.. Physiotherapie auf den Punkt gebracht. Babenhausen: VBS Vet Verlag, 2004

Hellebrekers, L.J.. Schmerz und Schmerztherapie beim Tier. Hannover, Schlütersche, 2001

Hohmann, Mima. Physiotherapie in der Kleintierpraxis. Von der Befundung zum Therapieplan. Stuttgart: Sonntag Verlag, 2008

Mai, Sabine. Physiotherapie und Bewegungstraining für Hunde. Stuttgart: Sonntag Verlag, 2011

Wissenschaftliche Arbeiten

Bognár Z., Szabó D., Turcsán B. et al. The behavioural effect of short-term cognitive and physical intervention therapies in old dogs. GeroScience (2024). https://doi.org/10.1007/s11357-024-01122-2

Bherer L., Erickson KI., Liu-Ambrose T.. A review of the effects of physical activity and exercise on cognitive and brain functions in older adults. J Aging Res. 2013;2013:657508. doi: 10.1155/2013/657508. Epub 2013 Sep 11. PMID: 24102028; PMCID: PMC3786463.

Diehm, Marius. Tünsmeyer, Julia. Tierarztl Prax Ausg K, Multimodale Therapie der kaninen Osteoarthritis – aktueller Stand und neue Optionen. Georg Thieme Verlag KG, Tierarzt l Prax Ausg K Kleintiere Heimtiere 2018; 46(05): 337-345, DOI: 10.15654/TPK-180690

Hielm-Björkman, Anna K., DVM, PhD; Kapatkin, Amy S., DVM, MS; Hannu J. Rita, PhD. Reliability and validity of a visual analogue scale used by owners to measure chronic pain attributable to osteoarthritis in their dogs. PMID: 21529210, DOI: 10.2460/ajvr.72.5.601, 2011 May

Mertens AM, Schenk HC and Volk HA (2023). Current definition, diagnosis, and treatment of canine and feline idiopathic vestibular syndrome. Front. Vet. Sci. 10:1263976. doi: 10.3389/fvets.2023.1263976

Nehrer, Stefan. Neubauer, Markus. Possibilities and limits of conservative treatment for osteoarthritis: Sport advice, training therapy, orthotics and cartilage therapeutics 2021 May;50(5):346-355. doi: 10.1007/s00132-021-04100-0. Epub 2021 Apr 9.

Testa B., Reid J., Scott ME., Murison PJ. and Bell AM. (2021) The Short Form of the Glasgow Composite Measure Pain Scale in Post-operative Analgesia Studies in Dogs: A Scoping Review. Front. Vet. Sci. 8:751949. doi: 10.3389/fvets.2021.751949

Vaughan LC. Orthopaedic problems in old dogs. Vet Rec 1990; (126) 16: 379-88.

Yu-Shen, Lin, Bsn, Msn, Taylor, Ann Gill, Faan, Effects of Therapeutic Touch in Reducing Pain and Anxiety in an Elderly Population, Integrative Medicine, Volume 1, Issue 4,1998, Pages 155-162, ISSN 1096-2190

CHECKLISTE

DOGGYFITNESS

TRAININGSRÜCKBLICK
REFLEXION & ANALYSE

Welche Übung in diesem Modul fiel deinem Hund besonders leicht?

Welche Übung in diesem Modul fiel deinem Hund besonders schwer?

Welche Übung hat deinem Hund besonders gefallen?

Welche Übung mochte er nicht so gern?

Bei welcher Übung siehst du Verbesserungspotenzial?

Was war euer schönster Moment in diesem Modul?

Waren die Übungen für deinen Hund insgesamt gut lösbar?

- ☐ Ja, absolut alle!
- ☐ Ja, die meisten
- ☐ nach intensivem Training

Hat dein Hund es geschafft, die Übungen korrekt auszuführen?

- ☐ Ja, alle und immer!
- ☐ Ja, meistens
- ☐ eher selten

Welche Veränderungen nimmst du bei deinem Hund wahr, körperlich und im Verhalten?

Wie ging es dir beim Training mit deinem Hund?

Was nimmst du aus diesem Modul mit?

Das könnte dich auch interessieren:

Dr. med. vet. Patrick Blättler-Monnier & Katrien Lismont

Schmerzen und Verhalten

Zusammenhänge beim Hund verstehen

Hunde sind stille Leider: Bis sie Schmerzen für uns sichtbar in Lahmheit oder Schmerzlauten äußern, sind sie schon unerträglich geworden! Und da Signale für leichteren oder chronischen Schmerz so subtil sein können, werden sie häufig übersehen – mit dem Ergebnis, dass Verhaltensauffälligkeiten wie Angst oder Aggression, aber auch Hibbeligkeit oder Apathie nicht damit in Verbindung gebracht werden. Selbst Veterinäre finden die Entzündungs- und Schmerzherde bei oberflächlicher klinischer Routineuntersuchung meist nicht und übergeben die Hunde als „medizinisch gesund" an den Verhaltenstrainer zurück. Hier beginnt nun ein Teufelskreis, aus dem es kein Entkommen gibt, solange die eigentliche Ursache – der Schmerz – nicht erkannt und behoben wird. Diesem wichtigen Thema widmen sich die erfahrene Hundetrainerin Katrien Lismont und der auf Schmerztherapie und Orthopädie spezialisierte Tierarzt Dr. Patrick Blättler-Monnier, die auch im richtigen Leben immer wieder an hündischen Patienten zusammenarbeiten, in diesem einzigartigen Buch. Lernen Sie verstehen, wie Schmerz entsteht und was er mit dem Körper macht, wie Sie erste Warnsignale für Schmerzen sehen lernen und umgekehrt, bei welchen Verhaltensauffälligkeiten Sie an Schmerzursachen denken sollten. Mit einem Extra-Kapitel zum Zusammenhang von gesunder Welpenentwicklung und Schmerzgeschehen bzw. -prophylaxe.

Hardcover, 216 Seiten, farbig
ISBN 978-3-95464-312-7